基于不同尺度的水安全综合评价与模拟研究

苏印　李鑫　张吉英　著

中国水利水电出版社
www.waterpub.com.cn
·北京·

内 容 提 要

本书以“基于不同尺度的水安全综合评价与模拟研究”为题，通过深入的研究和案例分析，应用不同的水安全综合评价方法和模拟模型，系统地探讨了不同时空尺度范围内面临的水安全问题以及应对不同水安全问题的策略。本书旨在为政府、决策者、学者和社会大众提供有关维护水资源可持续利用的全面指南。

本书适合从事环境保护、水资源管理、城市规划、可持续发展和相关领域的专业人士、学者、政策制定者以及关注水安全的公众参考使用。

图书在版编目（CIP）数据

基于不同尺度的水安全综合评价与模拟研究 / 苏印，李鑫，张吉英著. -- 北京 : 中国水利水电出版社，2023.8

ISBN 978-7-5226-1755-8

Ⅰ. ①基… Ⅱ. ①苏… ②李… ③张… Ⅲ. ①水资源管理－安全管理－研究 Ⅳ. ①TV213.4

中国国家版本馆CIP数据核字(2023)第160106号

书　　名	**基于不同尺度的水安全综合评价与模拟研究** JIYU BUTONG CHIDU DE SHUI'ANQUAN ZONGHE PINGJIA YU MONI YANJIU
作　　者	苏 印 李 鑫 张吉英 著
出版发行	中国水利水电出版社 （北京市海淀区玉渊潭南路1号D座　100038） 网址：www.waterpub.com.cn E-mail：sales@mwr.gov.cn 电话：(010) 68545888（营销中心）
经　　售	北京科水图书销售有限公司 电话：(010) 68545874、63202643 全国各地新华书店和相关出版物销售网点
排　　版	中国水利水电出版社微机排版中心
印　　刷	北京中献拓方科技发展有限公司
规　　格	184mm×260mm　16开本　13.25印张　322千字
版　　次	2023年8月第1版　2023年8月第1次印刷
定　　价	**86.00**元

凡购买我社图书，如有缺页、倒页、脱页的，本社营销中心负责调换

前言

水是人类生存和发展的基本需求，而水安全则成为现代社会面临的重大挑战之一。随着全球人口的不断增长、经济的发展和气候变化的影响，水资源的供应和质量管理已经成为全球范围内的关注焦点。保障人们的饮用水安全、农业灌溉的可持续性、工业生产的水资源供应以及生态环境的水需求成为当今社会面临的重要任务。全球范围内的水资源短缺、水污染问题和水灾害频发等现象，不仅威胁人类的健康和生存，也对可持续发展目标的实现产生负面影响。因此，深入研究水安全问题，制定有效的水资源管理策略和保护措施，具有重要的理论和实践意义。

本书旨在系统地介绍水安全的理论和实践，为研究人员、政策制定者和水资源管理者提供有关水安全评价和模拟的方法，以及相关原则和内容。本书分为理论部分和实践部分，理论部分包括水安全的评价方法、模拟方法、评价原则和评价内容等；实践部分基于不同尺度（国家、省域、市域、县域）进行水安全的评价和模拟，以展示在不同层面上的水安全问题和应对措施。具体章节安排如下，第 1 章水安全理论基础：介绍水安全的定义、发展历程以及相关背景知识，为后续章节提供理论基础。第 2 章水安全评价原则：阐述水安全评价所遵循的原则，包括可持续性原则、综合性原则、公平性原则等，为水安全评价提供科学准则和指导。第 3 章水安全评价内容：讨论水安全评价的内容范围，涵盖水资源供需状况、水质状况、水灾风险、水环境状况等方面的综合评估，以全面了解水安全状况。第 4 章水安全评价方法：探讨水安全评价的常用方法和指标体系，包括定量和定性评价方法，从多维度、综合性的角度考量水安全问题。第 5 章水安全模拟方法：介绍水安全模拟的理论框架和模型，包括系统动力学模型、水文模型、水资源管理模型等，以实现对水资源利用和管理的模拟与预测。第 6 章国家尺度水安全综合评价与模拟：以国家为研究对象，深入分析国家层面的水安全问题，包括国家水资源管理政策、国家水资源利用情况等，并提出相应的评价和模拟方法。第 7 章省域尺度水安全综合评价与模拟：以省级行政单位为研究对象，探讨省域范围内的水安全问题，包括省级水资源管理制度、省域水资源利用格局等，并进行相应的评价和模拟分析。第8章市域尺度水安全综合评价与模拟：关注市级行政单位的水安全问题，考察市域范围内的水资源供需状况、水环境治理措施等，并运用评价和模拟方法进行深入研究。第9章县域尺度水安全综合评价：聚焦县级行政单位，研究县域范围内的水安全问题，包括县域水资源管理策略、县域水资源利用模式等，并进行相应的评价和模拟分析。

通过对不同时空尺度下的水安全评价和模拟，可以更好地理解水安全问题的复杂性，并为制定相应的水资源管理策略和保护措施提供科学依据。我们希望读者通过本书的学习，能够加深对水安全问题的理解，掌握相关的评价和模拟工具，为实现可持续的水资源管理和保护做出贡献。在理论部分中，我们深入探讨水安全评价的方法与指标体系，介绍水安全模拟的理论框架和模型，以及水安全评价所遵循的原则和评价内容。在实践部分中，我们以国家、省域、市域和县域为研究对象，展示不同尺度下的水安全评价与模拟研究，并提供具体的案例分析和研究成果。最后，希望本书能为读者提供有关水安全的全面知识和实用工具，促进学术界、政府机构和相关行业之间的交流与合作，共同推动水资源管理的可持续发展，保障人类的生存与福祉。

由于时间仓促和水平有限，书中疏漏之处在所难免，恳请各位读者批评指正。

作者

2023年6月

目 录

第1章

水安全理论基础

1.1 水安全概述

1.1.1 水安全概念的内涵和外延

水安全作为一个宏观和整体的概念，在2000年的第二届世界水论坛上首次提出。最初，由不同专业背景的专家从不同的角度对这个概念和框架进行了讨论。从水安全内涵或狭义的角度来看，它是针对一个特定的水问题，如供水安全，包括改善供水基础设施和扩大供水水源，饮用水安全，农业水利用效率和水生物多样性等。由于不同的专家学者对水安全有不同的理解，因此没有统一的水安全概念标准，不断变化的概念反映了人们对水安全见解和关注的变化。水安全的目标从单一目标转变为多个宏观目标，然后再从多个目标转变为特定的单一目标。然而，这个循环并不是一个简单的重复，而是一个螺旋式的发展。从水安全的外延或广义上讲，它涵盖了自然生态系统和所有与水有关的人类活动，通常嵌入社会人口系统、经济系统和生态系统中。同时，它不仅与粮食安全和能源安全有关，而且还与人类社会学、心理行为学、政治安全等有关。在水安全的广义概念中，它既包括某些目标，又包括一些实施手段。在目标和手段之间没有明确的界限。随着新的水安全问题的出现，水安全的概念一直在发生变化。幸运的是，水安全这个术语不断得到了丰富和发展。因此，有必要对水安全的发生、内涵和外延以及演化进行重新梳理，这对于明确水安全未来发展的趋势是大有裨益的。无论对水安全的描述如何变化，它都是作为一个目标来实现的。表1-1列出了目前最具代表性的水安全定义，从中可以找到一些共同点：

①水安全是一种动态的状态，而不是一种静态的结果；②水安全是一个目标，而不是各种手段的集合；③水平衡的破坏导致各种与水有关的安全问题出现。

表1-1　　水安全的定义

组织/学者		定　义
外延（广义）	World Water Council	确保淡水、沿海和相关生态系统得到保护和改善；促进可持续发展和政治稳定，使每个人都能以可负担得起的成本获得足够的安全水，从而过上健康和富有成效的生活，并保护弱势群体免受与水有关的危险的风险
	Global Water Partnership	从家庭到全球的任何层面的水安全，都意味着每个人都能以负担得起的成本获得足够的安全水，从而过上无污染、健康和富饶的生活，同时确保自然环境得到保护和改善
	United Nations Water	人口有能力保障可持续获得足够量合格水，以维持生计、人类福祉和社会经济发展
	Romero-Lankao，P. and Gnatz，D. M.	城市水安全是城市水务部门维持可持续供水的能力，以在面对不确定的全球变化，培育具有复原力的城市社区和生态系统
	Jepson，et al.	确保有能够参与并受益于持续的水社会进程，以供水流、水质和水服务，以支持人类的能力和福祉
内涵（狭义）	The Food and Agricultural Organization	能够为生活在世界干旱地区的人口提供充足和可靠的水供应，以满足农业生产需求
	United States Environmental Protection Agency	水安全是预防及防止污染和恐怖主义
	United Nations Educational，Scientific and Cultural Organization	水资源安全包括水系统的可持续使用和保护，防止洪水和干旱等与水有关的灾害，水资源的可持续发展，以及保障人类和环境获得水功能和服务
	Al-Saidi，M.	水安全即为机构和平协作的和谐状态

1.1.2 水安全目标与内容

在水资源安全方面，主要解决水资源短缺问题。水资源短缺是21世纪最大的挑战之一。由于缺水是供需不平衡造成的，它影响到那些缺乏基础设施而无法获得充分供水的地区，以及物理缺水的地区。首先，在供水方面，水源主要来源于地表水、地下水和冰川融雪水，但随着气候变化和人类活动的影响，供水变得更具挑战性。为了适应这一变化，人们越来越依赖于非传统的水源，如脱盐水、雨水、再生水等。保护水源地区以确保供水的安全是一项艰巨的任务。在需水量方面，一般包括三个部分，即农业、工业和家庭。农业，包括作物、牲畜、渔业、水产养殖和林业，既是缺水的原因，也是受害者。据估计，农业占全球用水量的70%（图1-1），而与其他部门的水资源竞争正在加剧，水资源在数量和质量方面都受到气候变化的影响。更频繁和更严重的极端水事

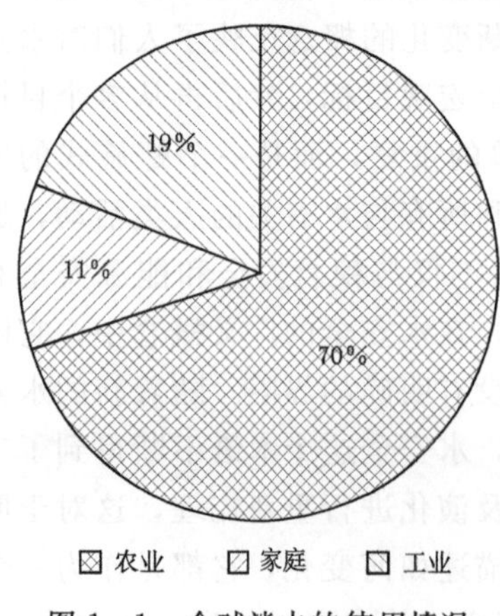

图1-1　全球淡水的使用情况

件，包括干旱和洪水，影响了农业生产，而气温上升意味着农业部门对水的需求增加。工业部门和家庭用水共占总用水量的约 30%。物理性缺水指的是地理区域内水资源供应不足，无法满足人口和经济活动的需求。这种短缺通常是由于气候条件、降水不足、地形地貌、水循环等自然因素导致的。物理性缺水通常发生在干旱地区或者地理条件不利的地方，这些地区可能经历持续性的水资源匮乏问题。工程性缺水是指水资源本身并不缺乏，但由于不完善的基础设施、管理不善、供水系统损失等人为因素导致水资源无法有效利用和分配的问题。这种情况下，由于管道老化、泄漏、污染、浪费等问题，导致水资源无法充分利用。工程性缺水通常发生在城市或者发展中国家，这些地区可能面临供水基础设施的紧缺或管理不善的情况。因此，前者通过流域分流和虚拟水贸易的方式，保证了水资源的安全，后者通过增加对水基础设施或取水技术的投资，来实现水资源的安全。根据联合国开发计划署的数据，目前世界上约有 1/5 的人口受到物理缺水的影响，1/4 受到工程性缺水的影响。取水量的增长速度几乎是 20 世纪人口增长速度的两倍（图 1-2），预计到 2050 年，粮食需求将激增 50%。很明显，迫切需要解决缺水的问题。无论是物理缺水还是工程性缺水，都必须平衡供需双方，改变用水的观念和方式。实施水资源安全的本质是增加水资源收入和减少水资源支出。由此，以水量平衡为导向的缺水对策包括保证供水能力和提高节水能力。

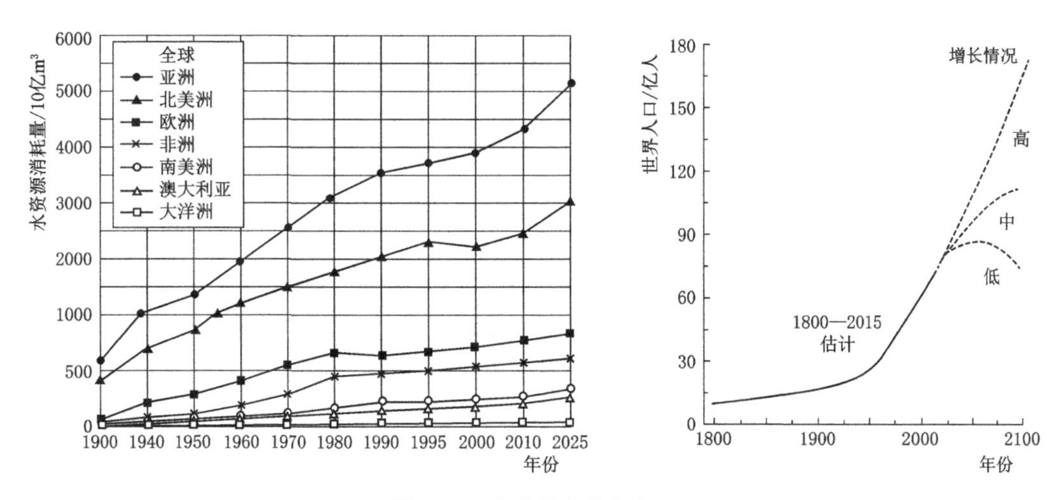

图 1-2　全球用水量和人口

在水环境安全方面，它是由水质不平衡造成的。与水资源安全相比，水环境安全主要集中在水污染问题上。根据世界自然基金会的报告，“有毒化学物质造成的污染威胁着地球上的生命。从热带到曾经纯净的地区，每一个海洋和大陆都受到了污染”。随着对水需求的增长，世界范围内产生的废水量和总体污染负荷也在不断增加。世界上有 80%以上的废水——某些最不发达国家的 95%以上——未经处理就被排放到环境中。水污染包括地表水污染、地下水污染和海洋污染。地表水污染包括对河流、湖泊和其他地表水体的污染。水污染是由人类活动产生的污染物造成的。这些特定的污染物可以分别引起水的酸度和温度的改变、富营养化和病原体的物理、化学和生物等性质变化。来自农田的径流携带着粪便、杀虫剂和化肥（营养物质）进入水体。在城市地区，水质受到来自工业、住房、道路和雨水径流的影响。城市径流可能包括重金属和其他污染物，以及垃圾。许多有害物质、引擎油、园艺化学制品、清洁剂，如果没有得到正确的处理，就会流入到水里。硝酸盐、磷酸盐是水体中重要的营养素，然而，人类活动大大增加了环境中的营养物质，影响了水质，对淡水生态系统造成了巨大变化。这些活动包括使用化肥和改变土地使用类型，造成径流和污染增加。在18世纪初全球工业发展之前，淡水中唯一的氮气来自于细菌、火山喷发以及闪电。从图1-3中可以看出，氮肥的使用在过去的50年里增加了600%。为了使不同的用户（饮用、灌溉、工业供水、河流维护、水娱乐或许多其他用途）更容易接受，需要去除污染物和水中的不良成分或降低其浓度。因此，提出了一种基于水质均衡的水处理措施，通常包括物理处理、化学处理和生物处理。

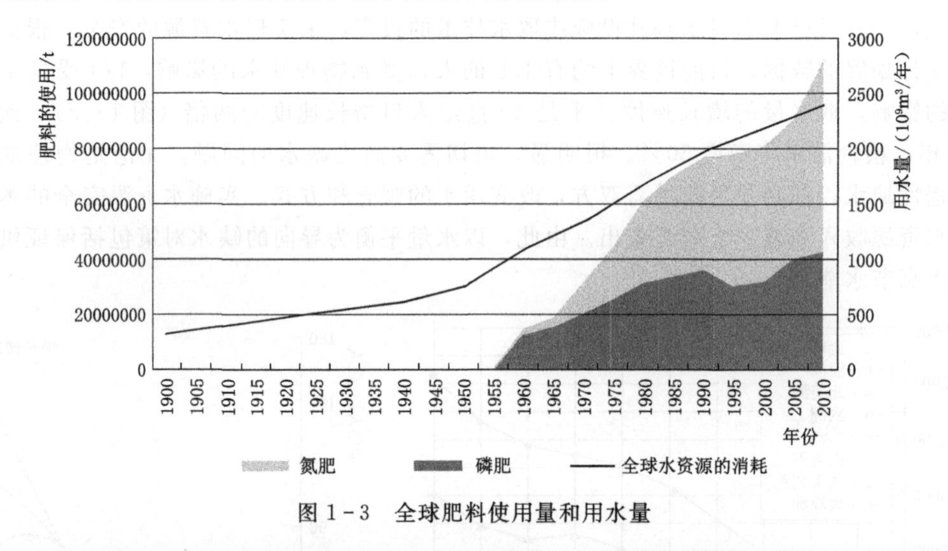

图1-3　全球肥料使用量和用水量

在水灾害安全方面，它是由水弹性失衡造成的。水灾害的研究对象是水多、水少（即洪旱）、其他水相关事件（如决坝）等对经济、社会、生态环境的不利影响的灾害机制和过程。洪水是由于暴雨、冰层急剧融化、风暴潮等自然因素，导致河流、湖泊水量迅速上升的自然现象。其破坏包括经济损失、水源污染、流行病、环境破坏等。洪水占水自然灾害总量的50%，其余原因为滑坡、饥荒、与水有关的流行病、干旱等。季节性的季风降雨经常会在南亚引起洪水泛滥。无计划的防洪措施、土地利用、污染也会引起洪涝灾害。洪水往往会带来大量的沉积物，最终沉淀在河床上，降低了河流的输送能力，从而导致洪水泛滥。洪水的主要破坏包括生命损失、基础设施破坏和饮用水污染。图1-4显示全球洪水发生的概率。

因此，基于上述分析，提出水安全的三大支柱：第一，水资源安全指的是解决水稀缺的问题，这一问题在科学和政策界越来越迫切；第二，水环境安全的目的是保护水不退化和不受污染，保障公众健康，保持良好的生态状态和可持续发展；第三，水灾害安全的重点是消除与水相关危害和水应急威胁，解决水损害的问题（图1-5）。水资源安全的重点是水量，水环境安全的重点是水质，水灾害（洪水、干旱或污染事件）安全有时可能是由"过多"或"太少"的水量造成的，有时可能是由"太脏"的水质造成的，也可能是两者共同造成的。反过来，水灾害会对水量和水质产生不利影响。水资源安全、水环境安全和水灾害安全相互作用，相互影响。只有确保三大支柱的安全，才能真正实现水安全。

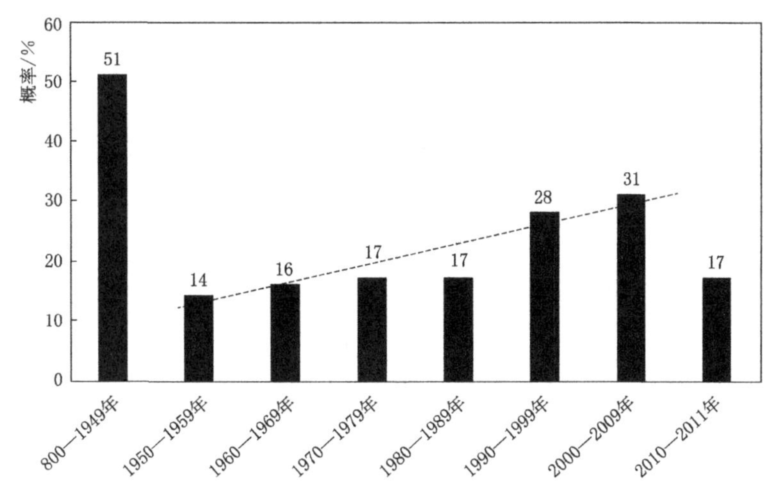

图 1-4　全球洪水发生概率

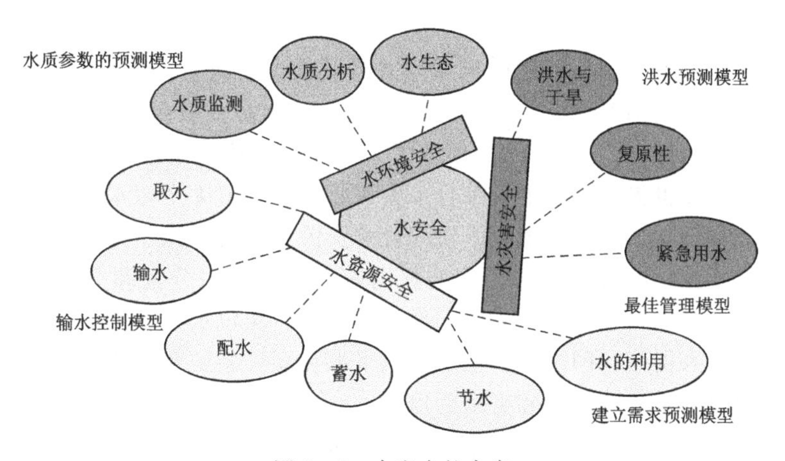

图 1-5　水安全的内容

1.1.3　水安全管理方法

从世界范围来看，几乎所有的国家都存在水安全问题，只在严重程度上有所差异。面对“水”的各种问题，专家们都会从不同的角度提出自己的看法和解决方案。这些解决方案反映了四个重点：改变水管理方法；建立新的法律和机构框架；增加市场手段的采用；开发新的应用技术。水资源管理就是对水资源的规划、利用、配置、管理等方面的活动。自水安全一词出现以来，水管理方法一直处于不断变化的状态，传统的水管理包括地表水资源管理、上游水资源管理、下游水资源管理等（图 1-6）。面对人口的快速增长、经济的发展以及水污染的加剧导致了水资源压力也逐渐攀升。然而，传统的水资源管理方法彼此孤立、不协调，并不能实现有效的协调管理。

在此背景下，综合水资源管理（Integrated Water Resources Management，IWRM）的概念和框架在 20 世纪 90 年代被提出。在 1992 年召开的联合国环境与发展会议（也称为里约地球峰会）中，发表了都柏林宣言。该宣言强调了综合水资源管理的重要性，特别

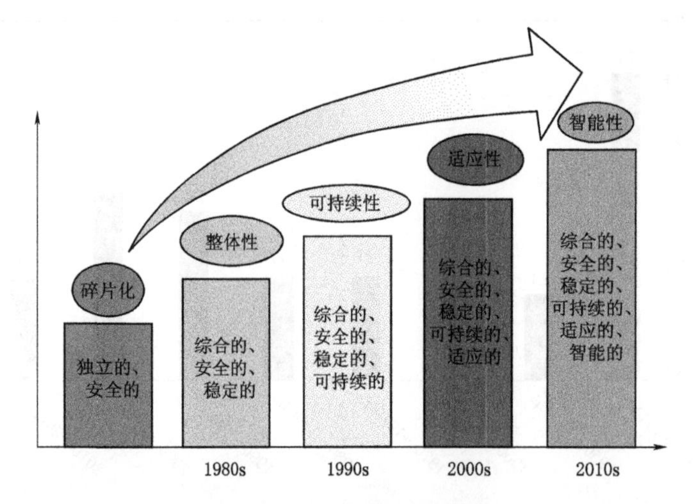

图 1－6　水管理方法的演变

是指出水资源管理应该是一个跨部门和综合的过程。联合国发展计划署在 1993 年发布的一份报告中提出了综合水资源管理的概念，并将其作为解决水资源管理问题的重要途径。联合国教科文组织（UNESCO）、世界气象组织（WMO）、联合国环境规划署（UNEP）和世界银行等国际组织在 1997 年共同发表了一份文件，确认了综合水资源管理的原则和基本框架。在第三届世界水论坛上，综合水资源管理作为解决全球水危机的关键策略得到了广泛的讨论和推广。这次论坛加强了对综合水资源管理的认识，并强调了它在可持续水资源管理中的重要性。综合水资源管理的提出旨在改变过去分割和分散的水资源管理方式，通过整合不同的水资源利益相关者、部门和层面，实现水资源的可持续管理和协调利用。这一概念的引入促使各国政府和国际组织采取行动，制定和实施综合水资源管理政策和计划，以应对全球水资源挑战和需求的增加。

近年来，对气候变化的认知逐渐增强，科学研究表明气候变化将对水资源产生重大影响，包括降水模式的变化、干旱和洪水事件的增加等。这促使人们开始思考如何适应变化的水资源条件。在 2000 年代初期，适应性管理的概念开始在自然资源管理领域得到关注。适应性管理强调面对不确定性和变化的环境条件，管理者应该采取灵活的、适应性的方法，通过学习、调整和改进来应对变化。随着气候变化的全球关注，一系列国际政策框架相继出台，如联合国气候变化框架公约（UNFCCC）和可持续发展目标（SDGs）。这些框架鼓励各国采取适应性措施来应对气候变化对水资源的影响。全球范围内出现了一些适应性水管理的实践案例，这些案例涉及不同的水资源管理领域，包括水供应、洪水管理、灌溉农业等。这些实践案例为适应性水管理提供了经验和教训。适应性水管理（Adaptive Water Management）是在对气候变化和不确定性增加的背景下，为了有效管理水资源而提出的一种管理方法。适应性水管理的核心理念是认识到未来的水资源管理需要考虑不确定性和变化，并采取灵活的、学习型的方法来适应这些变化。适应性水管理强调信息共享、合作与协作、参与利益相关者和社区、风险评估和管理、灵活的决策过程等方面的重要性，以实现可持续的水资源管理和适应性能力的提高。

随着科技的不断进步和数字化转型的加速，智能技术在各个领域得到广泛应用。水资源管理也开始探索如何利用智能技术来提高效率、优化资源利用和提供更可持续的水服务。智能城市的兴起为智能水管理提供了背景。智能城市概念强调通过智能技术和数据的应用来提升城市的可持续性和生活质量。智能水管理是智能城市发展中的重要组成部分。物联网和传感器技术的进步为智能水管理提供了基础。通过在水资源系统中部署传感器和监测设备，可以实时收集和分析数据，帮助管理者做出更准确的决策和优化资源分配。智能水管理依赖于大数据分析和智能决策支持系统。利用先进的数据分析和预测算法，可以从大量的数据中提取有价值的信息，优化供水、节水、排水等水务运营过程。联合国可持续发展目标（SDGs）强调可持续水资源管理的重要性。智能水管理被视为实现 SDGs 的手段之一，可以提高水资源利用效率、减少损失和浪费，促进可持续的水资源供应。智能水管理（Smart Water Management）是指利用先进的信息和通信技术（ICT）以及物联网（IOT）等智能技术来实现高效、可持续的水资源管理和水务运营的方法。智能水管理的目标是实现水资源的高效利用、减少浪费、优化供需平衡，并提供可持续的水服务。通过智能传感器、数据分析、远程监控和控制等技术手段，智能水管理可以实现水资源系统的实时监测、智能化运营和决策优化，提高供水质量、减少漏损、改善洪水管理等。这有助于提高水资源管理的效率和可持续性，满足不断增长的水资源需求。

1.1.4 水安全指标

（1）安全性指标。在安全性特征方面，从水资源对人类社会和经济发展的支撑水平来看安全指数。主要涵盖水可使用性安全、水质安全、水环境安全、水源多样性安全。水的可使用性对应的指标为水贫困指数或水胁迫指数。用于解释水质、水相关的风险和水的多样性的指标分别定义为原水水质指数、洪涝和公共健康风险指数和水源多样性指数。

（2）稳定性指标。在稳定性特征方面，水系统的稳定性是指水系统的供水侧和需水侧处在动态平衡过程。而水资源系统在面对给定的变化条件下，有很强的能力保持在期望的状态内。它与弹性的概念类似。因此，提高了水系统的弹性，即提高了其稳定性。虽然已经提出了定性和定量的恢复力评估方法，但大多数文献仍然使用定性的方法，目前，还没有标准的弹性评估度量方法。

（3）可持续性指标。在可持续性特征方面，可持续性指数表现在人类社会经济发展对水资源的可持续利用程度上。水的可持续性是指对水资源的可持续利用，以确保人类社会、经济和生活环境的可持续发展。到目前为止，还没有专门的指标系统来评估水管理的可持续性。

（4）适应性指标。在适应性特征方面，是指减少气候变化引起的水的不确定性和水相关灾害的脆弱性。水资源的适应性利用是一种适应环境变化、保证水系统良性循环的水管理模式。在适应性方面，通过适应性能力指标进行量化。适应能力的定义是促进学习、适应变化和改变管理的能力，包括资源（经济、技术、信息和技能、基础设施）、机构和公平。

（5）智能性指标。在智能性特征方面，目标是创建一个集成的智能水系统，帮助我们合理用水。信息通信技术将帮助我们更好地理解、改善和管理水资源。智能主要表现在四个方面：①有效测量可用的水；②自动监控何时何地需要水；③计算机分析以确定每个部门需要多少水；④从收集到的信息中解释并做出合理的决策。

1.2 水安全研究进展

1.2.1 水资源安全研究进展

缺水正日益成为城市未来发展的最大瓶颈。从这个意义上说，如何协调社会经济和水资源之间的可持续性是非常重要的。为了实现水资源的可持续利用，满足区域用水需求，采用一些常用的方法，如层次分析过程、数据包络分析，对水资源进行综合评价。一些研究人员受到了生态足迹概念的启发。该方法通过估算生态承载能力的差异价值和维持人类消耗和吸收人类资源所需的生产空间（生态足迹）的数量来衡量该区域的可持续发展。例如，Wiedmann 等根据输入和输出分配生态足迹；Jia 等将生态足迹与 ARIMA 模型结合起来；Miao 等根据生态足迹对环境质量进行了分级分类；Liu 等根据生命周期评估计算了校园的生态足迹。生态足迹模型在不同尺度上的应用也非常广泛。Verhofstadt 等将其应用于个人消费评估，也可用于旅游活动，甚至是家庭研究。通常，它被应用于城市的生态足迹评估、区域生态足迹研究，以及一个国家的生态足迹研究。此外，它还可以嵌入到混合多尺度分析中。

综上水资源安全研究进展主要体现在以下方面：

(1) 水资源评估和管理方法的改进。研究人员不断改进水资源评估和管理方法，包括水资源定量评估、水利用效率提升、水资源规划和分配、水权管理等。通过系统性的方法和模型，提高水资源管理的科学性和精确性。

(2) 水资源可持续利用和保护。研究人员探索水资源的可持续利用和保护策略，包括水资源节约技术、水资源再生利用、生态恢复和保护等。这些策略旨在提高水资源的可持续性，减少对有限水资源的压力。

(3) 跨尺度水资源管理。研究人员强调跨尺度的水资源管理，从流域尺度到全球尺度，考虑水资源在不同地理和政治边界上的互动和影响。跨尺度管理促进多方利益相关者的协调合作，实现跨界水资源合理利用和公平分配。

1.2.2 水环境安全研究进展

自 19 世纪初以来，工业革命导致了城市地区人口的迅速增长，导致大量的生活污水排放到水环境中，导致了霍乱等水传播疾病的爆发。与此同时，20 世纪水处理技术的快速发展，使得水质得以改善。然而，“痛痛病”和“水俣病”的爆发打破了这种错觉，显然，干净的水并不等同于水环境安全。人们对水环境安全的看法又有了新的认识：一个安全的水环境不仅要满足对生产和生活的基本需求，而且要在长期和短期内保护公众免受健康风险。自 21 世纪初以来，许多国家的水污染控制取得了巨大进展，水质也有所改善。一些发达国家的水管理重点转向了水生态恢复和保护。

综上水灾害安全研究进展主要体现在以下方面：

(1) 水体监测和水质评估技术的提升。研究人员开发和应用先进的水体监测技术和水质评估方法，包括传感器技术、遥感技术和分子生物学方法等。这些技术和方法能够更准确地监测和评估水体中的污染物和生物多样性。

(2) 水环境污染控制和治理。研究人员致力于探索水环境污染控制和治理的技术和策略。这包括废水处理技术的改进、污染物的减排和排放标准的制定、生态修复和保护等。通过综合治理手段，提高水环境的质量和可持续性。

(3) 水生态系统保护和恢复。研究人员重视水生态系统的保护和恢复，以维护生态平衡和生物多样性。

1.2.3 水灾害安全研究进展

Li Senyan 和 Zhu Xiaoyan 利用物质元素扩展法、洪水灾害响应指标和层次分析过程法建立了洪水灾害定量分析模型。Tian Yugang 和 Tan Donghua 将洪水风险表示为年平均灾害损失和地形灾害的结果，提出了基于数据域和洪水风险水平的阈值法，并将其应用于洞庭湖洪水风险评估。Shi Yong 和 Xu Shiyuan 基于 CCR 包络分析输入-产出模型，分析上海郊区农业洪涝脆弱性变化。Yu Xiaoling 分析了中央和地方政府在水灾中的现状，建立博弈模型来研究投资份额的决策行为，最后提出了水灾基金的对策。Liu Juan 根据受影响的洪旱危险率、风险的标准方差、水利投资年增长率来估算省区的水旱危险率，得出人们对水利投资不断增加，但都用于防御洪灾，忽视了对干旱的管理。

综上水灾害安全研究进展主要体现在以下方面：

(1) 水灾害预警和风险评估。研究人员致力于发展和改进水灾害预警系统和风险评估方法。这包括利用气象数据、水文模型和遥感技术来预测洪水、干旱和其他水灾害的发生概率和影响范围。

(2) 水灾害管理和应对措施。研究人员探索水灾害管理和应对措施，包括防洪工程、水库调度、抗旱灌溉、城市排水系统的改进等。通过综合的风险管理和灾害减灾策略，减轻水灾害对人类和社会经济的损失。

(3) 水灾害适应性和恢复。研究人员关注水灾害适应性和恢复能力的提升。这包括改善社区和个体的水灾害适应性能力，强调社会经济发展与水灾害风险管理的整合，并制定灾后恢复和重建策略。

(4) 水灾害与气候变化关系研究。研究人员越来越关注水灾害与气候变化的关系。他们研究水灾害与气候变化之间的相互作用机制，并评估气候变化对水灾害频率和强度的影响。这有助于制定适应性措施和减缓气候变化对水灾害的潜在影响。

1.2.4 水安全系统研究进展

经济和社会的发展面临的挑战越来越与水有关。水资源短缺、质量恶化和洪水影响是需要更加关注和采取行动的问题之一。这种情况使人想起需要采取全面的管理办法，认识到水安全系统的所有特点及其与社会和生态系统的相互作用。学者们也认识到，水安全需要许多不同的目的、功能和服务；因此，综合管理必须将水安全纳入一个整体系统的考虑。水安全系统是一个大的、复杂的、非线性的系统。当发生缺水时，不仅影响社会系统，而且影响原始的环境和水生生态平衡。任何单独与水相关的活动或问题都可能对水系统内的相关过程和因素产生深远的影响。因此，对任何与水有关的活动中的变化进行系统的思考都是理想的。Simonovic 等利用 STELLA II 建立目标导向模型，分析了埃及尼罗河流域水资源规划中的潜在优势。Assaf 建立了一个基于经济原则的地下水资源管理模式，探讨了中东和北非不同水资源需求的水资源管理政策。Sánchez - Román 等建立了基于星系平台的 SD 模拟模型，对巴西 3 个盆地的水承载能力进行了模拟和评价。Wang 等开发了一种基于 SD、正交实验设计和不精确优化的综合方法来支持不确定性下的水资源管理，并将其应用于水资源胁迫地区。

综上水安全系统研究进展主要体现在以下方面：

（1）水安全评估和指标。研究人员致力于发展水安全评估方法和指标体系，以综合评估水资源的可持续性、水环境的健康和水灾害的风险。他们关注不同尺度下的水安全综合评估，为决策者提供科学依据和指导，以实现可持续、公平和安全的水资源管理。

（2）水安全管理和治理。研究人员关注水安全管理和治理的理论和实践。他们研究制定水安全政策和法规、建立水安全机构和管理体系，以及促进水安全的跨部门和跨领域合作。他们探索水安全管理的机制和工具，如水权分配、水价管理、水资源配置和水治理的参与机制等，以实现水资源的可持续利用和公平分配。

（3）智能水安全系统。研究人员探索利用先进的信息和通信技术，如物联网、人工智能和大数据分析，开发智能水安全系统。这些系统可以实时监测和控制水资源的利用和分配，预警水灾害风险，提供决策支持和优化水资源管理。智能水安全系统可以提高水资源利用的效率和准确性，同时提供快速响应和决策支持的能力。

（4）水安全与可持续发展。研究人员将水安全与可持续发展目标紧密结合，强调水资源的可持续利用、水环境的保护和水灾害的减轻。他们探索实现水资源、水环境和水灾害的协同发展，以满足人类社会的需求并保护生态系统的完整性。水安全的可持续发展需要综合考虑经济、社会、环境和制度等因素，促进可持续的水资源利用和管理。

参考文献

Cook, C., Bakker, K, 2012. Water security: Debating an emerging paradigm. Global Environmental Change 22 (1): 94 - 102.

Romero - Lankao, P. and Gnatz, D. M, 2016. Conceptualizing urban water security in an urbanizing world. Current Opinion in Environmental Sustainability 21: 45 - 51.

Savenije, H. H. G., Van der Zaag, P, 2008. Integrated water resources management: Concepts and issues. Physics and Chemistry of the Earth, Parts A/B/C 33 (5): 290 - 297.

Iwaniec, D. M., Metson, G. S., Cordell, D, 2016. P - FUTURES: towards urban food & water security through collaborative design and impact. Current Opinion in Environmental Sustainability 20: 1 - 7.

Stucki, V., Sojamo, S, 2012. Nouns and numbers of the water - energy - security nexus in Central Asia. International Journal of Water Resources Development 28 (3): 399 - 418.

Garrick, D., Hall, J. W, 2014. Water Security and Society: Risks, Metrics, and Pathways. Annual Review of Environment and Resources 39 (1): 611 - 639.

Stevenson, E. G., Greene, L. E., Maes, K. C., et al, 2012. Water insecurity in 3 dimensions: an anthropological perspective on water and women's psychosocial distress in Ethiopia. Soc Sci Med 75 (2): 392 - 400.

Wutich, A., Brewis, A., York, A. M., Stotts, R, 2013. Rules, Norms, and Injustice: A Cross - Cultural Study of Perceptions of Justice in Water Institutions. Society & Natural Resources 26 (7): 795 - 809.

Sahin, O., Siems, R., Richards, R. G., et al, 2017. Examining the potential for energy - positive bulk - water infrastructure to provide long - term urban water security: A systems approach. Journal of Cleaner Production 143: 557 - 566.

Sahin, O., Stewart, R. A., Porter, M. G., 2015. Water security through scarcity pricing and reverse osmosis: a system dynamics approach. Journal of Cleaner Production 88: 160 - 171.

Cook, C., 2016b. Implementing drinking water security: the limits of source protection. Wiley Interdisciplinary Reviews: Water 3 (1): 5 - 12.

Stoler, J., 2017. From curiosity to commodity: a review of the evolution of sachet drinking water in West Africa. Wiley Interdisciplinary Reviews: Water 4 (3): e1206.

Falkenmark, M., 2013. Growing water scarcity in agriculture: future challenge to global water security. Philos Trans A Math Phys Eng Sci 371 (2002): 20120410.

Strayer, D. L., Dudgeon, D., 2010. Freshwater biodiversity conservation: recent progress and future challenges. Journal of the North American Benthological Society 29 (1): 344 - 358.

World Water Council (WWC). The Ministerial Declaration from the 2nd World Water Forum (2000).

Global Water Partnership/Technical Advisory Committee (GWP/TAC). (2000) Integrated water resources management. Stockholm: Global Water Partnership.

UN - Water., 2013. Water security & the global water agenda: A UN - Water Analytical Brief. Ontario, Canada: United Nations University.

Romero - Lankao, P. and Gnatz, D. M., 2016. Conceptualizing urban water security in an urbanizing world. Current Opinion in Environmental Sustainability 21, 45 - 51.

Jepson, W., Budds, J., Eichelberger, L., et al, 2017a. Advancing human capabilities for water security: A relational approach. Water Security 1: 46 - 52.

Food and Agricultural Organization (FAO), 2008. Clgbimate change, water and food security. Technical background document from the expert consultation, February 26 - 28. Rome: Food and Agriculture Organization of the United Nations.

United States Environmental Protection Agency (EPA), 2006. Water Sentinel Fact Sheet.

UNESCO - IHE. (2009) Research Themes. Water Security.

Al - Saidi, M., 2017. Conflicts and security in integrated water resources management. Environmental Science & Policy 73: 38 - 44.

Li, D., Wu, S., Liu, L., et al, 2017. Evaluating regional water security through a freshwater ecosystem service flow model: A case study in Beijing - Tianjian - Hebei region, China. Ecological Indicators 81: 159 - 170.

Hao, T., Du, P., Gao, Y., 2012. Water environment security indicator system for urban water management. Frontiers of Environmental Science & Engineering 6 (5): 678 - 691.

Lu, S., Bao, H., Pan, H., 2016. Urban water security evaluation based on similarity measure model of Vague sets. International Journal of Hydrogen Energy 41 (35): 15944 - 15950.

Nel, J. L., Le Maitre, D. C, Roux, D. J., et al, 2017. Strategic water source areas for urban water security: Making the connection between protecting ecosystems and benefiting from their services. Ecosystem Services 28: 251 - 259.

United Nations Development Programme, 2006. Human Development Report 2006: Beyond Scarcity - Power, Poverty and the Global Water Crisis. Basingstoke, United Kingdom: Palgrave Macmillan.

Leong, C., 2016. Resilience to climate change events: The paradox of water (In) - security. Sustainable Cities and Society 27: 439 - 447.

Cook, C., 2016a. Drought planning as a proxy for water security in England. Current Opinion in Environmental Sustainability 21: 65 - 69.

Tembata, K., Takeuchi, K., 2018. Collective decision making under drought: An empirical study of water resource management in Japan. Water Resources and Economics 22: 19 - 31.

Komatsu, H., Kume, T., Otsuki, K., 2010. Water resource management in Japan: Forest management or dam reservoirs? J Environ Manage 91 (4): 814 - 823.

Spring, Ú. O., 2014. Water security and national water law in Mexico. Earth Perspectives 1 (1): 7.

Müller, N. A., Marlow, D. R., Moglia, M., 2016. Business model in the context of Sustainable Urban Water Management - A comparative assessment between two urban regions in Australia and Germany. Utilities Policy 41: 148 - 159.

Hoekstra, A. Y., Buurman, J., van Ginkel, K. C. H., 2018. Urban water security: A review. Environmental Research Letters 13 (5).

Scott, C. A., Meza, F. J., Varady, R. G., et al, 2013. Water Security and Adaptive Management in the Arid Americas. Annals of the Association of American Geographers 103 (2): 280 - 289.

Choi, G. W., Chong, K. Y., Kim, S. J. et al, 2016. SWMI: new paradigm of water resources management for SDGs. Smart Water 1 (1).

Sullivan, C., 2002. Calculating a water poverty index. World development 30 (7): 1195 - 1210.

Liu, M., Wei, J., Wang, G. et al, 2017. Water resources stress assessment and risk early warning - a case of Hebei Province China. Ecological Indicators 73: 358 - 368.

Jensen, O., Wu, H., 2018. Urban water security indicators: Development and pilot. Environmental Science & Policy 83: 33 - 45.

Folke, C., Carpenter, S., Walker, B., et al, 2010. Resilience thinking: integrating resilience, adaptability and transformability. Ecology and society, 15 (4).

Xue, X., Schoen, M. E., Ma, X. C., et al, 2015. Critical insights for a sustainability framework to address integrated community water services: Technical metrics and approaches. Water Res 77: 155 - 169.

Garfin, G. M., Scott, C. A., Wilder, M., et al, 2016. Metrics for assessing adaptive capacity and water security: common challenges, diverging contexts, emerging consensus. Current Opinion in Environmental Sustainability 21: 86 - 89.

Lemos, M. C., Manuel - Navarrete, D., Willems, B. L., et al, 2016. Advancing metrics: models for understanding adaptive capacity and water security. Current Opinion in Environmental Sustainability 21: 52 - 57.

Kirchhoff, C. J., Lara - Valencia, F., Brugger, J., et al, 2016. Towards joint consideration of adaptive capacity and water security: lessons from the arid Americas. Current Opinion in Environmental Sustainability 21: 22 - 28.

Mutchek, M., Williams, E., 2014. Moving Towards Sustainable and Resilient Smart Water Grids. Challenges 5 (1): 123 - 137.

Yuanyuan, W., Ping, L., Wenze, S. et al, 2017. A New Framework on Regional Smart Water. Procedia Computer Science 107: 122 - 128.

第2章

水安全评价原则

水安全评价原则是指在进行水安全评价时应遵循的基本原则和准则。这些原则旨在确保评价的全面性、可靠性、可持续性和可比性，以促进有效的水资源管理和保护。水安全评价原则主要包括以下八个方面。

2.1 知识科学性原则

知识科学性原则在水安全评价中起着重要的作用，它强调水安全评价应基于科学知识和技术，利用先进的评估方法和工具，确保评价结果的准确性和可靠性。

知识科学性原则要求水安全评价基于科学知识的应用。这包括从多个学科领域获取和整合相关的水资源、水环境和水灾害方面的科学知识。通过深入理解水系统的运行机制、水循环过程、水质影响因素等，可以更准确地评估水资源的可用性、水环境的健康状况和水灾害的风险。

知识科学性原则要求水安全评价采用先进的评估方法和工具。这包括定量分析模型、数据采集和处理技术、空间信息技术等。通过使用这些先进的方法和工具，可以更好地分析水资源的供需平衡、水环境的质量状况和水灾害的潜在影响。同时，这些方法和工具可以帮助评价者更准确地预测未来的水安全情景，为决策提供可靠的支持。

知识科学性原则强调水安全评价所使用的数据和信息必须具有可靠性。这包括数据的采集、处理和验证过程，确保数据的准确性和完整性。同时，水安全评价需要基于可靠的信息源，如科学文献、监测数据和专家意见，以确保评价结果的可信度。

知识科学性原则要求水安全评价应充分考虑不确定性和风险。在评估过程中，评价者应意识到模型和数据的不确定性，并采用适当的方法来量化和传达不确定性信息。同时，评价者还应将风险概念纳入评估框架，评估水资源管理和决策的风险和可行性，为决策者提供全面的信息。

知识科学性原则鼓励学习和创新的推动。水安全评价应该是一个不断学习和改进的过程，通过反馈机制和评价结果的反馈，不断优化评价方法和工具，提高水安全评价的准确性和适用性。同时，鼓励创新的方法和技术，推动水安全评价的发展和进步。

知识科学性原则强调水安全评价需要多学科和跨学科的合作。水安全是一个复杂的领域，涉及水资源、环境、工程、社会和经济等多个学科的知识。评价者应与不同领域的专家合作，共同分析和解决水安全问题。通过跨学科合作，可以融合不同学科的视角和方法，提高水安全评价的全面性和准确性。

知识科学性原则认识到水资源管理和水安全状况都是不断变化的。因此，水安全评价应具有动态性和持续性，需要定期更新和迭代。评价结果应及时反馈给决策者，以便针对新的情景和变化采取相应的措施。通过持续的评价和改进，可以更好地应对不断变化的水安全挑战。

总之，知识科学性原则是水安全评价中的重要原则，强调科学知识和技术的应用、先进的评估方法和工具的使用、数据和信息的可靠性、不确定性和风险的考虑、学习和创新的推动、多学科和跨学科合作以及持续更新和迭代。遵循这些原则，可以提高水安全评价的科学性和可靠性，为水资源管理和决策提供有效的支持。

2.2 综合性原则

综合考虑水资源的可用性，水安全评价应综合考虑水资源的供应与需求情况。这包括评估水资源的可再生量、水资源的质量和可利用性，以及不同部门和行业对水资源的需求。综合评估水资源的可用性有助于确定是否存在水资源短缺问题，从而制定合理的水资源管理策略和措施。

综合考虑水环境的健康，水安全评价应关注水环境的质量和生态系统的健康。这包括评估水体的污染程度、水生态系统的完整性和生物多样性等因素。通过综合考虑水环境的健康状况，可以确保水资源的可持续利用和保护，同时维护生态系统的平衡和功能。

综合考虑水灾害的风险，水安全评价应综合考虑水灾害的风险，包括洪水、干旱、海水倒灌等灾害。评估水灾害的潜在影响、频率和强度，以及社会经济系统的脆弱性和抗灾能力。通过综合考虑水灾害的风险，可以制定相应的灾害管理和减灾措施，提高社会对水灾害的适应性和抵抗力。

综合性原则强调水资源、水环境和水灾害之间的综合性关系，确保水安全评价的全面性和准确性。只有综合考虑这些因素，才能够全面了解水系统的状态和变化，为水资源管理、水环境保护和灾害管理提供科学依据和决策支持。

2.3 可持续性原则

可持续性原则是水安全评价中的核心原则之一，强调在水资源管理和决策中要考虑社会、经济和环境的可持续性。社会可持续性强调满足当前和未来世代的社会需求和期望。在水安全评价中，社会可持续性要求考虑社会公平、社会参与和社会公正等因素。这包括确保水资源的公平分配，促进社区的参与和共享决策过程，以及保障弱势群体的水资源权益。通过关注社会可持续性，可以确保水资源的公正利用和社会的可持续发展。

经济可持续性强调水资源管理和利用的经济效益和效率。在水安全评价中，经济可持续性要求考虑水资源的经济价值、成本效益和经济发展的影响。这包括评估水资源利用的经济效益，制定合理的水资源定价机制，促进水资源的有效利用和经济增长的可持续性。通过关注经济可持续性，可以实现水资源管理的经济效益和社会发展的可持续性。

环境可持续性强调保护和恢复水环境的健康和生态系统的完整性。在水安全评价中，环境可持续性要求考虑水资源利用的环境影响、水环境的质量和生物多样性的保护。这包括评估水资源利用对生态系统的影响，制定环境保护措施和生态恢复计划，推动水环境的可持续管理和保护。通过关注环境可持续性，可以实现水资源管理和生态系统保护的协调发展。

2.4 参与性原则

参与性原则是水安全评价中的重要原则之一，强调广泛的利益相关者参与评价过程，确保评价结果充分反映各方利益和关切。参与性原则要求水安全评价过程中涉及多元的利益相关者，包括政府机构、民间组织、学术界、业界代表、社区居民等。各利益相关者具有不同的知识、经验和观点，他们的参与可以确保评价结果更加全面、客观和可信。

参与性原则要求建立广泛的参与渠道和机制，确保利益相关者可以充分发表意见、提供建议和参与决策过程。这可以通过公开听证会、专家访谈、问卷调查、社区研讨会等方式实现。利益相关者应有机会参与评价的各个阶段，从问题识别、数据收集、模型建立到结果解释和决策制定。

参与性原则强调评价过程的透明度和信息共享。评价者应向利益相关者提供充分的信息，包括评价目的、方法、数据和模型等，以便他们理解评价的基础和过程。同时，评价结果也应及时向利益相关者公开，以便他们了解评价结论和建议，并提供反馈和意见。

参与性原则强调评价过程中的互动和合作。评价者应积极与利益相关者进行沟通和合作，倾听他们的声音和需求，共同制定评价的目标和范围。通过互动和合作，可以促进各方之间的理解和共识，增强评价结果的可接受性和可行性。

参与性原则要求评价过程中的代表性和平等性。评价者应确保各利益相关者有平等的参与权利和机会，不论其社会地位、种族、性别、年龄或经济状况如何。评价过程应尊重和反映各方的多样性和差异，避免任何形式的歧视和偏见。

参与性原则强调评价过程中建立信任和合作的关系。评价者应与利益相关者建立积极的互信和合作关系，倾听他们的意见和关切，并尊重他们的参与和贡献。这可以通过开放、透明和包容的沟通方式实现，以建立共同的目标和利益，并促进协同合作和共享责任。

参与性原则强调对利益相关者进行能力建设和培训，以增强他们参与评价过程的能力和意识。评价者应提供必要的培训和指导，帮助利益相关者理解评价的相关知识和方法，以便他们能够更有效地参与评价过程，并提供有价值的意见和建议。

参与性原则强调在评价过程中综合考虑各方利益，寻求利益的平衡和整合。评价者应倾听不同利益相关者的声音，并努力达成可接受的共同利益，以实现评价结果的广泛认可和可行性。

通过遵循参与性原则，可以确保水安全评价过程的民主性、透明性和可信度，充分反映各方利益和关切，促进共识的建立和决策的有效实施。参与性评价能够增强评价结果的可持续性和可接受性，为水资源管理和决策提供更有效的支持。

2.5 透明度原则

透明度原则是水安全评价中的关键原则之一，强调评价过程和结果的透明性。透明度原则要求评价者在水安全评价过程中公开相关信息。这包括评价的目的、方法、数据来源、分析过程和模型等。评价者应向利益相关者提供充分的信息，使其了解评价的基础和过程，以便他们对评价结果有更好的理解和认可。

透明度原则要求评价过程中的信息对利益相关者可获取。评价者应提供便捷的渠道和方式，使利益相关者能够获取评价过程中产生的信息，如报告、数据集、模型文档等。这有助于利益相关者对评价过程进行监督和审查，并为其提供参与评价的基础。

透明度原则要求评价结果的公开。评价者应及时将评价结果向利益相关者公开，使其能够了解评价的结论和建议。公开评价结果可以增强评价的可信度和可接受性，同时也为利益相关者提供了参与决策和行动的依据。

透明度原则要求评价过程中使用的数据的透明性。评价者应明确数据的来源、采集方法、质量和可靠性等信息。这有助于评价结果的可重复性和可验证性，提高评价的科学性和可信度。

透明度原则要求评价过程中所采用的方法的公开。评价者应明确评价所采用的方法和技术，包括数据分析方法、模型构建方法等。这使利益相关者能够了解评价的科学基础和方法论，并对评价的可靠性和适用性进行评估。

透明度原则要求建立反馈机制，以接受利益相关者对评价过程和结果的反馈。评价者应设立渠道和机制，使利益相关者能够提供意见、建议和批评，促进评价过程的改进和优化。

透明度原则的实施可以增加水安全评价过程的公正性、科学性和可信度。通过公开信息、开放数据、公开方法和结果，利益相关者能够了解评价的全貌和依据，提高对评价结果的认可和接受度。

2.6 风险评估原则

风险评估原则是水安全评价中的重要原则之一，旨在全面评估水安全领域的各类风险和潜在危害。风险评估原则要求综合考虑不同类型的风险，包括自然风险、技术风险、社会经济风险等。评估过程应考虑水资源系统的各个方面，包括供水、排水、水质、水环境等，以全面了解潜在风险的来源和影响。

风险评估原则要求从多个维度来评估风险。这包括评估风险的概率和严重程度，以及风险对人类、生态系统和经济的影响。同时，还应考虑风险的时空分布和变化趋势，以及可能的累积效应和相互作用。

风险评估原则强调评估过程的科学性和可靠性。评估应基于充分的数据、信息和科学知识，并采用合适的分析方法和模型。评估结果应具备科学合理性和可重复性，以支持决策制定和风险管理措施的制定。

风险评估原则要求尽可能将风险进行量化和定量化。通过合适的指标和方法，评估者可以量化风险的概率、强度、频率等，从而实现不同风险的比较和优先排序。定量化的风险评估有助于决策者更好地理解风险的重要性和紧迫性。

风险评估原则强调对风险评估结果中的不确定性进行分析。评估者应识别和评估评估过程中的不确定因素，如数据缺乏、模型假设等，并考虑其对评估结果的影响。不确定性分析有助于提供决策者对评估结果的置信度和可信度的信息。

风险评估原则要求评估结果能够为决策制定提供综合的支持。评估结果应以清晰的方式呈现，包括风险识别、风险评估和风险管理建议等。

2.7 预防原则

预防原则是水安全评价中的重要原则之一，旨在通过采取预防性措施来降低水安全风险和潜在危害。预防原则强调对水安全风险进行全面的识别和评估。通过系统地分析和评估潜在的风险来源、风险因素和风险影响，可以及早发现潜在的风险和脆弱性，为采取相应的预防措施提供依据。

预防原则强调在风险出现前采取早期干预措施。通过及时识别和预测潜在的风险，可以在风险出现之前采取适当的预防和防范措施，减少潜在风险的实际发生和危害。

预防原则鼓励采取多层次的防御措施来降低风险。这包括在技术、制度、政策和管理等多个层面上采取相应的措施。多层次防御能够提供更全面、更灵活的风险管理方式，增强水安全系统的抗风险能力。

预防原则要求采取综合性的措施来预防水安全风险。这包括改善水资源管理、加强监测和预警系统、推动科技创新和技术应用、加强法律和政策制度建设等。综合性措施能够从多个方面和多个层面降低风险的发生和影响。

预防原则强调持续的监测和评估工作。通过建立健全的监测和评估机制，能够及时获取水安全风险的信息，监测风险的变化和演化，评估预防措施的有效性，为及时调整和优化预防措施提供依据。

预防原则强调通过教育和宣传来增强公众的风险意识和水安全意识。通过广泛的教育和宣传活动，可以提高公众对水安全风险的敏感性和认识水安全的重要性。公众的参与和意识对于预防水安全风险至关重要，他们可以采取个人和集体行动来减少风险的发生和扩大。

预防原则要求建立和实施全面的风险管理计划。该计划应包括明确的目标和指标，详细的预防措施和应急响应措施，以及相关的资源和责任分配。风险管理计划应经常更新和调整，以适应不断变化的风险环境和需求。

预防原则鼓励采用新的技术创新和应用来预防水安全风险。新兴的技术和工具，如远程监测、智能传感器、大数据分析等，可以提供更精准和实时的风险信息，帮助实施更有效的预防措施。

预防原则强调各部门和利益相关者之间的跨部门合作。水安全问题涉及许多不同领域和利益相关方，包括政府部门、学术机构、民间组织等。通过加强合作和协调，可以共同制定和实施综合性的预防措施，提高水安全的整体效益。

预防原则的实施有助于减少水安全风险的发生和扩大，并提升水资源管理的可持续性。通过及早识别和预防潜在风险，采取综合性的预防措施，不断监测和评估风险情况，加强公众参与和跨部门合作，可以建立起更稳定、可靠和安全的水资源系统。

2.8 可操作性原则

可操作性原则是指在水安全评价中，考虑到评价结果的可操作性和可实施性，以确保评价成果能够转化为具体的行动和政策措施。可操作性原则要求确立明确的水安全目标。这些目标应该是具体、可量化和可实现的，能够提供指导和框架，以便采取相应的措施和行动。明确的目标有助于指导决策制定，使评价结果更具可操作性。

可操作性原则强调对潜在措施和行动的可行性进行研究。这包括技术可行性、经济可行性、社会可接受性等方面的考虑。通过对不同方案和措施的可行性进行评估，可以确定最具可操作性和实施性的方案。

可操作性原则鼓励利用智能化和科技支持来提高评价结果的可操作性。通过应用先进的技术和工具，如人工智能、大数据分析、模拟模型等，可以更准确地分析和预测水安全问题，提供更具操作性的评价结果。

可操作性原则要求将行动和措施分阶段实施。将长期目标分解为短期和中期目标，并制定相应的行动计划和时间表。逐步实施行动方案有助于降低实施难度，增加评价结果的可操作性。

可操作性原则强调利益相关者的参与和合作。将利益相关者纳入决策和行动的过程中，可以确保其对评价结果和行动方案的支持和接受。利益相关者的参与有助于提高行动的可实施性和可持续性。

可操作性原则要求建立监测与评估机制，以监督和评估实施行动的效果和成效。通过定期的监测和评估，可以及时发现问题和调整措施，保证行动的可操作性和适应性。

可操作性原则的实施可以确保水安全评价结果能够转化为具体的行动和政策措施，从而提高水资源管理的实际效果。通过明确目标、研究可行性、智能化支持、阶段性实施、利益相关者参与以及监测与评估，可操作性原则可以确保评价结果更具可行性、可操作性和可持续性。通过逐步实施行动计划，将长期目标分解为可实现的阶段性目标，并利用先进的技术和工具支持决策制定和行动实施过程，可以提高行动方案的可实施性和成功率。

可操作性原则还强调利益相关者的参与和合作。将利益相关者纳入决策和行动的过程中，可以获得更广泛的意见和支持，提高行动方案的可接受性和可持续性。利益相关者的参与还可以带来更多的资源和专业知识，增强行动的实施能力和效果。

同时，建立监测与评估机制是确保行动方案可操作性的关键。通过定期的监测和评估，可以及时了解行动的进展和效果，发现问题和挑战，并及时进行调整和改进。监测与评估的结果也为未来的行动提供了经验教训和参考。

综合来说，可操作性原则通过明确目标、研究可行性、智能化支持、阶段性实施、利益相关者参与以及监测与评估，确保评价结果能够转化为切实可行的行动和政策措施，从而推动水资源管理的可持续发展。

参考文献

Summers, M. F., Holman, I. P., Grabowski, R. C., 2015. Adaptive management of river flows in Europe: A transferable framework for implementation. Journal of Hydrology 531: 696 - 705.

Varady, R. G., Zuniga - Teran, A. A., Garfin, G. M., et al, 2016. Adaptive management and water security in a global context: definitions, concepts, and examples. Current Opinion in Environmental Sustainability 21: 70 - 77.

Martyusheva, O., 2014. Department of civil and environmental engineering fort collins, colorado.

Julien, P. Y., Martyusheva, O. A., 2013. Smart water grids and network vulnerability: 14 - 15.

Xu, Z. M., Cheng, G. D., 2000. The predicted demand of water resources in the middle reaches of the Heihe River from 1995 to 2050. Journal of Glaciolgy and Geocryology 2: 139 - 146.

Yue, D., Xu, X., Hui, C., et al, 2011. Biocapacity supply and demand in Northwestern China: A spatial appraisal of sustainability. Ecological Economics 70: 988 - 994.

Zhao, M. Y., Cheng, C. T., Chau, K. W., Li, G., 2006. Multiple criteria data envelopment analysis for full ranking units associated to environment impact assessment. International Journal of Environment and Pollution 28: 448 - 464.

William E. R., 1992. Ecological footprints and appropriated carrying capacity: what urban economics leaves out. Ecological footprints 4: 121 - 130.

Wackernagel, M., Onisto, L., Bello, P., et al, 1999. National natural capital accounting with the ecological footprint concept. Ecological economics 29: 375 - 390.

Wiedmann, T., Minx, J., Barrett, J., et al, 2006. Allocating ecological footprints to final consumption categories with input - output analysis. Ecological Economics 56: 28 - 48.

Jia, J. - s., Zhao, J. - z., Deng, H. - b., Duan, J., 2010. Ecological footprint simulation and prediction by ARIMA model—A case study in Henan Province of China. Ecological Indicators 10: 538 - 544.

Miao, C. - l., Sun, L. - y., Yang, L., 2016. The studies of ecological environmental quality assessment in Anhui Province based on ecological footprint. Ecological Indicators 60: 879 - 883.

Liu, H., Wang, X., Yang, J., et al, 2017. The ecological footprint evaluation of low carbon campuses based on life cycle assessment: A case study of Tianjin, China. Journal of Cleaner Production 144: 266 - 278.

Verhofstadt, E., Van Ootegem, L., Defloor, B., Bleys, B., 2016. Linking individuals' ecological footprint to their subjective well - being. Ecological Economics 127: 80 - 89.

Castellani, V., Sala, S., 2012. Ecological Footprint and Life Cycle Assessment in the sustainability assessment of tourism activities. Ecological Indicators 16: 135 - 147.

Song，G.，Li，M.，Semakula，H. M.，Zhang，S.，2015. Food consumption and waste and the embedded carbon，water and ecological footprints of households in China. The Science of the total environment 529：191－197.

Moore，J.，Kissinger，M.，Rees，W. E.，2013. An urban metabolism and ecological footprint assessment of Metro Vancouver. Journal of environmental management 124：51－61.

Hopton，M. E.，White，D.，2012. A simplified ecological footprint at a regional scale. Journal of environmental management 111：279－286.

Galli，A.，Kitzes，J.，Niccolucci，V.，et al，2012. Assessing the global environmental consequences of economic growth through the Ecological Footprint：A focus on China and India. Ecological Indicators 17：99－107.

第3章

水安全评价内容

水安全评价是对水资源及其管理与利用的可持续性、可靠性和可访问性进行综合评估。它涵盖了多个方面的内容，以确保水资源的安全和可持续发展。包括：水资源量和质的评估，评估水资源的可用量、可再生性和可持续性，对水资源的定量和定性分析，评估水资源的供需平衡、地区分布和水质状况；水资源管理和治理评估，评估水资源管理机构和政策的有效性和执行情况；对水资源管理机构的组织结构和能力进行评估，评估政策和法规的合规性和科学性；水供应和供水系统评估，评估水供应的可靠性和供水系统的稳定性；对供水系统的规模和容量进行评估，评估供水设施的状况和运行管理情况；水资源利用效率评估，评估水资源利用的效率和优化程度；对不同水利用领域（农业、工业、城市）的水使用效率进行评估，评估水资源利用与经济增长的关系；水灾害风险评估，评估水灾害的潜在性和影响程度；对洪水、干旱、海水侵蚀等水灾害风险进行评估，评估社会经济系统和生态系统对水灾害的脆弱性和抗风险能力；参与和社会意识评估，评估公众参与和社会意识的程度和效果；评估公众参与机制和社会组织的参与程度，评估水安全意识和教育活动的开展情况；可持续发展评估，评估水资源管理和利用的可持续性和生态平衡；评估水资源的长期供应能力和生态环境的保护情况，评估水资源管理对社会经济和生态系统的影响。下面将对各方面评估内容作具体介绍。

3.1 水量评价

评估水资源的可用性和供应情况，包括测量水体的流量、水位和地下水位等参数，以确定水资源是否充足。水量评价是水安全评价中的一个关键方面，它涉及对水资源的可用性和供应情况进行评估。水量评价主要包括以下内容：

（1）水资源量评估。评估特定地区或水体的水资源总量，包括地表水和地下水。这包括对水文地质条件、降水量、径流量、蓄水量等进行调查和分析，以确定可供利用的水资源量。

（2）水资源供需平衡评估。评估水资源供应与需求之间的平衡情况。通过对水资源供应量和水需求量的对比分析，可以确定水资源利用的可持续性和潜在的供需缺口。

（3）水资源开发利用评估。评估已经开发利用的水资源情况，包括水库、水井、灌溉系统等。这包括评估水资源利用效率、供水可靠性和灌溉水利用效率等指标。

（4）水资源调控评估。评估水资源的调配和调控措施的有效性，包括评估水资源调度计划、水资源分配机制、水权管理等，以确保水资源的公平合理利用和优先分配。

（5）水资源保护评估。评估水资源的保护措施和管理策略的有效性，包括评估水源地保护、土地利用规划、生态保护区设置等，以减少水资源受到的污染和损失。

（6）水资源管理规划评估。评估水资源管理规划和策略的可行性和可持续性，包括评估水资源管理计划、水权分配机制、水价政策等，以确保水资源的可持续利用和合理管理。

通过水量评价，可以了解水资源的可用性和供需平衡情况，为制定合理的水资源管理策略和保障人民的用水需求提供科学依据。此外，对水量评价的定期监测还可以及时发现和应对可能出现的水资源短缺和危机情况。

3.2 水质评价

水质评价是水安全评价中的一个重要方面，对水体的化学、物理和生物学特征进行评估，包括测量水中污染物的浓度，如重金属、有机污染物、微生物等。水质评价主要包括以下内容：

（1）化学污染物评价：评估水中的化学物质浓度，包括重金属、有机污染物、农药、工业废水等。通过取样和分析水样，可以确定污染物的种类和浓度水平，以评估对人体健康和环境的潜在风险。

（2）物理特性评价：评估水的物理特性，如温度、浑浊度、颜色、pH值、溶解氧等。这些参数可以反映水的清洁程度、适用性和生态系统健康状况。

（3）生物学评价：通过监测水体中的生物指标，如水生生物多样性、浮游植物、藻类、细菌和水生动物等，评估水生态系统的健康状况。生物学评价可以揭示水体受到的污染程度和生态系统的可持续性。

（4）水源地污染源评估：评估水源地周边的潜在污染源，包括农业、工业、城市排放和污水处理厂等。这包括评估污染源的类型、位置、污染物排放量和对水体的影响程度。

（5）监测网络建设评估：建立有效的水质监测网络，包括确定监测点位、监测频率和监测参数，以确保对水体质量的持续监测和评估。监测数据可用于制定控制污染和改善水质的管理措施。

（6）国家和地区水质标准评估：对比国家、地区或国际水质标准，评估水质是否符合规定的限值和质量要求。这有助于确定水体是否达到安全饮用水和生态环境的要求。

通过水质评价，可以及时了解水体质量的状况，及时发现和解决潜在的水质问题，保护人民的饮水安全和生态环境的健康。

3.3 水源地保护评价

评估水源地的环境状况和潜在的污染风险，包括土壤侵蚀情况、附近工业活动和农业活动等对水源地的影响。水源地保护评价是水安全评价中的重要内容，它涉及对水源地的环境状况和潜在的污染风险进行评估。水源地保护评价主要包括以下内容：

（1）地质和水文评估：评估水源地的地质构造、水文地质特征和水文循环情况，包括评估地下水蓄水层的特性、地下水与地表水的关系、水源涵养能力等，以了解水资源的形成和补给机制。

（2）土壤评估：评估水源地周边土壤的质量和特性，包括评估土壤类型、质地、保持能力、水分滞留能力等，以确定土壤的保护和管理需求，以减少土壤侵蚀和污染对水源的影响。

（3）水源地周边环境评估：评估水源地周边的环境状况和潜在的污染源，包括评估农业活动、工业活动、城市化进程等对水源地的影响，以识别可能的污染风险和潜在的影响因素。

（4）水源地生态评估：评估水源地生态系统的健康状况和生物多样性，包括评估水源地的植被覆盖、水生生物群落结构、河流和湖泊的健康状况等，以了解生态系统对水资源保护的贡献和生态系统的稳定性。

（5）污染源追踪评估：评估水源地的潜在污染源和污染物迁移途径。通过监测和采样分析，可以确定污染物的来源和污染传输路径，以便采取相应的污染防控措施。

（6）水源地保护管理评估：评估水源地保护管理措施和政策的有效性，包括评估保护区划和管理规划、监测和监管机制、教育和宣传活动等，以确保水源地的有效保护和管理。

通过水源地保护评价，可以识别和评估潜在的水源污染风险，为制定科学的保护措施和管理策略提供依据，以保护水源地的水质和水量，确保供水的安全性和可持续性。

3.4 水工程设施评价

评估水库、水厂、管网和处理设施等水工程设施的运行状况和性能，以确保其安全可靠。水工程设施评价是水安全评价中的一个重要方面，它涉及对水库、水厂、管网和污水处理设施等水工程设施的运行状况和性能进行评估。

（1）水库评价：评估水库的建设和管理情况，包括水库的蓄水能力、泄洪能力、抗震能力等。评估水库的结构安全性、水源补给情况和水库淤积等问题，以确保水库的正常运行和安全性。

(2) 水厂评价：评估水厂的处理工艺、设备和运行状况，包括水源处理、净化、消毒等过程。评估水厂的处理效率、水质达标情况和供水能力，以保证提供符合安全标准的饮用水。

(3) 管网评价：评估供水管网的运行状况和水质保护措施，包括管道的损耗情况、漏损控制、水力状况等。评估管网的供水可靠性、水压稳定性和水质保护措施的有效性，以确保供水系统的稳定运行和水质安全。

(4) 污水处理设施评价：评估污水处理设施的处理工艺和排放标准的符合情况。评估设施的处理效果、排放水质和对环境的影响，以确保污水处理的合规性和环境友好性。

(5) 运行管理评价：评估水工程设施的运行管理情况，包括设施的维护保养、设备的监测和检修、应急预案的制定等。评估运行管理的有效性和可持续性，以确保设施的稳定运行和故障处理能力。

(6) 技术创新评价：评估水工程设施的技术创新和改进情况，包括新技术的应用、设备的更新和改进等。评估技术创新对设施性能和效率的影响，以提升设施的运行效果和水安全水平。

通过水工程设施评价，可以全面了解水工程设施的状况和性能，及时发现问题并采取相应的维护、修复和改进措施，确保水工程设施的安全可靠性和供水的持续性。

3.5 水安全管理评价

评估水资源管理和水安全政策的有效性，包括法律法规的制定和执行情况、监测和报告机制等。水安全管理评价是对水安全管理措施和策略的有效性和绩效进行评估，以确保水资源的可持续利用和保障人民的用水需求，主要包括下列内容。

(1) 法律和政策评估：评估水安全相关的法律法规和政策文件的制定和实施情况，包括评估法律法规的健全性和合规性，政策文件的科学性和可操作性，以确保水安全管理有法可依和政策支持。

(2) 水资源管理机构评估：评估水资源管理机构的组织结构、职责和能力，包括评估机构的协调与合作机制、人员素质和专业能力，以确保水资源管理机构能够有效履行职责和推动水安全管理工作。

(3) 信息管理和监测评估：评估水安全信息管理和监测系统的建设和运行情况，包括评估信息采集、传输、存储和分析的技术和流程，监测网络和监测数据的可靠性和准确性，以确保水安全信息的及时性和可用性。

(4) 应急预案和响应评估：评估水安全管理中的应急预案和响应机制的有效性，包括评估应急预案的制定和演练、应急资源的储备和调配，以及应急响应措施的快速性和有效性，以确保在突发事件和紧急情况下能够及时应对和控制水安全风险。

(5) 参与和社会意识评估：评估水安全管理中的参与机制和社会意识提升措施的效果，包括评估公众参与的机制和程度、社会组织和利益相关方的参与情况，以及水安全意识和教育活动的开展情况，以确保公众参与和社会共治的水安全管理模式。

3.6 灾害风险评估

评估水灾、干旱、地震等自然灾害对水安全的潜在影响，以及应对措施的有效性和准备程度。灾害风险评估是水安全评价中的重要组成部分，它涉及对灾害风险的潜在程度、脆弱性和影响等进行评估，具体评估内容如下：

（1）灾害潜在性评估：评估特定地区面临的不同类型的灾害潜在性，包括洪水、干旱、地震、滑坡等。通过分析历史灾害事件和地理环境因素，确定不同类型灾害的可能发生性和频率。

（2）脆弱性评估：评估水资源系统及其相关基础设施和社会经济系统的脆弱性。考虑系统的结构、功能和强度，评估其抵抗灾害的能力和抗风险能力，以及对灾害影响的敏感性。

（3）暴露度评估：评估特定地区的暴露度，即受灾体系暴露于灾害风险下的程度。考虑地理位置、气候条件、土地利用等因素，评估水资源系统和人口、财产等的暴露程度。

（4）影响评估：评估灾害发生后对水资源系统和相关社会经济系统的可能影响，包括评估损失程度、人员伤亡情况、基础设施破坏程度、生态环境破坏等，以确定灾害事件对水安全的潜在影响。

（5）风险评估和管理：综合考虑灾害潜在性、脆弱性、暴露度和影响，对灾害风险进行定量或定性评估。通过风险分析，识别高风险区域和关键脆弱环节，制定相应的风险管理措施和应急预案。

（6）风险溯源和溯责评估：评估灾害风险的溯源和溯责情况。通过追溯灾害发生的原因和责任，确定存在的管理和监管漏洞，以便改进和加强灾害风险管理的制度和措施。

3.7 社会经济评价

评估水安全对社会和经济的影响，包括供水服务的可及性、经济效益和社会公平性等，具体评估内容如下：

（1）经济效益评估：评估水资源管理和利用对经济的贡献和效益，包括评估水资源供应对农业、工业和城市发展的支撑作用，水资源利用对生产效率和产业结构的影响，以及水资源管理措施的经济回报和投资效益。

（2）就业和收入评估：评估水资源管理和利用对就业和收入的影响，包括评估水资源行业和相关产业的就业人数和收入水平，水资源利用对农民和农村地区收入的提升作用，以及水资源管理政策对就业和收入分配的影响。

（3）社会公平评估：评估水资源管理和利用对社会公平的影响，包括评估水资源分配的公平性和合理性，水资源利用对农村和城市居民的平等机会和权益的保障，以及水资源管理措施对弱势群体的关注和支持程度。

（4）生态环境评估：评估水资源管理和利用对生态环境的影响，包括评估水资源开发和利用对水生态系统的破坏和恢复能力，水资源利用对生物多样性和生态系统服务的影响，以及水资源管理措施对生态环境保护的效果和可持续性。

（5）社会福利评估：评估水资源管理和利用对社会福利的影响，包括评估水资源供应对居民生活质量和福利的提升作用，水资源利用对公共卫生和人民健康的影响，以及水资源管理措施对社会幸福感和社会稳定的影响。

（6）可持续发展评估：评估水资源管理和利用的可持续发展性，包括评估水资源利用对资源保护和再生的影响，水资源管理对水资源可持续利用和生态平衡的影响，以及水资源管理措施对未来世代的传承和可持续发展的影响。

3.8 水安全规划评价

评估水安全规划和策略的可行性和可持续性，包括水资源开发和管理计划的合理性和可行性。水安全规划评价是对水安全规划的有效性和可行性进行评估，以确保规划能够达到预期的水安全目标。具体评估内容如下：

（1）目标和指标评估：评估水安全规划中设定的目标和指标的科学性和可操作性。确定目标是否明确、可衡量和可实现，并评估指标是否能够准确反映水安全状况和进展。

（2）可行性评估：评估水安全规划的可行性和可持续性。考虑资源投入、技术可行性、社会接受度和经济可行性等因素，评估规划的可实施性和长期维持性。

（3）策略和措施评估：评估水安全规划中提出的策略和措施的适用性和有效性。评估策略的科学性和可操作性，以及措施的技术可行性和成本效益，以确保规划能够采取合适的行动来提升水安全。

（4）风险管理评估：评估水安全规划中的风险管理措施的完备性和有效性。考虑各类水安全风险的预防、减轻和应对措施，评估规划在风险管理方面的覆盖程度和响应能力。

（5）参与和沟通评估：评估水安全规划中的参与和沟通机制的效果和可持续性。评估规划制定过程中的各方参与程度和合作机制，以及规划内容的公众沟通和信息共享，以确保规划得到广泛的支持和认可。

（6）监测和评估机制评估：评估水安全规划中的监测和评估机制的建立和运行情况。评估规划的监测指标和数据收集方法，以及评估规划实施效果的评估体系，以确保规划能够进行有效的监测和评估。

通过水安全规划评价，可以确保规划的科学性、可行性和可持续性，为制定和实施水安全规划提供科学依据和决策支持。同时，规划评价的定期进行可以帮助规划进行修正和改进，以适应不断变化的水安全需求和挑战。

参考文献

Weinzettel, J., Steen-Olsen, K., Hertwich, E. G., et al, 2014. Ecological footprint of nations: Comparison of process analysis, and standard and hybrid multiregional input-output analysis. Ecological Economics 101: 115-126.

Wang, S., Yang, F.-L., Xu, L., Du, J., 2013. Multi-scale analysis of the water resources carrying capacity of the Liaohe Basin based on ecological footprints. Journal of Cleaner Production 53: 158-166.

Thomas V C. Principles of water resources: history, development, management, and policy. Hoboken: John Wiley & Sons, 2009.

European Commission CORDIS. Seventh Framework Program. [2019－03－15].

Senyan L., Xiaoyan ZH., 2007. Studies on evaluation model for quantitative analysis of degree of water disaster by taking Shandong as an example, China Water Resources 16: 24－26.

Yugang T., Yuanhui D., Donghua T., et al, 2011. Flood risk evaluation methods based on data field and cloud model, China safety science journal 8.

Yong SH., Shiyuan X., 2011. Risk assessment of rainstorm waterlogging on old－style residences downtown in Shanghai based on scenario simulation, Journal of natural disasters 3.

Xiaoling Y., 2011. The prevention and control of water disasters capital investment research, Local finance research 12: 8－10.

Juan L., 2006. Agricultural flood and drought and water conservancy investment correlation analysis, Shandong water conservancy 6: 9－12.

Winz, I., Brierley, G., Trowsdale, S., 2009. The use of system dynamics simulation in water resources management. Water Resour. Manage. 23 (7): 1301－1323.

Gastélum, J., Valdés, J., Stewart, S., 2010. A system dynamics model to evaluate temporary water transfers in the Mexican Conchos basin. Water Resour. Manage. 24 (7): 1285－1311.

Chen, Z., Wei, S., 2014. Application of system dynamics to water security research. Water Resour. Manage. 28 (2): 287－300.

Tan, Y. Y., Wang, X., 2010. An early warning system of water shortage in basins based on SD model. Proc. Environ. Sci. 2: 399－406.

Gohari, A., Eslamian, S., Mirchi, A., et al, 2013. Water transfer as a solution to water shortage: a fix that can backfire. J. Hydrol. 491: 23－39.

Clauset Jr., K. H., Rawley, C. C., Bodeker, G. C., 1987. Stella—software for structural thinking. Collegiate Microcomput. 5 (4): 311－319.

Coon, T., 1988. Using stella simulation software in life science education. Comput. Life Sci. Educ. 5 (9): 65－71.

Zarghami, M., Akbariyeh, S., 2012. System dynamics modeling for complex urban water systems: Application to the city of Tabriz, Iran. Resour. Conserv. Recyc. 60: 99－106.

Xiang, N., Sha, J., Yan, J., Xu, F., 2013. Dynamic modeling and simulation of water environment management with a focus on water recycling. Water 6 (1): 17－31.

Wang, B. L., Cai, Y. P., Wang, X., et al, 2016. A system－dynamics－based water shortage early warning system for human and ecosystems in Tianjin City, China. Fresenius Environ. Bull. 25 (11): 4578－4588.

Simonovic, S. P., Fahmy, H., EL－Shorbagy, A., 1997. The use of object－oriented modeling for water resources planning in Egypt. Water Resour. Manage 11 (4): 243－261.

Assaf, H., 2009. A hydro－economic model for managing groundwater resources in semi－arid regions, 5th International Conference on Sustainable Water Resources Management. Southampton: Wit Press.

Sánchez－Román, R. M., Folegatti, M. V., Gudalupe, A. M., 2010. Water resources assessment at piracicaba Capivari and Jundiaí River Basin: a dynamic systems approach. Water Resour. Manage. 24 (4): 761－773.

Wang, B. L., Cai, Y. P., Yin, X. A., et al, 2017. An integrated approach of system dynamics, orthogonal experimental design and inexact optimization for supporting water resources management under uncertainty. Water Resour. Manage. 31, 1665.

Hossain, M. K., 2014. Satellite Based Flood Forecasting for the Koshi River Basin, Nepal (Doctoral dissertation, Asian Institute of Technology).

第4章

水安全评价方法

水安全评价方法是一种系统性的方法，用于评估水资源的可持续利用和水环境的健康状况。根据水安全评价内容的不同，相应的评价方法也各异。水安全涉及对水质、水量、水资源管理、社会经济影响等多个方面进行评估，评价方法也各有侧重。

水质评价是通过监测和分析水体中的化学物质、生物指标和物理参数来评估水质状况。这包括定期采集水样进行实验室分析，以确定水体中是否存在污染物，并评估其对人类健康和环境的潜在风险。

水量评估主要涉及对水资源的量化和供需平衡的评估。这包括对水文数据的收集和分析，以了解水文循环、水库蓄水量、地下水位等参数，从而确定水资源的可持续供应能力。

水资源脆弱性评估是评估水资源系统对各种压力因素的脆弱性和抵抗力。这包括气候变化、人口增长、土地利用变化等因素对水资源系统的影响。评估方法通常使用模型和指标来分析系统的弹性和适应能力。

水资源管理评估主要关注水资源管理和治理机制的有效性和可持续性。这包括政策法规、组织结构、水资源分配和决策过程等方面的评估。评估的目的是确定管理措施是否能够实现水资源的可持续利用和保护。

社会经济影响评估是评估水资源利用对社会和经济发展的影响。这包括对水资源利用的经济效益、社会公平性和生态可持续性等方面的评估。评估的结果可以帮助决策者权衡不同利益，并制定可持续的水资源管理策略。

水安全指数法是将多个水安全指标综合考虑，通过加权求和或其他方法计算得出的综合评估指标。这种指数可以综合评估水资源的可持续性和水环境的健康状况，并为决策者提供参考。针对以上水安全的评价内容，下面介绍几种常用的水安全评价方法。

4.1 水生态足迹评价法

水生态足迹模型由中国学者提出。其评估的重点是在淡水资源有限的情况下分析淡水的使用，它显示了消费者和生产者何时、何地以及如何对这种有限的资源提出要求，是一个相对简洁的指标。水生态足迹就是通过定量测量人类的需求（水面积），以及水面积对水资源的供应和吸收废水的能力分析和评估人类对水资源的依赖性和水资源的可用性之间的差距，当当地的水生态承载能力能够支持当地的水生态足迹时，称之为水生态盈余；否则，称之为水生态赤字。目前，水生态足迹已被广泛应用于地方区域水资源可持续利用的评估中。以往的研究中，模型中的产量因子是一个常数，产量因子是由年平均总水资源量和区域面积决定的。由于水资源总量随每年的降雨量而变化，产量因子也会逐年变化，会导致当地的水资源承载力被低估（当产量因子小于实际值时）或被高估（当产量因子大于实际值时）。

4.1.1 水生态承载力

采用生态足迹理论，用水资源的生物生产能力来衡量水生态承载力，即水资源所能承载的相应生物生存面积。水资源生态承载力的计算公式如下：

$$WEC = N \cdot wec = (1-0.12)\psi_w r_w (Q/p_w) \tag{4-1}$$

式中：WEC 为水生态承载力，gha；ψ_w 研究区的产量因子；r_w 为全球水资源平衡因子；Q 为区域水资源总量，m^3；p_w 为全球单位面积产水量，m^3/hm^2。通常的做法是将12%的可用供应土地用于保护当地生物多样性。

4.1.2 水的生态足迹

水生态足迹是用来衡量人类对水资源的需求，即维持人们生活或经济所需的水量。通过水资源账户了解人类消费的产水区域，并将其同当地或全世界范围内可用于产水区域进行比较来实现跟踪式水生态核算系统。简而言之，它是衡量人类对水的占用。水资源生态足迹计算模型为

$$WEF = N \cdot wef = r_w (W/p_w) \tag{4-2}$$

式中：WEF 为水资源的总生态足迹，gha；wef 为人均 WEF，gha/cap；W 为各类水资源的消耗量，m^3。

4.1.3 水的可持续性指标

当一个地区的 WEC 小于 WEF 时，则进入水生态赤字（WED）状态，说明人类对水的压力超过了水的可持续性。反之，当一个区域的 WEC 大于 WEF 时，则该区域进入水生态盈余（WES）状态，表明该区域的水资源利用稳定在可持续发展的状态。

$$WES/WED = WEF - WEC \tag{4-3}$$

为了进一步研究区域水资源的可持续利用，引入了水生态压力（$WEPI$）指标，即WEF与WEC的比值。参考文献的分类标准，当$WEPI<0.5$时，该区域的水资源利用处于安全状态；$0.5\leqslant WEPI<0.8$，为亚安全状态；$0.8\leqslant WEPI\leqslant 1$，为临界状态；如果$WEPI>1$，则表示该区域的水资源利用不安全。

$$WEPI=\frac{WEF}{WEC} \tag{4-4}$$

水利用效率指数（$WUEI$）是一个可以在流域、农场、田间、单株植物甚至叶片的尺度上定义的术语。在大多数情况下，水利用效率是指水投入与有用经济产出/产品产出比率。国内生产总值（GDP）的水资源利用效率是指区域水资源利用效率与区域GDP的比值，可以用来衡量当地水资源利用效率。

$$WUEI=\frac{WEF}{GDP} \tag{4-5}$$

4.2 模糊综合评价法

模糊综合评价法是由日本学者田中秀夫（Hidefumi Tanaka），于1973年发表的《模糊集合论及其应用》一书中首次提出并系统阐述了模糊数学理论及其在实际问题中的应用。目前已经成为常用的水安全评价方法之一，它将模糊数学理论应用于评价过程中，通过对多个指标的模糊化处理和综合评价，得出一个综合的评价结果。水安全评价涉及多个指标和多个因素，存在不确定性和模糊性问题。模糊综合评价法可以将这些不确定性和模糊性因素进行模糊化处理，综合考虑多个指标和因素，从而更全面、准确地评价水安全状况，避免了单一指标评价的主观性和局限性，提高了评价结果的可靠性和适用性。且模糊综合评价法的计算方法相对简单，易于操作和实施，不需要大量的数据和复杂的计算过程，可以将多个指标的评价结果综合起来定量化评价结果，提高决策效率。因此，模糊综合评价法在水安全评价中得到了广泛应用，为水资源管理和保护提供了重要的科学依据和技术支持。

4.2.1 隶属函数

模糊集合的隶属函数是经典集合中指标函数的推广。在模糊逻辑中，它将真实度表示为赋值的扩展。尽管真实度和概率在理论上完全不同，但却很容易混淆，模糊真实度表示模糊定义集合中的隶属关系，而不是某些事件或条件的可能性。

对于任意集合X，X上的隶属函数是从X到实单位区间［0，1］的任意函数。隶属函数表示X的模糊子集。模糊集a的隶属度函数通常用μ_a表示。对于X中的x元素，$\mu_A(x)$称为x在模糊集A中的隶属度。隶属度$\mu_A(x)$量化了元素x对模糊集合A的隶属度。值为0表示x不是模糊集的隶属；值为1表示x完全是模糊集的隶属，当数值为0到1之间时表示模糊隶属，且这些隶属只部分属于模糊集。由于定义的是模糊概念，所以使用更复杂的函数不会增加更多的精度，因此采用简单函数构建隶属函数。

三角函数：如图4-1所示，由一个下限a、一个上限b和一个值m定义，其中$a<m<b$。

$$\mu_A(x)=\begin{cases}0 & x\leqslant a\\ \dfrac{x-a}{m-a}, & a<x\leqslant m\\ \dfrac{b-x}{b-m}, & m<x\leqslant b\\ 0 & x>b\end{cases} \tag{4-6}$$

梯形函数：如图 4-2 所示，定义下限值 a、上限值 d、支撑的下限值 b、支撑的上限值 c，其中 $a<b<c<d$。

$$\mu_A(x)=\begin{cases}0, & x<a \text{ 或 } x>d\\ \dfrac{x-a}{b-a}, & a\leqslant x<b\\ 1, & b\leqslant x<c\\ \dfrac{d-x}{d-c}, & c\leqslant x\leqslant d\end{cases} \tag{4-7}$$

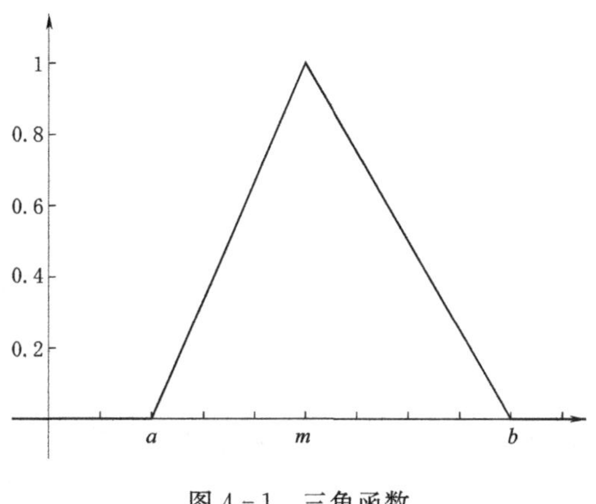

图 4-1 三角函数

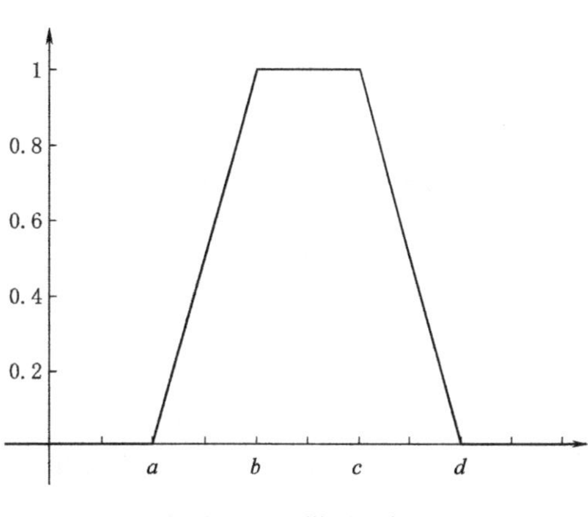

图 4-2 梯形函数

梯形函数有两种特殊情况，称为 R 型函数和 L 型函数：

R 型函数：如图 4-3 所示，参数 $a=b=-\infty$。

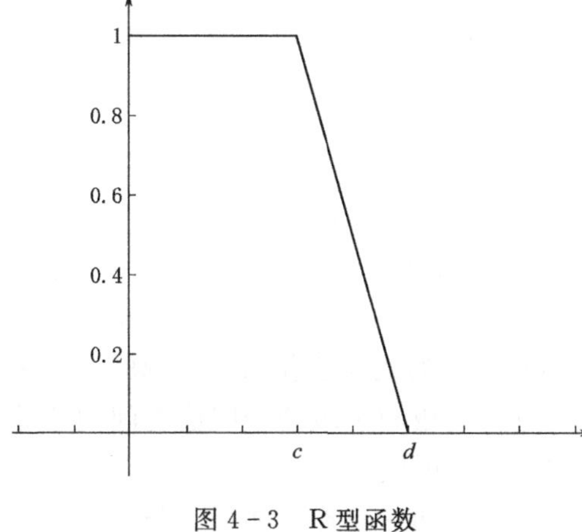

图 4-3 R 型函数

$$\mu_A(x)=\begin{cases}0, & x>d\\ \dfrac{d-x}{d-c}, & c\leqslant x\leqslant d\\ 1, & x<c\end{cases} \tag{4-8}$$

L 型函数：如图 4-4 所示，参数 $c=d=+\infty$。

$$\mu_A(x)=\begin{cases}0, & x<a\\ \dfrac{x-a}{b-a}, & a\leqslant x\leqslant b\\ 1, & x>b\end{cases} \tag{4-9}$$

高斯函数：如图 4-5 所示，由中心值 m 和标准差 $k>0$ 定义。k 越小，“曲线”就越窄。

$$\mu_A(x)=e^{-\frac{(x-m)^2}{2k^2}} \tag{4-10}$$

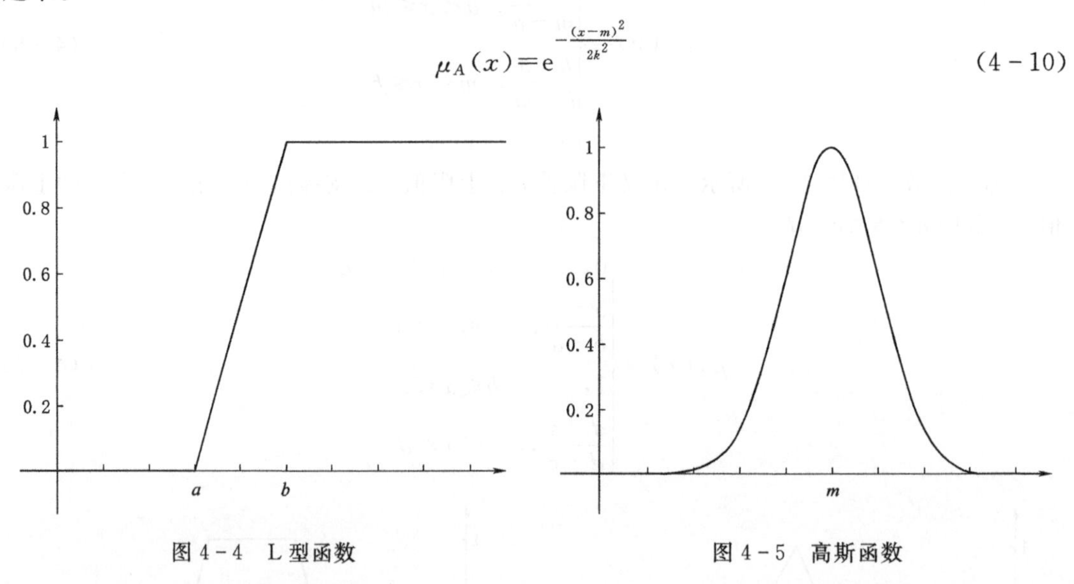

图 4-4 L 型函数　　图 4-5 高斯函数

4.2.2 模糊综合评价法步骤

模糊综合评判是模糊数学的一种应用。运用模糊变换和最大隶属度原理，对各相关因素进行综合评价。这是一种对受各种因素影响的对象进行评价的有效方法。对于受一些因素影响的对象，可以使用单层模型。如果对象比较复杂，并且因子数量较多，可以使用两层或多层模型。模糊综合评价的应用步骤如下：

第一步 建立评价指标集。根据评价指标体系的性质特征，评价关系中的因子集如下：

$$U=(u_i)_{1\times n}=\{u_1,u_2,\cdots,u_n\} \tag{4-11}$$

式中：n 为评价指标个数；u_i 为第 i 个评价指标，其中 $i=1, 2, \cdots, n$。

第二步 建立评估标准。评估标准集是由专家或者依照法规制定的标准的集合。

$$S=(s_{i,j})_{n\times m}=\begin{Bmatrix} s_{1,1} & s_{1,2} & \cdots & s_{1,m} \\ s_{2,1} & s_{2,2} & \cdots & s_{2,m} \\ \vdots & \vdots & \vdots & \vdots \\ s_{n,1} & s_{n,2} & \cdots & s_{n,m} \end{Bmatrix} \tag{4-12}$$

共有 j 列，$j=(1, \cdots, m)$ 表示与不同标准等级所对应的评估标准类别的数量。共有 i 行，$i=(1, \cdots, n)$ 为评估指标的个数。因此，矩阵 S、$s_{i,j}$ 的每个元素表示第 j 类的第 i 个索引的标准值。

目前，还没有关于脆弱性评估的标准。采用以往研究的建议值作为“高-高”-5 级阈值，采用国际最低值作为“低-低”-1 级状态的阈值。5 级和 1 级两个阈值之间的三分点的值为“低-高”-2 级、“中等”-3 级和“高-低”-4 级的阈值。

第三步 定义隶属函数。隶属函数的形式多种多样，如三角形、梯形、分段线性、高斯和单态函数。

第四步 隶属度矩阵计算。

$$R_{i,1}=\begin{cases}1, & u_i\leqslant s_{i,1}\\ \left|\dfrac{u_i-s_{i,2}}{s_{i,2}-s_{i,1}}\right|, & s_{i,1}<u_i<s_{i,2}\\ 0, & u_i\geqslant s_{i,2}\end{cases}$$

$$R_{i,z}=\begin{cases}\left|\dfrac{u_i-s_{i,z-1}}{s_{i,z}-s_{i,z-1}}\right|, & s_{i,z-1}<u_i<s_{i,z}\\ 0, & u_i\leqslant s_{i,z-1},u_i\geqslant s_{i,z+1}\\ \left|\dfrac{u_i-s_{i,z+1}}{s_{i,z+1}-s_{i,z}}\right|, & s_{i,z}<u_i<s_{i,z+1}\end{cases}$$

$$R_{i,5}=\begin{cases}1, & u_i\geqslant s_{i,5}\\ \left|\dfrac{u_i-s_{i,4}}{s_{i,5}-s_{i,4}}\right|, & s_{i,4}<u_i<s_{i,5}\\ 0, & u_i\leqslant s_{i,4}\end{cases} \tag{4-13}$$

其中 $R_{i,1}$ 指的是第 1 类的第 i 个指标隶属，而 $R_{i,5}$ 表示第 5 类的第 i 个指标隶属度。类似地，$R_{i,z}$ 表示第 z 类的第 i 个指标隶属度，$1<z<5$，其中 5 是最高级别。同时，$s_{i,1}$ 是 1 类的第 i 个指标评估标准值，$s_{i,5}$ 指的是 5 类的第 i 个指标标准值，$s_{i,z}$ 表示 z 类的第 i 个指标标准值。然后，将特定指标值的 u_i 值代入所选的隶属度函数，得到模糊矩阵 R：

$$R=(r_{ij})_{n\times m}=\begin{bmatrix}r_{11} & r_{12} & \cdots & r_{1m}\\ r_{21} & r_{22} & \cdots & r_{2m}\\ \vdots & \vdots & \vdots & \vdots\\ r_{n1} & r_{n2} & \cdots & r_{nm}\end{bmatrix} \tag{4-14}$$

式中：$r_{i,j}$ 表示第 j 类的第 i 个指标隶属度，其中 $i=1,2,\cdots,n$；$j=1,2,\cdots,m$。

第五步 确定指标权重。权重是指基于相对重要性的每个评价因素在评价指标体系中的比例。如果对某一要素赋予权重，那么权重分布集 W 可以看成是集合 U 的模糊集。确定各要素的权重是评价体系的核心任务，一般在评价指标体系中，采用层次分析法和熵权法来确定指标权重。

$$W=\{w_1,w_2,w_3,\cdots,w_n\} \tag{4-15}$$

第六步 评估系数集计算。模糊综合算子对最终结果很重要。作为一个以临界指标为主导的综合评价数学模型，最大-最小算子 $M(\wedge,\ \vee)$ 取 $\wedge$ 和 $\vee$，表示交集算子和并算子。$M(\wedge,\ \vee)$ 算子常用于环境系统的模糊综合评价中。然而，也有研究表明，当定性指标较多且权重较小时，上位数-最小值算子可能会排除一些有用的信息，特别是对那些非关键性的指标。这里采用的是乘法-求和算子，$M(-,\ \oplus)$ 作为权重平均法。B 为模糊评价结果集，定义为

$$B=WR=(b_j)_{1\times m} \tag{4-16}$$

第七步 综合评价的有效性检验。对于评价结果的处理，常用的方法有两种，即权重平均法和最大隶属度法。根据最大隶属度原则，对象类为隶属度类，与之对应的是最终的

最大评价系数 b_f。

$$b_f = \mathrm{MAX}(b_j) = \mathrm{MAX}(b_1, b_2, \cdots, b_m) \tag{4-17}$$

最大隶属度的适用范围是有限的，因为它低估了非最大分量的影响。当评价系数集中某些分量的值近似时，最大隶属度的应用效率较低。在这种情况下，根据这一标准来判断整体程度是不合理的。为了衡量最大隶属度原理的有效性，定义了一个指标 α：

$$\alpha = \frac{m\beta - 1}{2\gamma(m-1)} \tag{4-18}$$

式中：m 为评估标准类别数；β 为评价系数集中最大的分量；γ 为第二大分量。

当 $\alpha \geqslant 0.5$ 时，最大隶属度方法有效，可将 b_f 设为满足相应准则要求的最大分量。如果 $\alpha < 0.5$，则采用加权平均法。

4.3 集对分析法

集对分析法（Set Pair Analysis，SPA）是一种常用的水安全评价方法之一，它是一种多指标、多层次的综合评价方法，主要用于评价复杂系统的综合性能。该方法是美国学者托马斯·L·索莫格罗夫（Thomas L. Saaty）于 1980 年创立的，并将其应用于实际问题的决策分析。水安全评价涉及多个指标和多个因素，存在多指标评价问题。集对分析法可以将这些指标进行层次化处理，从而更全面、准确地评价水安全状况。该方法具有较好的可靠性和适用性、算法简单易行、可以定量化评价结果等优点，目前广泛应用于水安全评价分析中。

SPA 的原理是假设集合 A_1 和集合 A_2 是相对的，构建一个集合对 $H=(A_1, A_2)$；用 $A_1=(a_1, a_2, \cdots, a_n)$ 和 $A_2=(b_1, b_2, \cdots, b_n)$ 中的 N 个术语分别表示集合 A_1 和集合 A_2 的特征。S 是某一特征中相同项的数量，P 是该特征中矛盾项的数量，而 $F=N-S-P$ 是该特征中不一致项的数量。

SPA 可以概括为一系列的步骤，下面以一个对象为例说明。评价指标设为 A，评价标准设为 B。如果评价指标的值属于标准的范围，则特征为 S，如果评价指标的值在标准旁边，则特征为 F，如果评价指标的值被另一个标准隔开，则特征为 P。步骤如下：

第一步 建立评价指标集。根据原始数据，评价对象的数量用 n 表示，评价指标的数量用 m 表示。

$$A = (x_{ij})_{m \times n} = \begin{Bmatrix} x_{11} & x_{12} \cdots & x_{1n} \\ x_{21} & x_{22} \cdots & x_{2n} \\ \vdots & \vdots & \vdots \\ x_{m1} & x_{m2} \cdots & x_{mn} \end{Bmatrix} \quad (i=1,2,\cdots,m;\quad j=1,2,\cdots,n) \tag{4-19}$$

第二步 建立评论集。根据世界卫生组织（WHO）出版的《可持续发展规划中的健康：指标的作用》一书和 Xuan 等的参考文献，评价集被区分为五个等级，分别对应优、良好、中、较差、差的水平。

$$B=\begin{Bmatrix} s_{11} & s_{12} \cdots & s_{15} \\ s_{21} & s_{22} \cdots & s_{25} \\ \vdots & \vdots \quad \vdots & \vdots \\ s_{m1} & s_{2} \cdots & s_{m5} \end{Bmatrix} \tag{4-20}$$

其中 s_{m1}、s_{m2}、s_{m3}、s_{m4}、s_{m5} 为 m 指标的代表性标准值，对应 5 个等级：优、良、中、较差、差。

第三步 构建连接度公式。

$$\mu_{A-B}=\frac{S}{N}+\frac{F}{N}i+\frac{P}{N}j \tag{4-21}$$

设 $a=S/N$，$b=F/N$，$c=P/N$，因此，公式（4-21）可以写为

$$\mu_{A-B}=a+bi+cj \tag{4-22}$$

$$\mu_{A-B}=\frac{S}{N}+\frac{F_1}{N}i_1+\frac{F_2}{N}i_2+\cdots+\frac{F_{n-2}}{N}i_{n-2}+\frac{P}{N}j \tag{4-23}$$

简写为

$$\mu_{A-B}=a+b_1i_1+b_2i_2+\cdots+b_{n-2}i_{n-2}+cj \tag{4-24}$$

式中：μ_{A-B} 是连接度；a、b、c 为连接度的组成部分，a、b、$c\in[0, 1]$，a 代表相同度，b 指差异度，c 指相反度，它们符合 $a+b+c=1$ 的要求；i 为差异系数，反映确定性和不确定性之间的变化，$i\in[-1, 1]$；j 为相反系数，其值为-1，表示$\frac{P}{N}$和$\frac{S}{N}$为相反。

第四步 评价结果处理。在以往的研究中，最大连接度法被广泛用于处理评价结果。

$$u=\max[\mu_{(A-B)1},\mu_{(A-B)2},\mu_{(A-B)3},\mu_{(A-B)4},\mu_{(A-B)5}] \tag{4-25}$$

其中 u 是被评估对象的最终 SPA 评估结果。

4.4 水环境质量指数法

水环境质量指数法于 20 世纪 60 年代由美国环境保护局（EPA）提出的一种用于评价河流水质的方法，即水质指数法（Water Quality Index，WQI）。该方法采用了多指标、多级别的评价体系，将水质监测数据转化为一个 0-100 的综合指数，用于描述水体的总体水质状况。水环境质量指数法通过对水质监测数据进行统计分析和计算，得出一个综合的水质量指数值，用于反映水体的污染程度和适宜程度。该方法主要应用于评价河流、湖泊、水库等自然水体的水质状况，具有简单易行、可比性强、直观易懂等优点，被广泛应用于水资源管理和保护。在水安全评价中，水质量指数法常常被用于评价水体的水质状况。该方法通常先选取一组反映水质的指标，例如溶解氧、化学需氧量、总磷、总氮等，对这些指标进行监测和分析，并根据各指标的国家或地区水质标准，确定相应的评价标准。然后，将各指标的监测值通过一定的计算方法转化为一个综合的水质量指数值，例如加权平均法、最差指标法、主成分分析法等，用于描述水体的总体水质状况。

4.4.1 水环境质量指数

水环境质量指数 EQI 反映了研究区内水体的水质综合状况和综合营养状态。其计算公式为

$$EQI = WQI \times 0.9 + TLI \times 0.1 \tag{4-26}$$

式中：WQI 为水质综合状况指数；TLI 为水体综合营养状态指数。

根据 EQI 指数计算结果，对水环境质量进行分级，EQI 值越高，其水环境质量越差，见表 4-1。

表 4-1　　水环境质量分级

水环境质量指数	水环境质量分级	水环境质量指数	水环境质量分级
$EQI \leqslant 20$	优	$60 < EQI \leqslant 80$	中度污染
$20 < EQI \leqslant 40$	良好	$EQI > 80$	重度污染
$40 < EQI \leqslant 60$	轻度污染		

4.4.2 水质综合状况指数

水质综合状况指数法是以单因子指数法为基础，与水体功能要求相对应，通过统计各指标的相对指数，确定水体的污染程度。河流水质综合状况指数的计算公式为

$$WQI = \sum_{i=1}^{n} WQI_i / n \times 100 \tag{4-27}$$

式中：WQI 为水质综合状况指数；n 为评价指标项目数；WQI_i 为第 i 项指标的指数。溶解氧计算公式为

$$WQI_{DO,j} = DO_s / DO_j \ (DO_j \leqslant DO_f) \tag{4-28}$$

$$DO_f = \frac{468}{31.6 + t} \tag{4-29}$$

$$WQI_{DO,j} = \frac{|DO_f - DO_j|}{DO_f - DO_s} (DO_j > DO_f) \tag{4-30}$$

式中：$WQI_{DO,j}$ 为溶解氧的评价指数；DO_j 为溶解氧在采样点 j 的实际测量值，mg/L；DO_s 为溶解氧的水质评价标准限值，mg/L；DO_f 为饱和溶解氧质量浓度，mg/L；t 为水温，℃。

pH 计算公式为

$$WQI_{pH,j} = \frac{7.0 - pH_j}{7.0 - pH_{sd}} (pH_j \leqslant 7.0) \tag{4-31}$$

$$WQI_{DQ,j} = \frac{pH_j - 7.0}{pH_{su} - 7.0} (pH_j > 7.0) \tag{4-32}$$

式中：$WQI_{pH,j}$ 为 pH 的评价指数；pH_j 为在采样点 j 的实际测量值；pH_{sd} 为评价指标中 pH 的下限值；pH_{su} 为评价指标中 pH 的上限值。根据 WQI 计算值进行分级，WQI 值越高，其污染程度越严重，见表 4-2。

表 4-2 水质综合状况指数的分级评价体系

水质综合指数	水质状况分级	分级依据
$WQI \leqslant 20$	好	多数项目未检出，个别项目检出值在标准内
$20 < WQI \leqslant 40$	较好	检出值在标准内，个别项目接近或超标
$40 < WQI \leqslant 70$	轻度污染	个别项目检出超标
$70 < WQI \leqslant 100$	中度污染	有两项检出值超标
$WQI > 100$	重度污染	相当部分检出值超标

4.4.3 水体综合营养状态指数

选取叶绿素 a、总磷、总氮、透明度、高锰酸盐指数，利用综合营养状态指数法对研究区营养状态进行评价，计算公式为

$$TLI = \sum W_j \times TLI_j \tag{4-33}$$

式中：W_j 为第 j 项评价指标的营养状态的相对权重（分别为 0.267、0.188、0.179、0.183 和 0.183）；TLI_j 为第 j 项指标的营养状态指数，计算公式为

$$TLI(Chla) = 10 \times (2.5 + 1.0861 \times \ln Chla) \tag{4-34}$$

$$TLI(TP) = 10 \times (9.436 + 1.624 \times \ln TP) \tag{4-35}$$

$$TLI(TN) = 10 \times (5.453 + 1.694 \times \ln TN) \tag{4-36}$$

$$TLI(SD) = 10 \times (5.118 - 1.94 \times \ln SD) \tag{4-37}$$

$$TLI(\text{高锰酸盐指数}) = 10 \times (0.109 + 2.661 \times \ln \text{高锰酸盐指数}) \tag{4-38}$$

式中：$Chla$ 为叶绿素 a 质量浓度，mg/L；TP 为总磷质量浓度，mg/L；TN 为总氮质量浓度，mg/L；SD 为透明度，m；TLI 为高锰酸盐指数，mg/L。根据 TLI 对水库营养状况进行分级（见表 4-3），TLI 值越高，其水体富营养化程度越严重。

表 4-3 湖泊（水库）营养状态分级标准

水体综合营养指数	营养状态分级	水体综合营养指数	营养状态分级
$TLI(\Sigma) < 30$	贫营养	$50 < TLI(\Sigma) \leqslant 60$	轻度富营养
$30 \leqslant TLI(\Sigma) \leqslant 50$	中营养	$60 < TLI(\Sigma) \leqslant 70$	中度富营养
$TLI(\Sigma) > 50$	富营养	$TLI(\Sigma) > 70$	重度富营养

4.5 水贫困理论模型法

水贫困理论模型是一种能衡量不同时空尺度水资源状况的多维度评价工具，但是基于研究区概况的不同和所研究的侧重点不同，很多文献所选取的指标及其相应的权重确定方法不一定完全相同，因此，针对同一个区域同一水贫困理论模型计算的问题，由于权重的确定方法或指标的选取的不同可能会得到不同的评价结果，但这也不影响水贫困理论的评价水平，而是从侧面反映出水贫困理论模型的可操作性多样化，并且针对同一研究区，大

多数水贫困评价趋势和结果基本上相同。

4.5.1 指标体系的建立

构建水贫困指标体系时，首先要基于研究区的社会环境和资源环境等特点，将水贫困理论的资源（R）、设施（A）、能力（C）、使用（U）、环境（E）五大评价方面作为目标层，再结合实际情况，对准则层进行选取，准则层的选取要系统全面，能够反应研究区的社会环境变化、资源环境变化以及社会经济发展状况。最后基于选好的准则层，通过大量梳理相关文献的指标和咨询专家的意见，不断重复进行选取、删除、更换指标，最终确定选取的指标作为评价研究区水贫困的指标体系（见表4-4）。

表4-4　水贫困评价指标体系

目标层	准则层	指 标 层	指标层代码	正负性	指标权重
资源（R）	水资源禀赋	地表水量（亿 m^3）	R1	N	0.03063
		地下水量（亿 m^3）	R2	N	0.03170
		地表水达标系数（Ⅱ类水质）（%）	R3	N	0.04528
		降水量变异系数	R4	N	0.02430
		产水模数（万 m^3/km）	R5	N	0.02894
设施（A）	城市生活	城市用水普及率（%）	A1	N	0.04102
		人均供水管道长度（m）	A2	N	0.02636
		人均供水量（m^3）	A3	N	0.04234
	农业	累计有效灌溉面积（万亩）	A4	N	0.02742
	工业	当年农村饮水解困工程解决人数（万人）	A5	N	0.02373
能力（C）	经济水平	人均GDP（元）	C1	N	0.02153
	人民生活	城镇人均可支配收入（元）	C2	N	0.02664
		农村人均可支配收入（元）	C3	N	0.02144
	教育	万人拥有校学生数（人）	C4	N	0.02552
	科技	科技事业费、科技三费占财政支出比例（%）	C5	N	0.02320
	政府调控	财政自给率	C6	N	0.02655
使用（U）	压力	万元GDP用水量（万 m^3）	U1	P	0.04326
		农业用水量（亿 m^3）	U2	P	0.04751
		工业用水量（亿 m^3）	U3	P	0.03504
		居民生活用水量（亿 m^3）	U4	P	0.03601
		生态环境用水量（亿 m^3）	U5	P	0.04352
环境（E）	生态环境	生活污水排放总量（t）	E1	P	0.24495
		当年治理水土流失面积（km^2）	E2	N	0.02502
		森林覆盖率（%）	E3	N	0.03378
	治理保护	工业污染治理设施运行费用（亿元）	E4	N	0.02431

4.5.2 指标权重的确定

对各指标进行赋权可以采用主观法或客观法，主、客观结合有利于从主观和客观方面经行系统评价，主观法采用的是专家打分法确定权重，专家打分法在权重的确定过程中主观因素较强，通过向专家发放水贫困评价指标体系表，然后回收计算各指标所占的权重即得主观权重；客观法采用的是熵值法确定权重，熵值法是根据各项指标观测值所提供的信息大小来确定指标权重，客观性较强。由于各指标的量纲不同，在运用熵值法计算时第一步要先进行数据标准化处理，以消除量纲对权重的影响。WPI 值越大则代表该地区水贫困越严重，因此需要对指标进行正、负向区分，下面是熵值法的计算过程。

（1）标准化处理。正向指标（用 P 表示，指标数值越大，水资源条件越差，WPI 值越大，则表明水贫困越严重）的标准化处理计算公式为

$$T_{ij}=\frac{X_{ij}-\mathrm{MIN}(X_{ij})}{\mathrm{MAX}(X_{ij})-\mathrm{MIN}(X_{ij})}+0.00001 \tag{4-39}$$

负向指标（用 N 表示，指标数值越大，水资源条件越好，WPI 值越小，则表明水贫困越轻微）的标准化处理计算公式为

$$T_{ij}=\frac{\mathrm{MAX}(X_{ij})-X_{ij}}{\mathrm{MAX}(X_{ij})-\mathrm{MIN}(X_{ij})}+0.00001 \tag{4-40}$$

式中：X_{ij} 表示第 i 个评价对象第 j 个指标的数据（本研究中 $1\leqslant i\leqslant n$，$1\leqslant j\leqslant m$，其中 $n=9$，$m=25$）；$\mathrm{MAX}(X_{ij})$、$\mathrm{MIN}(X_{ij})$ 分别代表所有评价对象中第 j 指标的最大值和最小值。

（2）计算第 i 个被评价对象在第 j 个指标上的指标比重 P_{ij}：

$$P_{ij}=\frac{X_{ij}}{\sum_{i=1}^{n}X_{ij}} \tag{4-41}$$

（3）计算信息熵 K：

$$K=-\frac{1}{\ln n} \tag{4-42}$$

（4）计算第 j 个指标的熵值 E_j：

$$E_j=-\frac{1}{\ln n}\sum_{i=1}^{n}P_{ij}\ln P_{ij} \tag{4-43}$$

（5）计算差异系数 g_i：

$$g_i=1-E_j \tag{4-44}$$

（6）计算权重 w_j：

$$w_j=\frac{g_i}{\sum_{j=1}^{m}g_i} \tag{4-45}$$

4.5.3 *WPI* 值的计算及其分级标准

根据区分指标的正负性，计算出的 WPI 值越大，表明水贫困越严重；反之，计算出的 WPI 值越小，表明水贫困越轻微。运用 ArcGIS 10.4 中的自然间断点分级法将所得出的 WPI 值进行分级，结合水贫困理论及研究区的实际情况将水贫困划分相应等级。水贫困指数计算公式为

$$WPI=\frac{\sum_{j=1}^{m}S_jX_{ij}}{\sum_{j=1}^{m}S_j} \tag{4-46}$$

式中：WPI 的取值为 0～1；S_j 为各指标的综合权重；X_{ij} 为第 i 个评价对象第 j 个指标标准化处理后的数据。

4.6 灰色关联法

灰色关联法对于一个系统发展变化态势提供了量化的度量，非常适合动态的历程分析。如果两个因素变化的态势是一致的，即同步变化程度较高，则可以认为两者关联较大；反之，则两者关联较小。因此，灰色关联法能够作为中长期城市规划限制规模的承载力的量化方法；能够给出短期的城市发展方案和水资源开发利用方案；能够用于对某一特定时期的水资源-社会经济系统对下一时期人口增长和经济发展的承载能力或水资源开发利用与社会经济之间的协调程度进行评价。灰色关联法的综合评价具体步骤如下：

(1) 对评价指标序列进行数据处理。由于各个评价指标的含义和目的不同，导致其值的量纲和数量级也不一定相同。为了便于分析，保证各数据具有等效性和同序性，需要对原始数据进行处理，使之无量纲化和归一化。数据处理的方法很多，本书采用初值化的处理方法，即对一个数列所有数据均除以它的第一个数，从而得到一个新数列的方法。这个新数列表明原始数列中的不同时刻的值相对于第一个时刻值的倍数，该数列有共同起点，无量纲。

(2) 构造理想对象，确定理想指标序列。对不同指标而言，好坏的标准各不相同，有的以值大为好，有的则以值小为佳，将每种指标的最佳值作为理想对象的指标，便可构造理想对象，获得理想指标序列。

(3) 计算指标关联系数，其计算公式为

$$\xi_i(k)=\frac{\min_i[\min_k\Delta_i(k)]+\rho\max_i[\max_k\Delta_i(k)]}{\Delta_i(k)+\rho\max_i[\max_k\Delta_i(k)]},\quad i=1,2,\cdots,m;k=1,2,\cdots,n \tag{4-47}$$

$$\Delta_i(k)=|Z_0(k)-Z_i(k)| \tag{4-48}$$

式中：ρ 为分辨系数，其作用在于提高关联系数之间的差异显著性，$\rho\in(0,1)$，一般情况取 0.1～0.5，通常取 0.5；m 为评价对象个数；n 为评价对象的指标个数；$\xi_i(k)$ 为第 i 个对象的第 k 个指标对理想对象同一个指标的关联系数；$Z_0(k)$ 为理想对象的第 k 个指标值；$Z_i(k)$ 为第 i 个对象的第 k 个指标值；$\Delta_i(k)=|Z_0(k)-Z_i(k)|$ 为第 i 个评价对象

的第 k 个指标值与理想对象的第 k 个指标值的绝对差，对一个评价对象而言，共有 n 个这样的值，其中最小值为 $\min_k \Delta_i(k)$，对于 m 个评价对象而言，则共有 m 个 $\min_k \Delta_i(k)$ 值（$i=1,2,\cdots,m$），其中的最小值即为 $\min_i[\min_k \Delta_i(k)]$，而 $\max_i[\max_k \Delta_i(k)]$ 的意义同 $\min_i[\min_k \Delta_i(k)]$ 相似。

（4）计算关联度。比较序列 $Z_i(k)$ 与参考序列 $Z_0(k)$ 的关联程度是通过 N 个关联系数来反映的，与各个指标的权重加权就可得到 $Z_i(k)$ 与 $Z_0(k)$ 的关联度，计算公式为

$$\gamma_i = \sum_{k=1}^{n} \xi_i(k) w_i \tag{4-49}$$

4.7 水安全评价的新技术和新方法

水安全评价是保障人民饮水安全的重要手段，目前在评价方法和技术方面也在不断创新和发展。除了传统的水质监测与分析方法外，现在还出现了一些新技术和新方法。

（1）智能水质监测技术。智能水质监测技术结合了传感器、物联网等技术，可以实时监测水体的各项指标，并进行数据分析和预警，提高水体监测的效率和准确性。

（2）生态系统健康评价法。生态系统健康评价法是一种评价自然环境健康状况的方法，可以通过对水生态系统的评价来反映水资源的可持续利用能力和生态环境的健康状况。

（3）卫星遥感技术。卫星遥感技术可以实时监测大范围的水体变化，例如水质、水量、水位等，为水资源管理提供及时的信息支持。

（4）数据挖掘技术。数据挖掘技术可以从大量的水资源数据中挖掘出有用的信息和规律，例如水质变化趋势、水量预测等，为水资源管理提供科学依据。

（5）水资源生态补偿机制。水资源生态补偿是一种经济手段，通过对生态系统服务的价值进行估算，向生态系统提供补偿，从而促进生态系统的恢复和保护，提高水资源利用效率。

这些新技术和新方法在水安全评价中逐渐得到应用，综合运用各种新技术和新方法，可以更加全面、准确地评价水资源的安全状况，为保障水资源的可持续利用和生态环境的健康发展提供重要的支持，促进水资源的可持续利用。

参考文献

Savenije, H. H. G., Van der Zaag, P., 2008. Integrated water resources management: Concepts and issues. Physics and Chemistry of the Earth, Parts A/B/C 33 (5): 290-297.

Romero-Lankao, P., Gnatz, D. M. (2016) Conceptualizing urban water security in an urbanizing world. Current Opinion in Environmental Sustainability 21: 45-51.

Iwaniec, D. M., Metson, G. S., Cordell, D., 2016. P-FUTURES: towards urban food & water security through collaborative design and impact. Current Opinion in Environmental Sustainability 20: 1-7.

Stucki, V., Sojamo, S., 2012. Nouns and numbers of the water-energy-security nexus in Central Asia. International Journal of Water Resources Development 28 (3): 399-418.

Garrick, D., Hall, J. W., 2014. Water Security and Society: Risks, Metrics, and Pathways. Annual

Review of Environment and Resources 39 (1): 611-639.

Stevenson, E. G., Greene, L. E., Maes, K. C., et al, 2012. Water insecurity in 3 dimensions: an anthropological perspective on water and women's psychosocial distress in Ethiopia. Soc Sci Med 75 (2): 392-400.

Wutich, A., Brewis, A., York, A. M., et al, 2013. Rules, Norms, and Injustice: A Cross-Cultural Study of Perceptions of Justice in Water Institutions. Society & Natural Resources 26 (7): 795-809.

Sahin, O., Siems, R., Richards, R. G., et al, 2017. Examining the potential for energy-positive bulk-water infrastructure to provide long-term urban water security: A systems approach. Journal of Cleaner Production 143: 557-566.

Sahin, O., Stewart, R. A., Porter, M. G., 2015. Water security through scarcity pricing and reverse osmosis: a system dynamics approach. Journal of Cleaner Production 88: 160-171.

Cook, C., 2016b. Implementing drinking water security: the limits of source protection. Wiley Interdisciplinary Reviews: Water 3 (1): 5-12.

Stoler, J., 2017. From curiosity to commodity: a review of the evolution of sachet drinking water in West Africa. Wiley Interdisciplinary Reviews: Water 4 (3), e1206.

Falkenmark, M., 2013. Growing water scarcity in agriculture: future challenge to global water security. Philos Trans A Math Phys Eng Sci 371 (2002), 20120410.

Strayer, D. L., Dudgeon, D., 2010. Freshwater biodiversity conservation: recent progress and future challenges. Journal of the North American Benthological Society 29 (1): 344-358.

World Water Council (WWC). The Ministerial Declaration from the 2nd World Water Forum (2000).

Global Water Partnership/Technical Advisory Committee (GWP/TAC). (2000) Integrated water resources management. Stockholm: Global Water Partnership.

UN-Water., 2013. Water security & the global water agenda: A UN-Water Analytical Brief. Ontario, Canada: United Nations University.

Romero-Lankao, P. and Gnatz, D. M., 2016. Conceptualizing urban water security in an urbanizing world. Current Opinion in Environmental Sustainability 21: 45-51.

Jepson, W., Budds, J., Eichelberger, L., et al, 2017a. Advancing human capabilities for water security: A relational approach. Water Security 1: 46-52.

Food and Agricultural Organization (FAO), 2008. Clgbimate change, water and food security. Technical background document from the expert consultation, February 26-28. Rome: Food and Agriculture Organization of the United Nations.

United States Environmental Protection Agency (EPA), 2006. Water Sentinel Fact Sheet.

UNESCO-IHE, 2009. Research Themes. Water Security.

Al-Saidi, M., 2017. Conflicts and security in integrated water resources management. Environmental Science & Policy 73: 38-44.

Li, D., Wu, S., Liu, L., et al, 2017. Evaluating regional water security through a freshwater ecosystem service flow model: A case study in Beijing-Tianjian-Hebei region, China. Ecological Indicators 81: 159-170.

Hao, T., Du, P., Gao, Y., 2012. Water environment security indicator system for urban water management. Frontiers of Environmental Science & Engineering 6 (5): 678-691.

Lu, S., Bao, H., Pan, H., 2016. Urban water security evaluation based on similarity measure model of Vague sets. International Journal of Hydrogen Energy 41 (35): 15944-15950.

Nel, J. L., Le Maitre, D. C., Roux, D. J., et al, 2017. Strategic water source areas for urban water security: Making the connection between protecting ecosystems and benefiting from their services. Ecosystem Services 28: 251 - 259.

United Nations Development Programme, 2006. Human Development Report 2006: Beyond Scarcity - Power, Poverty and the Global Water Crisis. Basingstoke, United Kingdom: Palgrave Macmillan.

Leong, C., 2016. Resilience to climate change events: The paradox of water (In) - security. Sustainable Cities and Society 27: 439 - 447.

Cook, C., 2016a. Drought planning as a proxy for water security in England. Current Opinion in Environmental Sustainability 21: 65 - 69.

Tembata, K., Takeuchi, K., 2018. Collective decision making under drought: An empirical study of water resource management in Japan. Water Resources and Economics 22: 19 - 31.

Wang, S., Yang, F. - L., Xu, L., Du, J., 2013. Multi - scale analysis of the water resources carrying capacity of the Liaohe Basin based on ecological footprints. Journal of Cleaner Production 53: 158 - 166.

Wackernagel, M., Onisto, L., Bello, P., et al, 1999. National natural capital accounting with the ecological footprint concept. Ecological economics 29: 375 - 390.

Chu - xiong, D. E. N. G., Bing - geng, X. I. E., Yong - xing, W. U., et al, 2011. Quantitative and comprehensive evaluation of ecological security of urban agriculture in Shanghai. Geographic Research 30: 645 - 654.

Van Duivenbooden, N., Pala, M., Studer, C., et al, 2000. Cropping systems and crop complementarity in dryland agriculture to increase soil water use efficiency: a review. NJAS - Wageningen Journal of Life Sciences 48: 213 - 236.

FAO, 2012. Coping with water scarcity: An action framework for agriculture and food security FAO Water Reports No. 38. FAO, Rome.

Mei, X., Zhong, X., Vincent, V., Liu, X, 2013. Improving water use efficiency of wheat crop varieties in the North China. J. Integr. Agric. 12: 1243 - 1250.

UNEP (United Nations Environment Programme), 2012. Measuring Water Use in a Green Economy: A Report of the Working Group on Water Efficiency to the International Resource Panel. UNEP, Nairobi.

Wei, J., Zhao, Y., Xu, H., Yu, H., 2007. A framework for selecting indicators to assess the sustainable development of the natural heritage site. Journal of Mountain Science, 4: 321 - 330.

Maxim, L., Spangenberg, J. H., O'Connor, M., 2009. An analysis of risks for biodiversity under the DPSIR framework. Ecological Economics, 69: 12 - 23.

Adger, W. N, 2006. Vulnerability. Global environmental change, 16: 268 - 281.

Gallopín, G. C, 2006. Linkages between vulnerability, resilience, and adaptive capacity. Global environmental change, 16: 293 - 303.

Chang, L. - F., Huang, S. - L, 2015. Assessing urban flooding vulnerability with an emergy approach. Landscape and Urban Planning, 143: 11 - 24.

Chiu, R. - H., Lin, L. - H., Ting, S. - C, 2014. Evaluation of green port factors and performance: a fuzzy AHP analysis. Mathematical Problems in Engineering 2014.

Zadeh, L. A., 1965. Fuzzy sets. Information and control, 8: 338 - 353.

Zeng, Y., Shen, G., Huang, S., Wang, M., 2005. Assessment of urban ecosystem health in Shanghai. Resources and Environment in the Yangtze Basin, 14: 208 - 212.

Lu, M., Li, Y., 2005. Theory frame and characteristic standard of ecological city. Journal of ShanDong Youth Administrative Cadres College, 1: 117 - 120.

Hu, T., Yang, Z., He, M., Zhao, Y., 2005. An urban ecosystem health assessment method and its application. Acta Scientiae Circumstantiae, 25: 269 - 274.

Xuan, W., Quan, C., Shuyi, L., 2012. An optimal water allocation model based on water resources security assessment and its application in Zhangjiakou Region, northern China. Resources, Conservation and Recycling, 69: 57-65.

Wang, C., Matthies, H. G., Qiu, Z., 2017. Optimization-based inverse analysis for membership function identification in fuzzy steady-state heat transfer problem. Structural and Multidisciplinary Optimization: 1-11.

Li, Z., Yang, T., Huang, C.-S., et al, 2018. An improved approach for water quality evaluation: TOPSIS-based informative weighting and ranking (TIWR) approach. Ecological indicators, 89: 356-364.

Dahiya, S., Singh, B., Gaur, S., et al, 2007. Analysis of groundwater quality using fuzzy synthetic evaluation. Journal of Hazardous Materials, 147: 938-946.

Wang, X., Zou, Z., Zou, H., 2013. Water quality evaluation of Haihe River with fuzzy similarity measure methods. Journal of Environmental Sciences, 25: 2041-2046.

Feng, Y., Ling, L., 2014. Water quality assessment of the Li Canal using a functional fuzzy synthetic evaluation model. Environmental Science: Processes & Impacts, 16: 1764-1771.

Liu, L., Zhou, J., An, X., Zhang, Y., Yang, L., 2010. Using fuzzy theory and information entropy for water quality assessment in Three Gorges region, China. Expert Systems with Applications, 37: 2517-2521.

L. A. Zadeh, 1965. "Fuzzy sets". Information and Control 8 (3): 338-353.

Klaua, D., 1965. Über einen Ansatz zur mehrwertigen Mengenlehre. Monatsb. Deutsch. Akad. Wiss. Berlin 7: 859-876.

A recent in-depth analysis of this paper has been provided by Gottwald, S., 2010. An early approachtoward graded identity and graded membership in set theory. Fuzzy Sets and Systems. 161 (18): 2369-2379.

Dubois, H. Prade, 1988. Fuzzy Sets and Systems. Academic Press, New York.

Lily R. Liang, Shiyong Lu, Xuena Wang, et al, FM-test: A Fuzzy-Set-Theory-Based Approach to Differential Gene Expression Data Analysis, BMC Bioinformatics, 7 (Suppl 4): S7. 2006.

Gong, L., Jin, C., 2009. Fuzzy comprehensive evaluation for carrying capacity of regional water resources. Water resources management, 23 (12): 2505-2513.

Wang, C., Matthies, H. G., Qiu, Z., 2017. Optimization-based inverse analysis for membership function identification in fuzzy steady-state heat transfer problem. Structural and Multidisciplinary Optimization, 1-11.

Li, Z., Yang, T., Huang, C. S., et al, 2018. An improved approach for water quality evaluation: TOPSIS-based informative weighting and ranking (TIWR) approach. Ecological indicators, 89: 356-364.

Dahiya, S., Singh, B., Gaur, S., et al, 2007. Analysis of groundwater quality using fuzzy synthetic evaluation. Journal of Hazardous Materials, 147 (3): 938-946.

Wang, X., Zou, Z., & Zou, H., 2013. Water quality evaluation of Haihe River with fuzzy similarity measure methods. Journal of Environmental Sciences, 25 (10): 2041-2046.

Feng, Y., Ling, L., 2014. Water quality assessment of the Li Canal using a functional fuzzy synthetic evaluation model. Environmental Science: Processes & Impacts, 16 (7): 1764-1771.

Liu, L., Zhou, J., An, X., et al, 2010. Using fuzzy theory and information entropy for water quality assessment in Three Gorges region, China. Expert Systems with Applications, 37 (3): 2517-2521.

Wang, J., Lu, X., Tian, J., Jiang, M., 2008. Fuzzy synthetic evaluation of water quality of Naoli River using parameter correlation analysis. Chinese Geographical Science, 18 (4): 361.

Liu, L., Zhou, J., An, X., et al, 2010. Using fuzzy theory and information entropy for water quality

assessment in Three Gorges region, China. Expert Systems with Applications, 37 (3): 2517 - 2521.
Van Leekwijck, W., Kerre, E. E., 1999. Defuzzification: criteria and classification. Fuzzy sets and systems, 108 (2): 159 - 178.
Zhu, X., Wang, Y., Li, D., 2016. The effectiveness test of the maximum membership principle in fuzzy comprehensive evaluation. Geomat Spat Inf Technol, 39 (5): 135 - 43.
Sullivan, C., 2002. Calculating a water poverty index. World development 30 (7): 1195 - 1210.
Balica, S. F., Wright, N. G., van der Meulen, F., 2012. A flood vulnerability index for coastal cities and its use in assessing climate change impacts. Natural hazards, 64 (1): 73 - 105.
Fekete, A., 2009. Validation of a social vulnerability index in context to river - floods in Germany. Natural Hazards and Earth System Sciences, 9 (2): 393 - 403.
Karagiorgos, K., Thaler, T., Heiser, M., et al, 2016. Integrated flash flood vulnerability assessment: insights from East Attica, Greece. Journal of Hydrology, 541: 553 - 562.
Koks, E. E., Jongman, B., Husby, T. G., et al, 2015. Combining hazard, exposure and social vulnerability to provide lessons for flood risk management. Environmental Science & Policy, 47: 42 - 52.
Yang, W., Xu, K., Lian, J., et al., 2018. Integrated flood vulnerability assessment approach based on TOPSIS and Shannon entropy methods. Ecological indicators, 89: 269 - 280.
Meng, X. M., Hu, H. P., 2009. Application of set pair analysis model based on entropy weight to comprehensive evaluation of water quality. Journal of Hydraulic Engineering 3: 257 - 262.
Du, C., Yu, J., Zhong, H., Wang, D., 2015. Operating mechanism and set pair analysis model of a sustainable water resources system. Frontiers of Environmental Science & Engineering, 9 (2): 288 - 297.
Xuan, W., Quan, C. Shuyi, L., 2012. An optimal water allocation model based on water resources security assessment and its application in Zhangjiakou Region, northern China. Resources, Conservation and Recycling 69: 57 - 65.

第5章

水安全模拟方法

5.1 概述

水安全系统是包括自然（水为核心）、社会（人为核心）、经济（国民经济发展为核心）、环境（生态为核心）的复合系统，是人与水相互作用的以人为主体、以水安全为目标的复杂系统。水安全系统包括水资源安全、水环境安全、水灾害安全等子系统，各子系统内部又由若干子系统组成。任何一个子系统的行为都会影响水安全系统的整体功能的发挥。人类活动通过对水的开发利用将水和社会、经济、环境紧密地联系在一起。因此，综合水管理方法是将供水和需水、水量和水质、地表水和地下水以及国家、区域、城市和地方各级与水有关的机构结合起来。在这个过程中，必须了解一些相关的社会、经济、环境、管理、监管和生活方式等因素之间的相互作用。目前，还没有深入研究水安全、社会和经济之间的互动关系，很少有文献研究确定影响系统变化的关键变量和子系统之间的相互作用。

本章重点介绍系统动力学理论以及深度学习理论。针对水安全系统的结构与功能、系统支持条件、系统的运行机制、稳定性、发展与演化法则、水安全子系统间相互作用等一系列水安全系统研究，提供水安全系统仿真模拟模型构建方法。

5.2 系统动力学理论

5.2.1 系统动力学的概念

一种基于计算机模拟，通过运用非线性、高阶次、系统反馈以及系统整合等技术，研究系统动态行为特征的研究手段称之为系统动力学，即 SD（System Dynamics）。系统动力学于 1956 年由美国麻省理工学院（MIT）的 Jay W. Forrester 教授创立后，迅速成为现代决策与工程管理方面的重要方法和工具，被广泛运用于环境科学、企业管理决策等研究领域。系统动力学通过专用的建模软件，把系统整体的内部结构分成若干子块，通过不同的变量将各个子块联系起来，整个系统通过不同的模型函数进行计算运行，对未来系统的发展趋势作出预测模拟。

系统动力学在水资源领域有着一定程度和范围的应用。如：喻敏霞在水资源安全理论指导下分析湘江水资源的安全状况，构建水资源安全模拟系统，并提出预警措施；刘志国和李华通过系统动力学模型对崇明水资源安全问题进行情景模拟；陈燕飞等以南水北调中线工程影响下的武汉为例，研究了长江中下游供水需水状况的变化，并预测水资源短缺的趋势；翟晓烨以北京市供水系统为研究背景，对水资源的调度及系统控制策略进行了研究。

5.2.2 系统动力学结构

（1）因果反馈。在系统动力学中，因果反馈回路的分析是很重要的。反馈回路有两种，一种是正反馈回路，另外一种是负反馈回路。正反馈回路是指一个变量的变化会引起相关变量的积极变化即正向变化；负反馈回路指一个变量的变化会引起相关变量的消极变化即反向变化。

（2）积累。积累指的是系统动力学模型中的状态变量，而“流率”指的是系统动力学模型中的速率变量。“积累”是“流率”的结果，“流率”是“积累”的原因。通过“积累”和“流率”之间随时间的变化关系，分析系统行为变化以及预测系统未来的演变趋势。

（3）流图。流图是指系统动力学模型中的各种变量和箭头绘成的流量图。它是由系统动力学模型中的各个子模块中的“积累”和“流率”通过一定的关系连接而成，全面反映系统内部的结构关系。

（4）延迟。一个决策的实施需要经过一定的时间才会有现象的反映，此现象即为延迟。图上不容易表达，一般用系统动力学中的延迟函数来实现。

（5）仿真语言。系统动力学的仿真语言是其内部自带的函数，总共有 20 多种函数，可以向用户提供丰富的演算模拟程序，只要用户选择好参数和模拟函数方案，系统直接提供模拟结果，非常方便。

5.2.3 系统动力学的基本特点

系统动力学基于系统论，吸收了控制论和信息论的精髓，通过结构-功能分析和信息反馈来认识系统问题和解决系统问题。从系统方法论来看，系统动力学是结构化的方法、功能的方法和历史的方法的统一。具有以下 5 个特点：

（1）系统动力学研究处理的是社会、经济、生态环境等高度非线性、高阶次、多变量、多重反馈、复杂时变的大系统问题，它可以在微观和宏观层次上对复杂的多层次、多部门的大系统进行综合研究。

(2) 系统动力学的研究对象主要是开放系统。它强调系统的观点，联系、发展和运动的观点，认为系统的运行模式主要根植于其内部的动态结构与反馈机制。

(3) 系统动力学解决问题的方法是一种定性与定量相结合，系统思考、分析、综合与推理的方法；尽可能采用“白化”技术，把不良结构相对的“良化”，其模型模拟是结构-功能模拟。

(4) 系统动力学从总体上看是规范的，有相对标准的建模方法，便于人们清晰地沟通思想，对存在的问题进行剖析和对政策实验进行假设；便于处理复杂的问题，能一步步可靠地把复杂的系统中隐含的凌乱与迷津追索出来，而不带有人们言辞上的含糊、情绪上的偏颇或直观上的差错。

(5) 系统动力学的建模过程既能发挥人对社会系统的了解、分析推理、评价等能力的优势，又能利用计算机高速计算和迅速跟踪等的功能，便于实现建模人员、决策者和专家群众的三结合，便于运用各种数据、资料、人们的经验与知识，也便于汲取其他学科的精髓，从而为选择最优或满意的决策提供有力的依据。

5.2.4 系统动力学软件介绍

Vensim PLE 全名为 Ventana Simulation Environment Personal Learning Edition，即 Ventana 系统动力学模拟环境个人学习版。它主要有以下几个特点：

(1) 利用图示化编程建立模型。在 Vensim 中，“编程，实际上并不存在，只有建模的概念。只要在模型建立窗 (Building) 画出流图，在通过 Equation Editor：输入方程和参数，就可以直接进行模拟了。如果用户需要查看有关方程和参数，可以使用 Mode Document 工具条。

(2) 运行于 Windows 下，数据共享性强，提供丰富的输出信息和灵活的输出方式。

(3) 对模型可以进行多种分析。Vensim 提供对模型的结构分析和数据集分析。其中结构分析包括原因树（逐层列举作用于指定变量的变量）分析和结果树（逐层列举该变量对于其他变量的作用）分析和反馈列表。模型运行后，可以进行数据集分析。对指定变量，可以给出它随时间的变化图，列出数据表；可以列举作用于该变量的其他变量随时间变化的比较图；可以将多次运行的结果进行比较，作为最终结果的图形分析和输出，可以使用 Custom Graph，它不但可以列举多个变量随时间的变化图，而且还可以列举变量之间的关系图。系统动力学软件建模流程如图 5-1 所示。

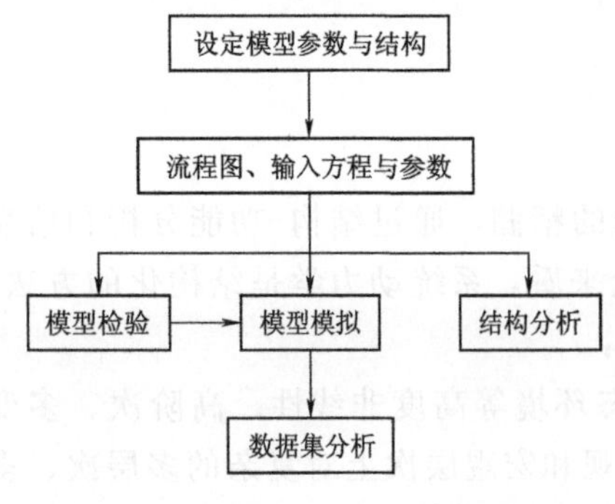

图 5-1 系统动力学软件建模流程图

5.2.5 系统动力学模型构建

(1) 系统综合分析。系统综合分析就是要明确研究的问题，要明确所研究区域的社会经济现象以及研究的最终目的。分析水安全系统的基本问题与主要问题、基本变量与主要变量，理清系统各模块之间的逻辑关系，收集所需要的各种数据资料，形成整体的规划方案，为系统动力学模型的建立做好准备。

（2）系统结构分析。这一步主要分析水安全系统的正负反馈回路机制：①分析水安全系统总体的与局部子系统的结构；②划分系统的层次与模块，定义变量（包括常量），确定水平变量、辅助变量、速率变量和时间变量；③分析各个模块的水平变量、各种变量间关系；④确定回路及回路间的正负反馈关系，初步确定水安全系统模型的主回路及它们的性质，分析主回路随时间转移的可能性，绘制水安全因果关系图和系统流程图。

（3）模型建立。模型的建立是整个步骤的实践环节，根据系统的结构，写出有关系统中变量的方程，建立各种变量的方程函数以及给变量方程赋予初始值。在变量方程的建立过程中，要进行更深入、更具体地实证分析，而且往往要与其他统计模型如回归模型等相结合才能完成。方程函数中的有关参数用常用的参数估计法进行估计与确定。

系统动力学模型的过程包括六个步骤：第一步是建立 SD 模型的库存图和流程图；第二步是建立模型中所有变量的方程式；第三步是改变模型中的参数值；第四步是进行模型测试；第五步是设置仿真结果的图表；第六步是进行不同情景的模拟。

5.2.6 系统动力学模型有效性检验

模型的有效性检验是为了验证所构造的模型与现实系统的匹配度，由于现实的系统模型十分复杂，所构造的模型只是现实模型一定程度上的缩影，模型构造的好坏，直接影响了仿真结果的质量，并且会影响政策的决定。因此，必须对所建立的模型进行有效性检验，若通过检验，则说明所建模型可以代表现实系统的某些具体特征。系统动力学模型有效性检验方法可分为直观检验、运行检验、历史检验以及灵敏度分析四种方法。

（1）直观检验。直观检验即使系统从直观上看上去与现实系统一致，同时又要符合科学经验。通过阅读借鉴大量专家学者资料和文献，总结各种模型结构的优势及劣势，力求做到模型与现实社会的匹配和科学，使逻辑上通顺，不存在致命的科学错误。直观上看，模型各变量之间的逻辑关系结构合理，模型框架考虑全面，数据采集科学，因此从逻辑直观上看模型符合科学研究的要求。通过对已知资料和数据做进一步分析，重点检验模型元素之间的逻辑关系和运行机制是否与现实系统一致，要素之间的方程关系是否合理。模型构建过程中参考阅读了大量的文献资料，力求做到模型结构与现实系统的结构一致。

（2）运行检验。由于现实中的系统影响因素较多并且因素变量间的关系较复杂，具有对参数变化的灵敏及对政策变动的惯性抵制性等特征情况，主要表现的一个因素对于另一个因素影响的滞后性，所以现实系统普遍具有相对的稳定性。在进行 SD 仿真试验中，系统的稳定性考察相当重要，如果在不同的时间间隔内，系统各指标的取值变化明显且较大，则说明系统在构建过程中并不科学稳定，不能作为现实系统的模拟和描述，具有较强的变动性，因此选取不同的仿真步长进行仿真分析，比如分别取时间间隔为一年、半年、三个月进行仿真，查看重要指标的仿真比较结果，可以看出，模型系统的行为是否基本稳定的。

（3）历史检验。在模型的现实对比检验中，最后很重要的一点是模型仿真的结果与现实系统是否相符合，即检验系统仿真行为的数据与历史真实数据的拟合程度。系统归根结底是作为现实系统的模拟，通过每一次的模拟仿真，可以对比系统模拟的历史数值和现实的历史数值在误差上的大小，通过这种检验可以发现模型中存在的问题，针对误差较大的数据进行分析及经过反复修改、拟合，使系统的值尽量保持与历史值的接近，可以在一定程度上确保模型的有效性，提高系统模拟现实系统的精度。

(4) 灵敏度分析。灵敏度分析是验证模型有效性的重要方法。一个稳定有效的模型应该具有低灵敏度。灵敏度分析是通过调整模型中的参数来分析参数变化对模型变量输出的影响。行为敏感性测试侧重于模型行为对参数值变化的敏感性。行为敏感性测试确定模型参数的合理转换是否会导致模型无法通过先前通过的行为测试。在没有找到替代参数值的情况下，增强了模型的置信度。例如，是否存在另一组同样合理的参数值，导致模型无法生成可观察到的行为模式，或者在以前显示为合理的条件下表现出不太可能的行为。行为敏感性测试通常是通过实验不同的参数值并分析其对行为的影响来进行的。通常，经过广泛的模型分析后，系统动力学建模者对敏感参数的位置确定会有更好的见解，这种认识可以有效地指导敏感性分析。

敏感性分析可以用一个重要的方程式来表示，以验证模型的有效性。一个稳定而有效的模型应该具有较低的敏感性。敏感性分析通过调整模型中的参数，分析参数变化对模型变量输出的影响，其公式如下：

$$S_Q = \left| \frac{\Delta Q_{(t)} X_{(t)}}{Q_{(t)} \Delta X_{(t)}} \right| \tag{5-1}$$

式中：S_Q 为变量对常数 X 的敏感性；$\Delta Q_{(t)}$ 和 $\Delta X_{(t)}$ 为变量 Q 和常数 X 在时间 t 的增加值。

当有 n 个变量时，对于常数 X，平均敏感性为

$$S = \frac{1}{n} \sum_{i=1}^{n} S_{Qi} \tag{5-2}$$

式中：S_{Qi} 为 Qi 对常量的敏感性；S 为平均敏感性；n 为存量变量的数量。

5.2.7 水安全系统的系统动力学作用机制

水安全系统的系统动力学互馈机制是指在水资源管理和安全方面各个要素之间相互影响、相互作用的关系。以下是一些涉及水安全系统的典型互馈关系的例子：

(1) 人口增长与水资源利用的互馈：人口的增长会导致对水资源的需求增加，而随着水资源的稀缺，可能会限制城市的人口增长。同时，人口增长也会带来更多的废水排放，可能导致水体污染，进而影响水资源的质量和可用性。

(2) 气候变化与水资源供应的互馈：气候变化导致降水模式的变化，可能导致洪水和干旱事件的增加。干旱可能导致水源的减少，从而影响城市和农村的水供应。水资源的过度利用和污染也可能影响气候模式，进一步加剧气候变化。

(3) 土地利用与水质的互馈：不当的土地利用可能导致土壤侵蚀，将泥沙和污染物带入水体，影响水质。同时，水质的恶化也可能影响土地的适宜性，限制农业和其他用途的发展。

(4) 水污染与健康的互馈：水污染可能导致水源污染，威胁人类和生态系统的健康。同时，人类的健康问题也可能导致更多的医疗废水排放，进一步加剧水体污染。

(5) 政策和治理与水资源管理的互馈：政策和治理机制可以影响水资源的管理和保

护。合适的政策和治理可以促进水资源的可持续利用和保护。反过来，水资源的状态和可用性也可能影响政策的制定和执行。

（6）生态系统健康与水质的互馈：健康的水生态系统可以帮助去除污染物，维持水体的生态平衡，从而影响水质。而水体的污染也可能对生态系统造成破坏，影响生态系统的功能和服务。

（7）经济发展与水资源需求的互馈：经济的发展需要更多的水资源来支持工业和生活用水。同时，水资源的可获得性也可能影响经济的发展，特别是在干旱地区。

这些互馈关系相互交织，共同影响着水资源的可持续性和水安全。系统动力学可以用于研究和模拟这些复杂的互馈关系，帮助制定更有效的管理和政策措施。

5.3 深度学习理论

5.3.1 深度学习概念

深度学习（Deep Learning）是一种学习算法，来源于人工神经网络的研究。深度神经网络（DNN，Deep Neural Networks）的机器学习模型概念在 2006 年由 Hinton 等提出。它的本质是建立、模拟人脑进行分析学习的神经网络，通过多层训练来学习更有用的特征，能解决深层结构相关的优化问题，是一种含有多个隐藏层的多层感知器。深度学习的提出掀起了机器学习的第二次浪潮。它是一种有效的数据处理和分析的科学探索工具。在深度学习神经网络中，输入层与输出层之间允许堆叠很多的处理层，这一层的输出作为下一层的输入，并可以对这些层的结果进行线性和非线性的转换，有着优异的特征学习能力。

水资源系统是非线性的复杂系统，对水资源安全的预测要有较强的学习能力和泛化能力。深度学习与传统的浅层学习相比，可以学习更有用的特征，有着更快的预测速度和更高的预测准确性。在深度学习神经网络中，输入层与输出层之间允许堆叠很多的处理层，这一层的输出作为下一层的输入，并可以对这些层的结果进行线性和非线性的转换，有着优异的特征学习能力。近年来，深度学习的研究取得了长足的进步。新颖的体系结构，更大的访问数据以及新的计算能力使得深度学习的应用获得成功。深度学习正在迅速影响着包括物理学、基因组学和遥感等领域，展现了其强大的优势，而且它在水文水资源领域的应用正逐渐展开，如 Solanki 等应用深度学习在水库水质参数预测中取得了较好的效果。已有的研究表明，深度学习对混合系统、动态系统的模拟来说是一种较好的方法。深度神经网络模型对传统方法表现出优越的预测性和泛化性，但目前尚很少有关于深度学习这一模型方法在水资源系统的预测研究中的应用。

5.3.2 深度学习神经网络模型构建

机器学习的核心是通过模型从数据中学习并利用经验去决策。进一步的，机器学习一般可以概括为：从数据出发，选择某种模型，通过优化算法更新模型的参数值，使任务的指标表现变好（学习目标），最终学习到“好”的模型，并运用模型对数据做预测以完成任务。由此可见，机器学习方法有四个要素：数据、模型、学习目标、优化算法。深度学习是机器学习的一个分支，它是使用多个隐藏层神经网络模型，通过大量的向量计算，学习到数据内在规律的高阶表示特征，并利用这些特征决策的过程。深度学习的建模预测流程，与传统机器学习整体是相同的，主要区别在于深度学习是端对端学习，可以自动提取高层次特征，大大减少了传统机器学习依赖的特征工程。

5.3.2.1 明确问题及数据选择

（1）深度学习的建模预测，首先需要明确问题，即抽象为深度学习的预测问题：需要学习什么样的数据作为输入，目标是得到什么样的模型做决策作为输出。

（2）数据选择：深度学习是端对端学习，学习过程中会提取到高层次抽象的特征，大大弱化特征工程的依赖，正因为如此，数据选择也显得格外重要，其决定了模型效果的上限。如果数据质量差，预测的结果自然也是很差的。需要关注的是：①数据样本规模：对于深度学习等复杂模型，通常样本量越多越好。②数据的代表性：数据质量差、无代表性，会导致模型拟合效果差。需要明确与任务相关的数据表范围，避免缺失代表性数据或引入大量无关数据作为噪声。③数据时间范围：对于监督学习的特征变量 x 及标签 y，如与时间先后有关，则需要划定好数据时间窗口，否则可能会导致常见的数据泄露问题，即存在了特征与标签因果颠倒的情况。

5.3.2.2 特征工程

特征工程就是对原始数据分析处理，转化为模型可用的特征。这些特征可以更好地向预测模型描述潜在规律，从而提高模型对未见数据的准确性。对于深度学习模型，特征生成等加工不多，主要是一些数据的分析、预处理，然后就可以灌入神经网络模型。

（1）选择好数据后，可以先做探索性数据分析（EDA）去理解数据本身的内部结构及规律。如果你对数据情况不了解，也没有相关的业务背景知识，不做相关的分析及预处理，直接将数据输入模型往往效果不太好。通过探索性数据分析，可以了解数据分布、缺失、异常及相关性等情况。

（2）特征选择用于筛选出显著特征、摒弃非显著特征。这样做主要可提高训练速度，降低运算开销；减少干扰噪声，降低过拟合风险，提升模型效果。

5.3.2.3 模型训练

神经网络模型的训练主要有3个步骤：第一，构建模型结构（主要有神经网络结构设计、激活函数的选择、模型权重如何初始化、网络层是否批标准化、正则化策略的设定）；第二，模型编译（主要有学习目标、优化算法的设定）；第三，模型训练及超参数调试（主要有划分数据集，超参数调节及训练）。

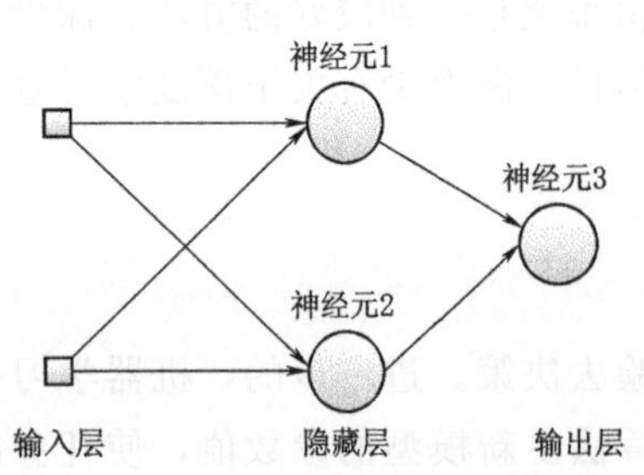

图5-2 深度学习神经网络模型结构图

常见的神经网络模型结构有全连接神经网络（FCN）、RNN（常用于文本或时间系列任务）、CNN（常用于图像任务）等。神经网络由输入层、隐藏层与输出层构成，如图5-2所示。不同的层数、神经元（计算单元）数目的模型性能也会有差异。

（1）输入层：为数据特征输入层，输入数据特征维数就对应着网络的神经元数。

（2）隐藏层：即网络的中间层，其作用接受前一层网络输出作为当前的输入值，并计算输出当前结果到下一层。隐藏层的层数及神经元个数直接影响模型的拟合能力。

（3）输出层：为最终结果输出的网络层。输出层的神经元个数代表了分类类别的个数。

对于模型结构的神经元个数，输入层、输出层的神经元个数通常是确定的，主要需要考虑的是隐藏层的深度及宽度，在忽略网络退化问题的前提下，通常隐藏层的神经元越多，模型有更多的容量去达到更好的拟合效果，也更容易过拟合。搜索合适的网络深度及宽度，常用的方法有人工经验调参、随机或网格搜索、贝叶斯优化等方法。

水资源安全模拟预测，即是在基准情景下，沿用原有的政策和发展思路，保持常规发展。选用合适的数据作为网络输入和输出，对网络进行学习训练，使误差达到满意的程度，得到最优的深度神经网络用于预测。

5.3.3 模型评估及优化

评估模型的预测误差常用损失函数的大小来判断，如回归预测的均方损失。评估模型拟合学习效果，常用欠拟合、拟合良好、过拟合来表述，通常，拟合良好的模型有更好的泛化能力，在未知数据测试上有更好的效果。通过训练误差及验证集误差评估模型的拟合程度。从整体训练过程来看，欠拟合时训练误差和验证集误差均较高，随着训练时间及模型复杂度的增加而下降。在到达一个拟合最优的临界点之后，训练误差下降，验证集误差上升，这个时候模型就进入了过拟合区域。

实践中通常欠拟合不是问题，可以通过使用强特征及较复杂的模型提高学习的准确度。而解决过拟合，即如何减少泛化误差，提高泛化能力，才是优化模型效果的重点，常用的方法是提高数据的质量、数量以及采用适当的正则化策略。

参考文献

陈绍金，施国庆，顾琦仪．水安全系统的理论框架［J］．水资源保护，2005（3）：9-11.

蔡林．系统动力学在可持续发展中的应用［M］．北京：中国环境科学出版社，2008.

张波，袁永根．系统思考和系统动力学的理论与实践：科学决策的思想、方法和工具［M］．北京：中国环境科学出版社，2010.

喻敏霞．湘江水资源环境中存在的主要安全问题的探讨［D］．长沙：湖南农业大学，2010.

刘志国，李华．基于系统仿真的崇明岛水安全研究［J］．国土与自然资源研究，2013（1）：37-40.

陈燕飞，邹志科，王娜，等．基于系统动力学的汉江中下游水资源供需状态预测方法［J］．中国农村水利水电，2016（6）：139-142.

翟晓烨．水资源调度及系统控制策略的研究［D］．北京：中国地质大学，2010.

孙志军，薛磊，许阳明，等．深度学习研究综述［J］．计算机应用研究，2012，29（8）：2806-2810.

余凯，贾磊，陈雨强，等．深度学习的昨天、今天和明天［J］．计算机研究与发展，2013，50（9）：1799-1804.

Baldi P，Sadowski P，Whiteson D. Searching for exotic particles in high-energy physics with deep learning.［J］．Nature Communications，2014，5（5）：4308.

Chen C L，Ata M，Tai L C，et al. Deep Learning in Label-free Cell Classification：［J］．Scientific Reports，2016，6：21471.

Zou Q，Ni L，Zhang T，et al. Deep Learning Based Feature Selection for Remote Sensing Scene Classification [J]. IEEE Geoscience & Remote Sensing Letters，2015，12 (11)：2321 - 2325.
Solanki A，Agrawal H，Khare K. Predictive Analysis of Water Quality Parameters using Deep Learning [J]. International Journal of Computer Applications，2015，125 (9)：29 - 34.
黄贤凤. 江苏省经济-资源-环境（Ec - Re - En）协调发展系统动态仿真研究 [D]. 镇江：江苏大学，2005.
杜娟. 基于系统动力学方法的成都市能源—环境—经济 3E 系统的建模与仿真 [D]. 成都：成都理工大学，2014.
苏懋康. 系统动力学原理及应用 [M]. 上海：上海交通大学出版社，1988.

第 6 章

国家尺度水安全综合评价与模拟

6.1 概述

国家水安全是指一个国家或地区在水资源保障、水环境保护和水灾害防治等方面的综合安全状况。水是人类生存和发展的基本需求，因此水安全对一个国家的经济、社会和环境都具有重要意义。国家水安全的核心是保障可持续的水资源供应。这包括对水资源的科学管理、合理利用和保护，确保人们有足够的水量满足日常生活、农业、工业和环境的需求。国家需要采取措施来保护水体的质量和生态系统的健康。这包括减少污染物的排放、加强水体监测和治理、推动环境友好型的工业和农业生产方式，以及促进生态修复和保护。水灾害是水安全的一大威胁。国家需要建立健全的水灾害预警系统和灾害风险管理机制，加强防洪工程建设、治理河流和海岸线的安全，提高应急响应和救灾能力。对于跨境流域国家来说，跨境水资源管理至关重要。国家需要与邻国进行合作，建立有效的合作机制，共同管理和保护共享的水资源，解决跨境水资源争端和冲突。提高公众对水资源的重要性和水安全的意识是保障水安全的重要一环。国家应加强水教育，推广节水和环保意识，培养公民的水资源管理和保护意识。综上所述，国家水安全需要综合考虑水资源保障、水环境保护、水灾害防治、跨境水资源管理和公众意识提升等多个方面，通过科学管理和合作机制来保障人民的水需求，维护社会经济的可持续发展。

本章采用水生态足迹模型（WEFM）来评估日本水资源账户和水环境账户中水的可持续性和使用效率，水生态足迹模型具体评价流程见图 6-1。同时采用系统动力学模型对日本水安全系统进行模拟，探究日本水资源、水环境和水灾害等相互作用机制，预测相互作用的动态结果，分析不同情景下，日本水安全系统应该采取的最佳发展方案。

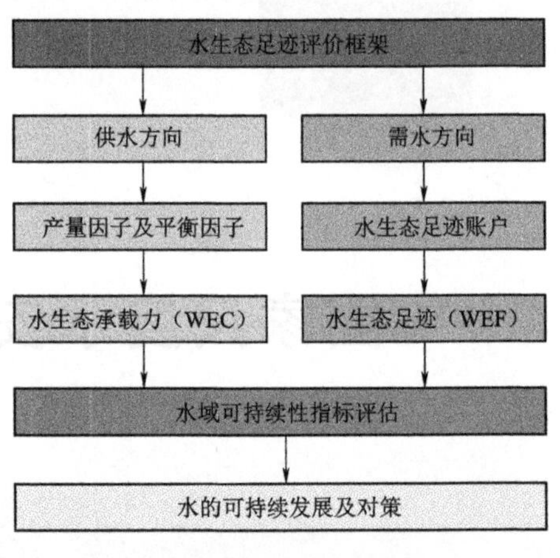

图6-1 水生态足迹评价的框架

6.1.1 研究区概述

日本共有6800多个岛屿，沿东亚的太平洋海岸延伸。根据地理位置、地方产业以及历史沿革等特点，人们通常将日本分为八大地方，即北海道地方、东北地方、关东地方、中部地方、近畿地方、中国地方、四国地方和九州地方。日本的年总降水量约为1700mm，约为全球平均水平970mm的两倍，而人均年降水量约为5100m^3，约为世界平均水平16800m^{3}的1/3。从人均水平的角度分析，日本水资源不算丰富。此外，日本水资源利用处于不利地位，降雨量以雨季、台风季和降雪季为中心，对天气有很大依赖，地势陡峭，大部分降雨很快流入大海。

6.1.2 数据来源

面积和人口数据均来自日本统计年鉴；水资源总消耗量、部门账户用水量和水资源总量均来自日本水资源现状报告；水污染物排放数据来自日本水污染物排放综合调查报告。

6.2 日本水安全综合评价

6.2.1 基于水生态足迹的日本水安全时空评价

6.2.1.1 水生态足迹模型账户

在本研究中，水生态足迹账户分为两个方面：一是人类在生产和生活中所需要的水量，定义为水量账户（WEF_{qn}）；二是吸收污染物浓度超标的污染物所消耗的面积，定义为水质账户（WEF_{ql}）。

$$WEC=(1-0.12)\psi_w r_w (Q/p_w) \tag{6-1}$$

式中：WEC为水生态承载力，gha；ψ_w为该地区的水资源产出系数；r_w为全球水资源平衡系数；Q为区域内的水资源总量，m^3；p_w为全球水资源的平均生产能力，m^3/hm^2。通常的做法是将12%的可用供应土地用于保护当地的生物多样性。

$$WEF=WEF_{qn}+WEF_{ql} \tag{6-2}$$

式中：WEF为总的水生态足迹，gha；WEF_{qn}为水量账户的WEF，gha；WEF_{ql}为水质账户的WEF，gha。

在本研究中，根据日本用水账户的分类方法和讨论分析的便利性，将WEFA账户划分为水量账户和水质账户两部分。根据日本水量账户的分类方法，水量账户又分为两大账户：城市用水和农业用水。城市用水包括工业用水和生活用水。农业用水包括三个子账

户：水田灌溉用水、高地田地灌溉用水和畜牧业用水。计算公式为

$$WEF_{qn}=r_w(W/p_w) \quad (6-3)$$

$$W=W_i+W_d+W_p+W_{up}+W_{an} \quad (6-4)$$

式中：W 为各类水资源的消耗量，m^3；W_i 为工业用水量，m^3；W_d 为生活用水量，m^3；W_p 为水田灌溉用水量，m^3；W_{up} 为高地田灌溉用水量，m^3；W_{an} 为畜牧业用水量，m^3。

6.2.1.2 水量账户中的水生态足迹

1. 水量账户水生态足迹模型参数处理

与生态足迹模型一样，WEFA 的主要参数包括水资源平衡系数和水资源产量系数。本研究依据世界自然基金会《2002 年地球生命报告》（WWF 2002），确定水资源平衡系数为 5.19。为了确定不同地区的水资源产出系数，假定世界水资源产出系数为 1。区域水资源产出系数是该地区的平均水域生产能力与世界平均水域生产能力的比值。世界水区的平均生产能力为 3140m^3/gha。该地区的平均生产能力是地区总水量与地区面积的比率（见表 6-1 和表 6-2）。

表 6-1　　1995—2014 年日本的水资源利用状况

年份	水资源总量/0.1Gm³	用水/0.1Gm³					共计/0.1Gm³	产量因素
		水稻归档灌溉	陆地备案灌溉	畜牧业	工业用水	生活用水		
1995	4235	555	25	5	540.5	163.4	1288.9	3.57
1999	4235	546	29	5	545.9	163.7	1289.6	3.57
2004	4235	520	28	5	536.2	161.9	1251.1	3.57
2009	4235	512	28	4	470.2	154.1	1168.3	3.57
2014	4235	507	30	4	456.4	148.4	1145.8	3.57

注　水资源总量值由 1981—2015 年的年均值获得。

表 6-2　　2014 年日本不同行政区划的水资源状况

行政区划	人口/万人	年均水资源总量/0.1Gm³	面积/100 万 hm²	区域单位面积平均产水量/(m³/gha)	全球单位面积平均产水量/(m³/gha)	产量因素
北海道	550.6	563	8.35	6745.99	3140	2.15
东北地区	1171	868	7.95	10913.43	3140	3.48
关东	4346.8	393	3.69	10653.29	3140	3.39
中部地区	5552.9	853	5.55	15361.34	3140	4.89
近畿地区	2090.4	307	2.73	11228.15	3140	3.58
中国	756.3	328	3.19	10275.37	3140	3.27
四国	397.7	277	1.88	14729.34	3140	4.69
九州	1459.7	646	4.45	14527.63	3140	4.63
日本	16325.4	4235	37.79	11205.27	3140	3.57

注　人口数据来源自日本总务省统计局。

2. 水量账户中的水生态足迹时空分析

图6-2显示了1995年、1999年、2004年、2009年和2014年日本城市和农业账户的WEF总量。日本的总WEF从1995年的213.0Mhm² 稳步下降到2014年的189.4Mhm²。城市账户包括工业和家庭子账户，农业账户由水田灌溉、高地田地灌溉和畜牧业子账户组成。在研究期间，城市WEF始终高于农业WEF。众所周知，在各类水量账户中，农业是最大的耗水账户，然而，日本城市地区的用水量却高于农业。主要原因是日本的农业不是经济的支柱产业，在各种经济产业中所占比例较低。

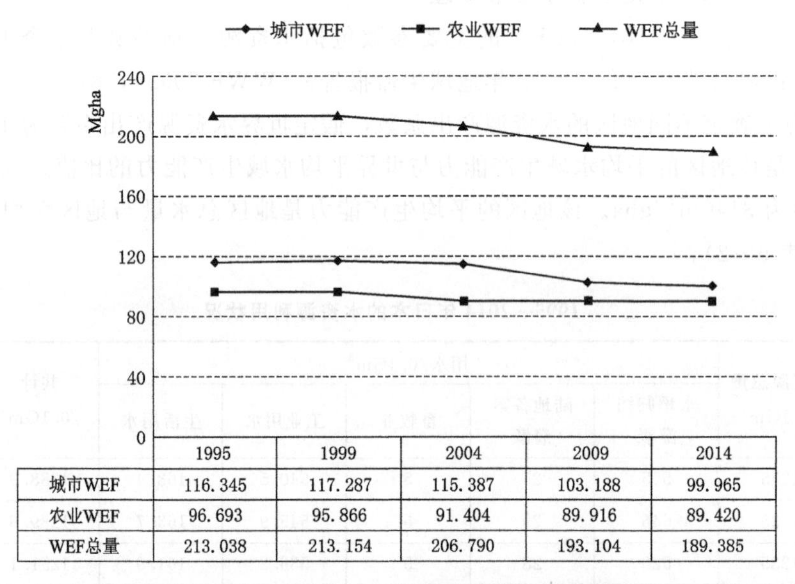

	1995	1999	2004	2009	2014
城市WEF	116.345	117.287	115.387	103.188	99.965
农业WEF	96.693	95.866	91.404	89.916	89.420
WEF总量	213.038	213.154	206.790	193.104	189.385

图6-2 1995—2014年日本水生态足迹的变化情况

就各子账户部门的WEF变化而言，在研究期间，除2004年外，水田灌溉部门的WEF最高（见图6-3），其次是工业部门的WEF，畜牧业部门的WEF最低。从绝对值的角度看，1995—2014年期间，所有部门的WEF都有所下降（8.6%～20.5%），尤其是畜牧业和工业的WEF大幅下降，分别下降了20.5%和15.6%。唯一的不同是高地田间灌溉部门，其WEF从1995年的413万hm² 增加到2014年的496万hm²，增加了16.7%。水田灌溉部门的WEF持续减少，是由于水稻面积从1995年的274.5万hm² 减少到2014年的246.5万hm²。相反，虽然高地田间灌溉面积也在减少，但高地田间灌溉的WEF并没有减少，而是增加了。这些结果反映出在研究期间日本的农业用水效率没有提高。相反，工业用水的淡水供应量从1995年的123.5Gm³ 减少到2014年的96.7Gm³。因此，工业部门WEF的下降是由工业用水效率的提高引起的。

为了揭示日本WEF的空间特征，还从水量和水质的角度分析了2014年的WEF。按照日本地方的"八区域划分"法，从北到南，分别是北海道、东北、关东、中部、近畿、中国、四国和九州地区。在水量方面，东北地区农业部门的WEF最大，达2579万hm²，四国地区最小，为347万hm²（见图6-4）。这意味着农业用水是东北地区WEF的主要贡献者。在工业部门的WEF中，中部地区所占比例最高，其次是关东。由于关东是日本的政治、经济和文化中心，有最高的人口密度和日本最大的工业区——京成工业区，因此

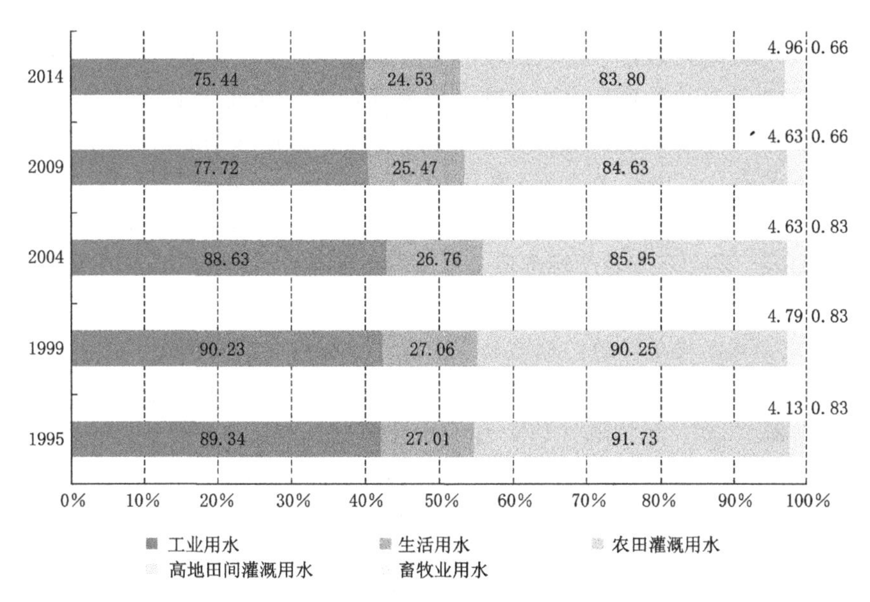

图 6-3 1995—2014 年日本水量子账户的水生态足迹变化情况（单位：Mgha）

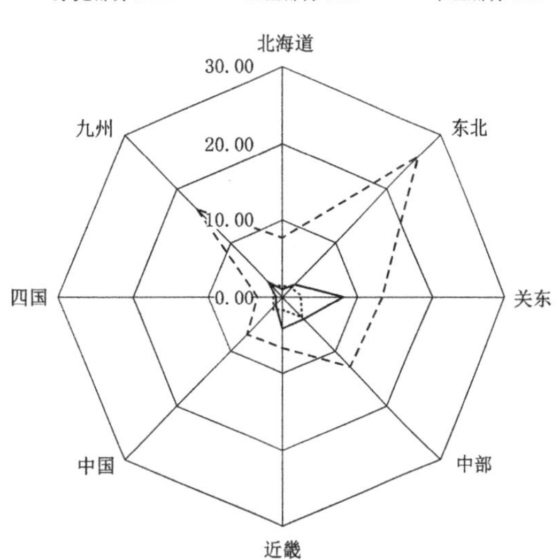

图 6-4 2014 年日本不同行政区水量的水生态足迹（单位：Mgha）

工业和家庭部分 WEF 在关东较高。其中关东地区的家庭 WEF 占比最大。由于四国的面积最小，人口最少，在所有水量账户中，无论是农业账户、工业账户还是生活账户，四国的 WEF 都是最小的。

6.2.1.3 水质账户中的水生态足迹

在水质核算中，本文选择总氮（TN）、总磷（TP）和化学需氧量（COD）作为代表性污染物。由于这三种污染物对水质的影响存在明显的重合性，因此取其中最大的 WEF 作为水质核算的最终水质账户 WEF。其计算公式为

$$WEF_{ql}=\max(WEF_{TN},WEF_{TP},WEF_{COD})$$

$$\begin{cases}WEF_{TN}=r_w(U_{TN}/p_N)\\WEF_{TP}=r_w(U_{TP}/p_P)\\WEF_{COD}=r_w(U_{COD}/p_{COD})\end{cases} \tag{6-5}$$

式中：WEF_{TN} 为总氮的 WEF，gha；WEF_{TP} 为总磷的 WEF，gha；WEF_{COD} 为化学需氧量的 WEF，gha；U_{TN} 为研究区的总氮排放，t；U_{TP} 为研究区的总磷排放，t；U_{COD} 为研究区的化学需氧量排放总量，t；p_N 为单位面积的平均 TN 吸收量，t/gha；p_P 为单位面积的平均 TP 吸收量，t/gha；p_{COD} 为单位面积的平均 COD 吸收量，t/gha。

1. 水质账户水生态足迹参数处理

在日本，基本环境法规定了与水污染有关的两种环境水质标准：保护人类健康的环境水质标准和保护生活环境的环境水质标准。根据环境水质标准，化学需氧量（COD）、总氮（TN）和总磷（TP）的上限分别为8mg/L、1mg/L和0.1mg/L。随后，P_{COD}、P_{TN}和P_{TP}的数值分别为0.02512、0.00314和0.00031（EQS）。COD、TN、TP的上限值是指能够维持水体的生态服务功能，并且无论在河流、湖泊还是沿海水域，都不会对人们的日常生活造成干扰。相反，如果低于这个标准值，水体的生态服务功能将下降或丧失。

2. 水质账户水生态足迹的时间分析

在日本，三个水污染最严重的地区是东京湾、伊势湾和濑户内海。因此，本文选择东京湾、伊势湾和濑户内海的污染排放总量作为整个国家的水质账户，选择化学需氧量（COD）、总氮（TN）和总磷（TP）作为水体的有机污染和富营养化的指标。

日本的COD、TN和TP的排放量是东京湾、伊势湾和濑户内海的总量。由于三种污染物在环境影响中存在明显重叠，因此采用三种污染物中最大的WEF作为水质的最终WEF。从图6-5可以看出，TN的WEF最大，其次是TP的WEF，COD的WEF最低。因此，我们认为TN的WEF是水质的最终WEF。说明在日本的水质污染物中，TN对水质的影响最大，需要消耗更多的淡水来稀释，说明若减少日本的TN污染可以大大改善水污染问题，降低水质的最终WEF。

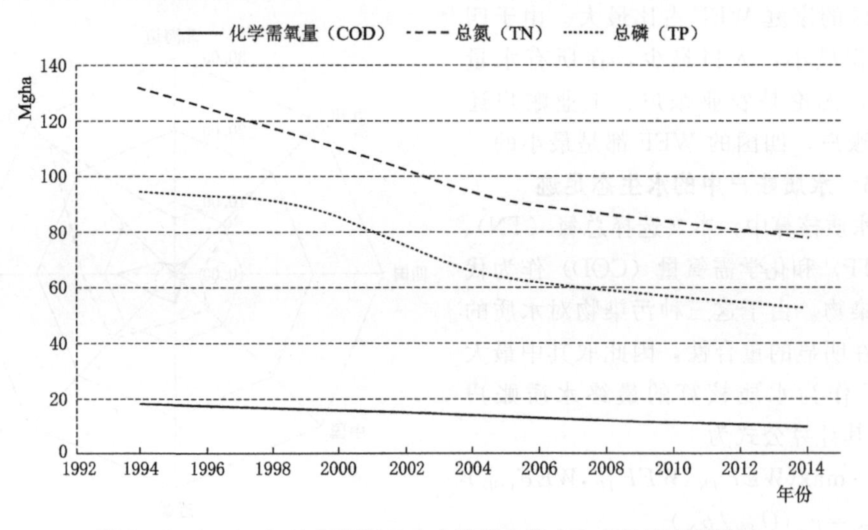

图6-5 1994—2014年期间日本水质账户的水生态足迹变化情况

同时，日本水质的WEF在20年间经历了COD的WEF、TN的WEF和TP的WEF的稳步下降，下降率分别为44.6%、40.7%和44.6%。主要原因是日本从1978年开始采用污染物总负荷控制系统（TPLCS）来减少包括工业废水和生活污水在内的污染负荷总量，同时也用于濑户内海、东京湾和伊势湾的污染控制。通过这些控制措施，水质恶化的趋势得到了抑制，水质也得到了改善。

3. 水质账户水生态足迹的空间分析

从图6-6可以看出，在各地区的水质账户中，TN的WEF是最大的。区域范围内的水质WEF与全国范围内的水质WEF是一致的。因此，将TN的WEF作为各地区水质的最终WEF。中国地区的TN的WEF是第一的，达到4147万gha，第二大地区是九州地区，其次是关东地区，东北地区TN的WEF最小，为828万gha。中国地区的TN的WEF约为东北地区的五倍。

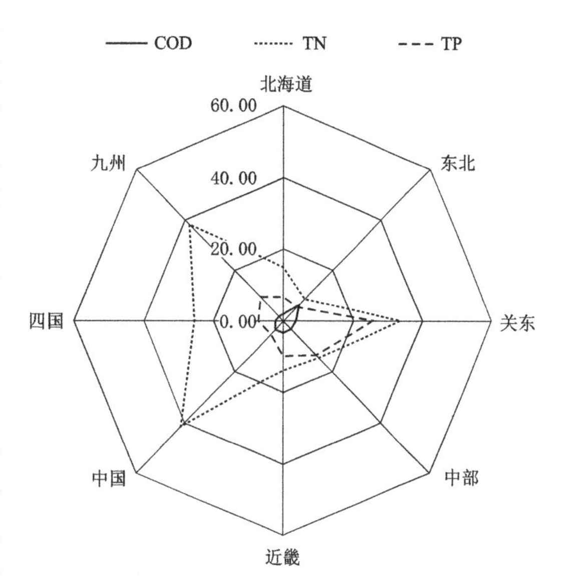

图6-6 2014年日本不同行政区划水质水生态足迹（单位：100万gha）

6.2.1.4 水生态足迹可持续性指标

1. 水生态盈余或水生态赤字

从时间上看，当一个地区的WEC小于WEF时，它就会进入水生态赤字(WED)，反之亦然。WED表明人类对水的压力超过了该地区的WEC，地区水的利用是相对不可持续的。反之，水生态盈余（WES）表示区域内的水生态环境满足了当前经济活动的用水需求，区域水资源利用相对可持续。表6-3显示了1995—2014年日本的总WEF、WEC、WES。1995年日本的总WEF为345.32Mhm^2，2014年下降到267.27Mhm^2。同时，这一时期的WEC为999.18Mhm^2，导致1995年的WES为653.86Mhm^2，2014年为731.91Mhm^2。日本拥有恒定的WEC的主要原因是，水资源总量的数值来自于多年平均可用水量。从表6-3中发现，不管是水量账户还是水质账户，WEF总量都在下降。但水量的比例从1995年的61.7%上升到2014年的70.9%。同时，水质账户的比例从1995年的38.3%下降到2014年的29.1%。日本的WES不仅实现了自给自足，而且还出口到其他地区。

表6-3　　1995—2014年日本的WEF、WEC和WES总量　　单位：100万gha

年份	WEC	WEF			WES
		水资源	水环境	共计	
1995	999.181	213.038	132.283	345.321	653.859
1999	999.181	213.154	115.428	328.582	670.599
2004	999.181	206.790	94.505	301.295	697.886
2009	999.181	193.104	85.554	278.659	720.522
2014	999.181	189.385	77.882	267.268	731.913

从空间上看，从表6-4可以看出，2014年各地区的WEC大于WEF，不同地区存在不同程度的WES。本州岛中部地区的WEC最大，WES也最大；中国的WEC最小，WES也最小。这表明，中部地区的水资源相对充足，可以满足各方面的用水需求。说

明中部地区水资源丰富，发展潜力大，而中国的发展潜力小，在所有地区的WEF总量中，关东地区的WEF总量最大，为58.67Mhm²，这意味着对水的占用最大。主要原因是关东地区是日本的经济中心和人口最稠密的地区。水量账户和水质账户分别占41.3%和58.7%。由于北海道经济以旅游业为主，人口规模较小，因此北海道的总WEF最低，为24.57Mhm²。

表6-4　　2014年不同地区的WEF、WEC和WES总量　　单位：100万gha

行政区划	WEC	WEF			WES
		水量	水质	共计	
北海道	79.969	10.165	14.400	24.565	55.404
东北地区	199.457	29.785	8.281	38.065	161.392
关东	88.155	24.198	34.461	58.659	29.496
中部地区	275.897	20.727	14.638	35.365	240.532
近畿地区	72.580	12.314	13.955	26.269	46.311
中国	70.964	10.529	41.471	52.000	18.964
四国	85.908	5.405	25.198	30.603	55.305
九州	197.604	20.429	37.713	58.142	139.461

2. 水生态压力指数

水生态压力指数（WEPI）是在水生态盈余或水生态赤字的基础上，通过进一步的定量方法确定水资源利用的安全状况。从日本全国范围来看，1995—2014年，水生态压力指数低于0.5（见图6-7），并且逐年下降。这表明，在研究期间，水资源的利用处于安全状态。从表6-5所示的日本8个行政区划的地方规模来看，关东和中国地区处于次安全状态，与这两个地区的水生态盈余最少相一致。其他地区处于安全状态，没有一个地区处于危急或不安全状态。

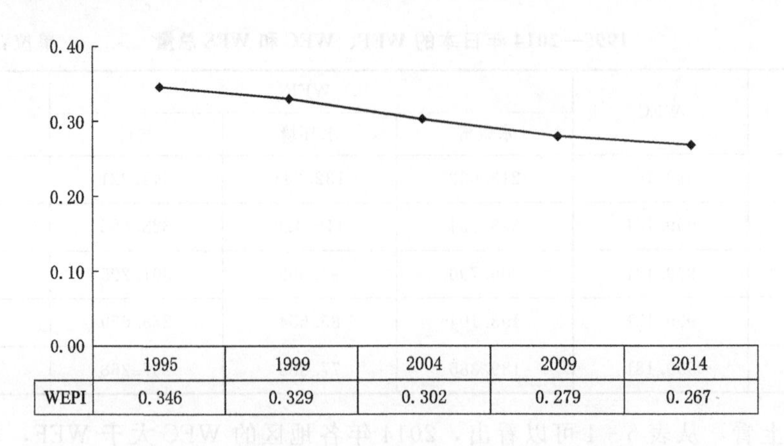

图6-7　1995—2014年日本水生态压力指标的变迁

表 6-5 2014 年日本各地区水生态压力指标

地　区	水生态压力指标（WEPI）	地　区	水生态压力指标（WEPI）
北海道	<0.5	四国	<0.5
东北	<0.5	九州	<0.5
中部	<0.5	中国	[0.5，0.8)
近畿	<0.5	关东	[0.5，0.8)

3. 用水效率指数

水资源利用效率指数（见图 6-8）是不同经济部门的综合指数，包括农业用水对应的农业部门，城市工业用水对应的工业部门，市政用水对应的公共部门（包括服务业）。1995—2014 年，农业部门是三个部门中万元 GDP 的 WEF 最高，农业部门在日本经济结构中的比重逐年下降，但农业部门的用水量却没有明显变化，反映了农业部门的水资源利用率比较低。就工业部门而言，万元 GDP 的 WEF 呈现逐年下降的趋势。从 1995 年的 4.2gha 到 2014 年的 0.6gha，下降了 6 倍。工业部门的用水效率有了明显提高。而在公共部门方面，万元 GDP 的 WEF 基本稳定，从 1995 年到 2014 年，其数值低于 1gha。在日本的 GDP 构成结构中，公共部门占了很大比例。因此，从 WEF 的角度来看，公共部门的用水效率是最高的，应大力发展公共部门。

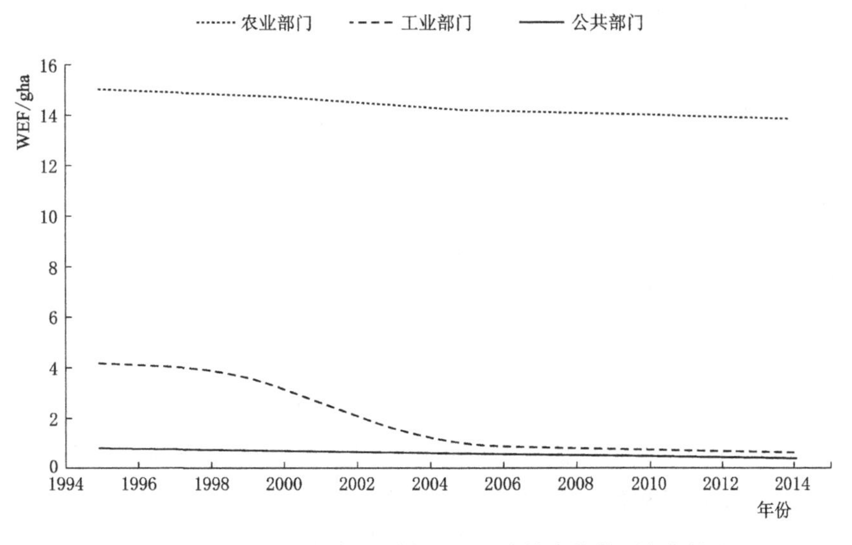

图 6-8 1995—2014 年不同部门的用水效率指数的变化情况

基于上述结果，我们提出以下建议。尽管日本的水生态盈余很丰富，但在过去 20 年中，经济结构的调整使水生态盈余明显减少，具有进一步改善的巨大潜力。1995—2014 年，调整的重点是工业部门，而不是公共服务部门。事实上，日本可以从旅游业获得更多的经济效益，但作为一个世界级主要旅游目的地，来自世界各地的游客越来越多，对水资源造成了越来越大的压力。因此，日本政府有必要做出更多努力，指导旅游业节约用水。在提高用水效率方面，农业部门万元 GDP 的 WEF 是最高的。这意味着农业部门的用水效率是最低的。建议日本通过从外部进口高耗水的替代品或应用先进的节水设备来提高农业用水效率。在改善水环境方面，TN 在水环境账户中的 WEF 最大。这意味着稀释 TN 污染会消耗更多的水，建议通过控制 TN 的排放来改善水环境质量。

6.2.1.5 小结

基于 WEFM 和所获得的日本水资源利用数据，本节改进了产量因子的计算方法，使评价指标更加可靠和准确。从时间和空间维度对日本的水量和水质进行了 WEF 指标的计算和分析。最后，应用水的可持续性指标来评价水的可持续利用。日本在水资源管理方面的经验对目前面临重大水资源挑战的亚洲许多发展中国家具有借鉴意义。我们希望这将有助于为政策制定者提供有价值的见解，以便通过考虑当地的实际情况提出更多的可持续的水资源利用政策。主要结论如下：

（1）无论水资源账户还是水环境账户，日本的 WEF 时间特征都呈下降趋势。在水资源账户中，水田灌溉部门的 WEF 最高，在水环境账户中，TN 的 WEF 最大。

（2）日本 WEF 的空间分布特点，无论从水资源角度还是从水环境角度，WEF 都集中在太平洋沿岸地带的工业走廊上。

（3）对日本来说，应进一步提高用水效率，减少水资源账户中的农业 WEF，重视减少水环境账户中的总氮 WEF。对于欠发达缺水地区，应优化产业结构，提高用水效率，并采用更多可行的水循环技术，实现水的可持续性。

6.2.2 基于 SPA 的日本水安全综合评价

6.2.2.1 建立水安全评价指标体系

建立一个科学合理的指标体系，有助于为准确评估水安全提供依据。水安全是一个复杂的大系统，有很多因素。但是，目前还没有一个统一的标准指标体系。学术界更多采用传统的压力-状态-反应（PSR）框架来建立评价指标。PSR 模型能够反映自然、经济和社会因素之间的关系，为水安全指数的建立提供了逻辑依据。因此，从水安全的三个方面采用这一框架来建立评价指标体系。

1. 水资源安全方面

一方面，压力指数（P）主要反映社会经济发展的趋势和水资源的供需矛盾，本研究选择人口、人口自然增长率、城市化率、水资源总量或可用水量、取水量或需水量（生产、生活、生态）作为代表水资源压力的指标；状态指数（S）阐明了当地水资源所能承受的最大人口和社会经济规模，选择每万元用水量和人均水资源量作为指标来代替区域水资源承载状况；响应指数（R）主要阐述了人类如何采取措施来解决影响。所以选择了用水效率、固定资产投资和森林覆盖率。学术界的例子总是把水资源短缺作为水资源的代表。水资源压力指标是当前区域取水量与可用水量的比率，用于估计基于区域需求驱动的水的稀缺性。

2. 水环境安全方面

根据水安全体系的基本原理，压力指数（P）主要反映水环境变化的潜在原因，反映社会经济发展对水环境状态的影响，因此选择包括工业排放和生活排放在内的废水总量。状态指数（S）主要说明水环境质量状况和水质现状及对社会经济发展的影响。本研究选择化学需氧量（COD）、总氮（TN）和总磷（TP）来反映水体的有机污染和富营养化。

此外，还选择了水功能区和水污染事故的目标率来进行。响应指数（R）主要是指社会经济对水环境变化的影响，人类已采取积极措施应对水环境变化。所以选择工业废水排放达标率和城市污水处理率，以表达人类对水环境变化的反应。此外，还必须考虑处理水污染事件的必要性和重要性。因此，选择水污染事件这一指标，以表达人类对水环境紧急情况的反应。

3. 水灾安全方面

水灾在研究中指的是洪水灾害。指标是在对脆弱性和水资源管理的文献回顾后选择的，目的是为了确定最广泛使用和接受的指标和指数。年降水量、侵蚀面积和洪水频率被选为暴露指标。人均可用水量和人口密度被选为敏感性指标。适应能力表示系统有效应对影响和相关风险的潜力，与脆弱性呈负相关。适应能力分为两部分，包括早期预警能力和自我恢复能力。水利部门的数量被选为代表早期预警能力的指标。人均 GDP 和水利建设投资被认为是自我恢复能力的指标。

6.2.2.2 建立集对分析模型

1. 建模流程

本研究采用集对分析法建立了水安全条件的评价模型。SPA 的原理是假设集合 $A1$ 和集合 $A2$ 是相对的，构建一个集合对 $H=(A_1, A_2)$；用 $A_1=(a_1, a_2, \cdots, a_n)$ 和 $A_2=(b_1, b_2, \cdots, b_n)$ 中的 N 个术语分别表示集合 A_1 和集合 A_2 的特征。S 是某一特征中相同项的数量，P 是该特征中矛盾项的数量，而 $F=N-S-P$ 是该特征中不一致项的数量。

在这项研究中，SPA 方法被应用于评估水资源、水环境和水灾害对象。SPA 可以概括为一系列的步骤，下面以一个对象为例说明。评价指标设为 A，评价标准设为 B。如果评价指标的值属于标准的范围，则特征为 S，如果评价指标的值在标准旁边，则特征为 F，如果评价指标的值被另一个标准隔开，则特征为 P。步骤如下：

第一步 建立评价指标集：根据原始数据，评价对象的数量用 n 表示，在日本的地区规模下，等于 8，对应于 8 个被评价的地区。同时，评价指标的数量用 m 表示。

$$A=(x_{ij})_{m\times n}=\begin{Bmatrix} x_{11} & x_{12}\cdots & x_{1n} \\ x_{21} & x_{22}\cdots & x_{2n} \\ \vdots & \vdots \quad \vdots & \vdots \\ x_{m1} & x_{m2}\cdots & x_{mn} \end{Bmatrix} \quad (i=1,2,\cdots,m;\quad j=1,2,\cdots,n) \tag{6-6}$$

第二步 建立评论集：根据世界卫生组织（WHO）出版的《可持续发展规划中的健康：指标的作用》一书和 Xuan 等的参考文献，评价集被区分为五个等级，分别对应于优、良好、中、较差、差的水平。

$$B=\begin{Bmatrix} S_{11} & S_{12}\cdots & S_{15} \\ S_{21} & S_{22}\cdots & S_{25} \\ \vdots & \vdots \quad \vdots & \vdots \\ S_{m1} & S_{2}\cdots & S_{m5} \end{Bmatrix} \tag{6-7}$$

其中 S_{m1}、S_{m2}、S_{m3}、S_{m4}、S_{m5} 为 m 指标的代表性标准值，对应 5 个等级：优、良、中、较差、差。

第三步 构建连接度公式：

$$\mu_{A-B}=\frac{S}{N}+\frac{F}{N}i+\frac{P}{N}j \tag{6-8}$$

设 $a=S/N$，$b=F/N$，$c=P/N$，因此，式（6-8）可以写为

$$\mu_{A-B}=a+bi+cj \tag{6-9}$$

$$\mu_{A-B}=\frac{S}{N}+\frac{F_1}{N}i_1+\frac{F_2}{N}i_2+\cdots+\frac{F_{n-2}}{N}i_{n-2}+\frac{P}{N}j \tag{6-10}$$

别名为：

$$\mu_{A-B}=a+b_1i_1+b_2i_2+\cdots+b_{n-2}i_{n-2}+cj \tag{6-11}$$

式中：μ_{A-B} 为连接度；a、b、c 为连接度的组成部分，a、b、$c\in[0,1]$，a 代表相同度；b 代表差异度；c 代表相反度；它们符合 $a+b+c=1$ 的要求；i 为差异系数，反映确定性和不确定性之间的变化，$i\in[-1,1]$；j 为相反系数，其值为 -1，表示 $\frac{P}{N}$ 和 $\frac{S}{N}$ 为相反。

第四步 评价结果处理：在以往的研究中，最大连接度法被广泛用于处理评价结果。

$$u=\max[\mu_{(A-B)1},\mu_{(A-B)2},\mu_{(A-B)3},\mu_{(A-B)4},\mu_{(A-B)5}] \tag{6-12}$$

式中：u 为被评估对象的最终 SPA 评估结果。

2. 日本水安全评价

日本水安全体系的具体评价指标见表6-6，具体的等级标准见表6-7。

表6-6 日本水安全的指标体系

对象层次结构（A）	子对象层次结构（B）	指数层次结构（C）	定义	原因
日本的水安全状况	B_1：水资源子系统	C_{11}：人口（k）	按人口普查的居民人口统计	反映了人类赖以生存的水资源状况
		C_{12}：取水量（$10^8 m^3$/年）	从地下或地表水源中提取的淡水，并输送到使用地点	
		C_{13}：水供应（$10^8 m^3$/年）	可用于人类目的而不对生态系统或其他用户造成重大损害的水量	
	B_2：水环境子系统	C_{21}：水污染事件（次数）	水污染突发事件	与人类赖以生存的水环境质量的关联性
		C_{22}：总氮含量（TN）（t/年）	硝酸盐（NO_3），亚硝酸盐（NO_2），有机氮和氨的总和（均以N表示）	
		C_{23}：化学需氧量（COD）（t/年）	对被测溶液中可被反应消耗掉的氧气量的指示性措施	
		C_{24}：总磷含量（TP）（t/年）	以各种形式出现的所有磷化合物的总和	

续表

对象层次结构（A）	子对象层次结构（B）	指数层次结构（C）	定　义	原　因
日本的水安全状况	B_3：水灾害子系统	C_{31}：年降水量（mm）	一个地方通常收到的平均总雨量	显示脆弱性的暴露程度
		C_{32}：被侵蚀区域（ha）	土壤侵蚀面积	
		C_{33}：洪水频率（次数）	由于降雨量超过了城市排水系统的能力而造成的	
		C_{34}：人口密度（人/km^2）	人口与面积的比例	表现出对脆弱性的敏感度
		C_{35}：人均用水量（10^3m^3/年）	可用水量与人口的比例	
		C_{36}：水务部门数量	供水和废水处理部门管理	表明脆弱性的适应能力
		C_{37}：人均 GDP（$）	国内生产总值与人口的比例	

表 6－7　　日本水安全的评价等级标准

指数	1 级（优）	2 级（良好）	3 级（中等）	4 级（较差）	5 级（差）
C_{11}	<9558	[9558，19078)	[19078，28598)	[28598，38118)	≥38118
C_{12}	≥783.6	[642.9，783.6)	[502.1，642.9)	[361.4，502.1)	<361.4
C_{13}	<53.8	[53.8，88.9)	[88.9，124.0)	[124.0，159.1)	≥159.1
C_{21}	<514	[514，1150)	[1150，1786)	[1786，2422)	≥2422
C_{22}	<54387.1	[54387.1，82583.5)	[82583.5，110779.9)	[110779.9，138976.3)	≥138976.3
C_{23}	<40889.7	[40889.7，65703.6)	[65703.6，90517.5)	[90517.5，115331.4)	≥115331.4
C_{24}	<2475.3	[2475.3，4054.8)	[4054.8，5634.4)	[5634.4，7213.9)	≥7213.9
C_{31}	<1298.6	[1298.6，1549.5)	[1549.5，1800.5)	[1800.5，2051.4)	≥2051.4
C_{32}	<372.1	[372.1，802.4)	[802.4，1232.6)	[1232.6，1662.9)	≥1662.9
C_{33}	<4	[4，5)	[5，7)	[7，8)	≥8
C_{34}	<241	[241，535.17)	[535.17，829.33)	[829.33，1123.50)	≥1123.50
C_{35}	≥9.09	[6.82，9.09)	[4.54，6.82)	[2.26，4.54)	<2.26
C_{36}	≥7	[5，7)	[3，5)	[1，3)	<1
C_{37}	≥55430.50	[47814.65，55430.50)	[40198.81，47814.65)	[32582.97，40198.81)	<32582.97

根据上述 SPA 模型对日本不同地区水资源安全的评估结果，表 6－8 显示四国的水资源子系统现状为 1 级。虽然四国在日本四大岛中面积最小，人口最少，位于本州南部，九州岛东部，但当地的水资源相对有限。水资源开发利用条件被列为 1 级，即

四国的水资源能满足其所有部门的水资源需求。四国的水环境状况也是1级，即目前的水环境状况较优。而水灾害子系统的现状被列为4级，说明四国的潜在风险比较严重。换句话说，水资源和水环境状况为1级，这意味着四国对水资源的可持续利用处于较好的水平，符合可持续发展的要求。同时，应更加关注未来水灾预防和减灾的准备工作。

表6-8 日本各系统下地区水安全等级

系统	1级（优）	2级（良好）	3级（中等）	4级（较差）	5级（差）
水资源子系统	四国	北海道 东北 关东 中国 九州	中部 近畿		
水环境子系统	四国	北海道 东北 关东 九州	中部 近畿 中国		
水灾害子系统	关东 北海道	东北 中国	中部 近畿 九州	四国	
水安全综合系统		北海道 东北 关东 中国 九州	中部 近畿 四国		

中部和近畿地区的现状，无论在水资源、水环境还是水灾害方面，都是3级。这意味着目前水安全系统的表现是正常的，但水安全系统面临轻微的负荷。总的来说，这些结果与中部和近畿地区的实际情况是一致的。然而，必须采取某些措施来改善水安全系统的可持续发展，并保持一个长期的、积极的循环。其他地区的水资源、水环境、水灾害等现状被划分为1级或2级，说明这些地区的现状处于最优或次优状态，需要保持良好的发展势头。

水安全的综合状况表明，北海道、东北、关东、中国和九州为2级，中部、近畿和四国为3级。日本水安全的总体状况为中等，但需要额外的政策支持水的可持续发展。如果没有适当的干预，未来水安全状况可能会变差。

6.3 日本水安全系统动力学模拟

6.3.1 日本水安全系统动力学构建

SD模型是一种强大而简单的方法，它使用因果循环图和库存流动图来描述一些相互关联的系统。系统动态研究的目的是了解一个主体的动态产生的方式和原因，寻找改善其现状的政策。本研究应用SD模型软件Vensim，从时间维度模拟1995年至2025年的水资源、水环境、水灾害以及未来的变化。第一步是确定研究目标，分析限制条件、结构和功能。第二步是建立子系统的存量流图，实现模型程序。然后，进行敏感度分析和数据验证，检验模型的合理性和可行性。第三步是进行方案设计和模拟。根据模拟结果，选择一个最佳方案。最后一步是对优化后的方案进行综合分析。

6.3.1.1 建模步骤

本章建立的SD模型根据控制论、系统论和信息论研究水安全系统（WSS）的可持续性。它可以阐明各种影响因素之间的互动和关系，进行动态模拟测试，这是SD模型的一个突出特点。该测试的目的是研究在替代方案（参数或策略）中WSS的变化行为和趋势，以支持相应的政策和管理。

系统动力学模型的建立过程包括六个步骤。第一步建立SD模型的库存图和流程图（见图6-9）。第二步建立模型中所有变量的方程式（见图6-10）。第三步改变模型中的参数值（见图6-11）。第四步进行模型测试。第五步设置仿真结果的图表。第六步进行不同情景的模拟。

6.3.1.2 模型结构

本研究选择WSS作为研究对象，以1995—2025年为研究时段，时间跨度为1年。然后用五个子系统来分析对WSS的影响，即人口、经济、水资源、水环境和水灾害，下面将详细介绍。

1. 人口子系统

在人口子系统中，选择总人口、自然人口变化和人口变化率。自然人口变化是导致总人口数量变化的速率变量。自然人口变化受人口变化率、缺水因素、水污染因素和水损害因素的影响。这意味着除了人口变化率，总人口还可能受到缺水、水损害和水污染的影响。很明显，这些变量对总人口有负面影响。图6-12是人口子系统的存量流动图。图6-13是人口子系统的原因树图。

2. 经济子系统

经济活动的一个经典分类是区分三个部门：第一产业（煤矿工人、农民或渔民是第一产业的工人）；第二产业，涉及将原材料或中间材料转化为商品，例如，将钢铁制造成汽车，或将纺织品制造成服装；第三产业，涉及为消费者和企业提供服务，如保姆、电影院和银行（一个店主和一个会计是第三产业的工人）。经济子系统变量的选择主要从两个方面考虑：一方面，经济活动的主要是第一产业，通过第二产业最后转移到第三产业。这些变量即第一产业、第一产业增加值、第一产业增加率，第二产业、第二产业增加值、第二产业增加率，第三产业、第三产业增加值、第三产业增加率，以及GDP的选择是为了反映不同经济部门对水的不同需求。经济子系统和水资源子系统之间的关系已经建立。另一方面，选择投资、投资比例、环境投资、环境投资比例等变量，建立经济子系统与水灾害子系统之间的联系。同时，在专家咨询和文献调查的帮助下，确定了经济子系统的变量（即14个指标）。经济子系统的库存流动图见图6-14。经济子系统的原因树图见图6-15。

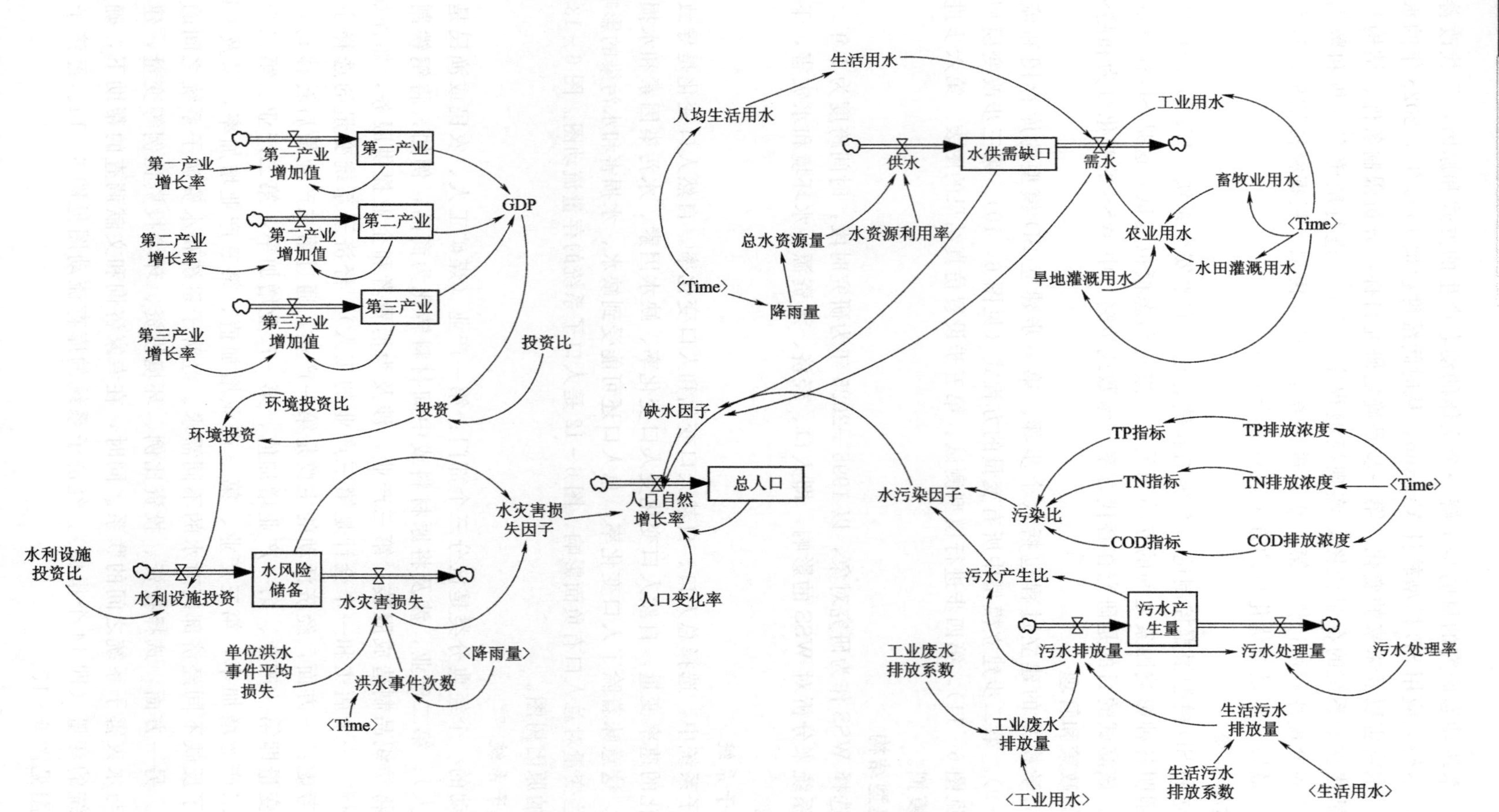

图6-9 建立系统动力学模型的库存图和流程图

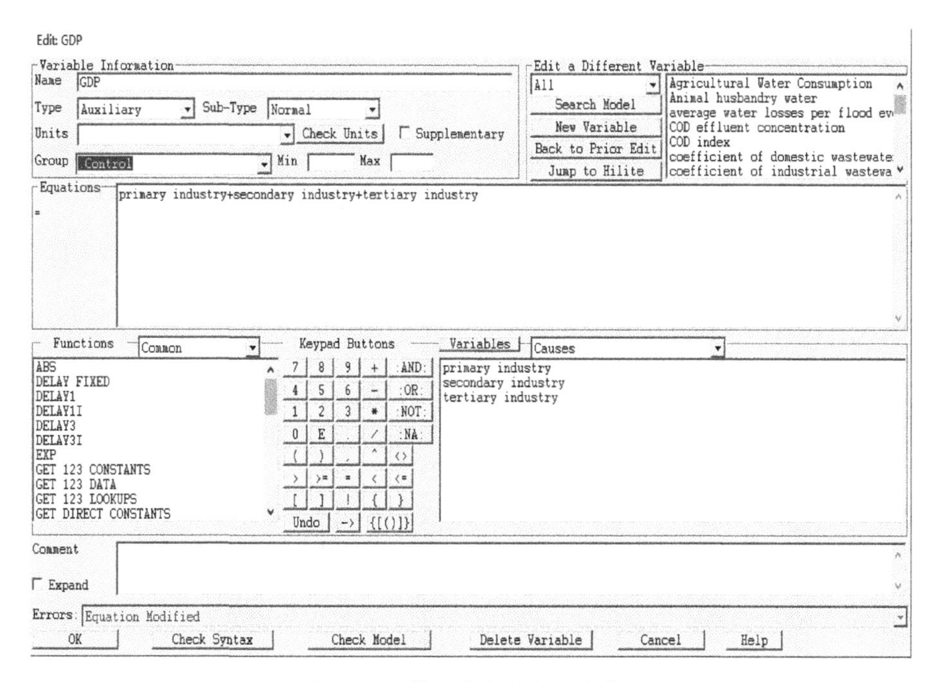

图 6-10 模型中变量方程式建立

3. 水资源子系统

这个子系统反映了供水和需水之间的变化，即供水和需水之间的差距。在这里，水需求是从日本水资源的实际使用情况来计算的。日本的用水账户包括家庭用水、工业用水和农业用水。其中，农业用水分为水田灌溉用水、高地灌溉用水和畜牧业用水。供水是根据水资源总量和水资源的利用率来估算的。水资源总量随着年降水量的变化而变化。缺水因子是子系统中的一个核心变量，它由总需水量和供需水量的差距来模拟。水资源子系统的库存流动图见图 6-16。水资源子系统的原因树图见图 6-17。

4. 水环境子系统

为了不仅在数量上而且在质量上呈现水环境状态，增加了辅助变量污染率，这是污染水平的特征。它由污染物 TP、TN 和 COD 的最大值表示。TP 指数、TN 指数和 COD 指数变量代表如果 TP、TN 和 COD 的出水浓度大于日本的“国家统一出水标准”，影响值为 1，否则为 0。Vensim 软件中的查询功能被用来建立一个方程来描述非线性关系。水污染因子这一变量是由污染率和废水量比率共同计算的。污水量比率是由污水量和废水量得出的。污水量是工业污水量和生活污水量之和。污水处理能力是污水量与污水处理率的乘积。废水数量和污水处理能力都是速率变量。除了这些变量，工业废水系数、生活废水系数和污水处理率在这个子系统中都是常数。水环境子系统的库存流动图见图 6-18。水环境子系统的原因树图见图 6-19。

5. 水灾害子系统

目前，水灾评估体系尚无标准。本研究采用水灾造成的损失和投入的防治水灾储备资金来反映水灾因素。水灾损失是根据每个洪水事件的平均水灾损失和洪水事件的频率来估算的。洪水事件是一个带有降水的查询函数。水风险储备是存量变量，水风险防范的投资

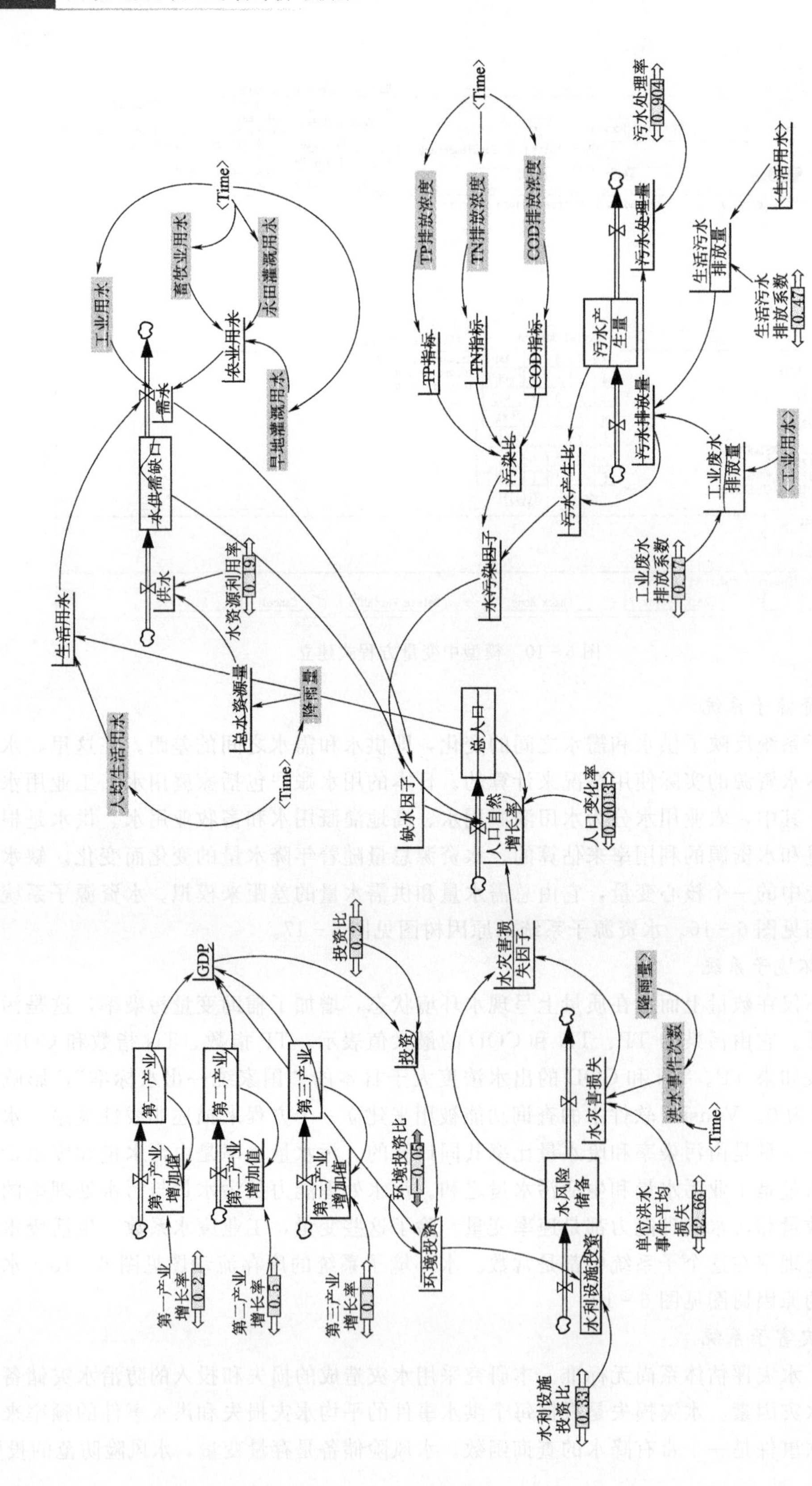

〈Time〉
工业用水
畜牧业用水
水田灌溉用水
农业用水
旱地灌溉用水
需水
水供需缺口
供水
水资源利用率
0.19
生活用水
总水资源量
降雨量
人均生活用水
缺水因子
总人口
人口自然增长率
人口变化率
0.0013
TP排放浓度
TN排放浓度
COD排放浓度
TP指标
TN指标
COD指标
污染比
污水产生比
水污染因子
污水产生量
污水排放量
污水处理量
污水处理率
0.904
生活污水排放量
〈生活用水〉
生活污水排放系数
0.47
工业废水排放量
〈工业用水〉
工业废水排放系数
0.17
GDP
第一产业
第二产业
第三产业
第一产业增加值
第二产业增加值
第三产业增加值
第一产业增长率
0.2
第二产业增长率
0.5
第三产业增长率
0.1
投资比
0.2
投资
环境投资比
0.05
环境投资
水利设施投资
水利设施投资比
0.33
水风险储备
水灾害损失
水灾害损失因子
〈降雨量〉
洪水事件次数
单位洪水事件平均损失
42.66

图 6－11 模型参数设置

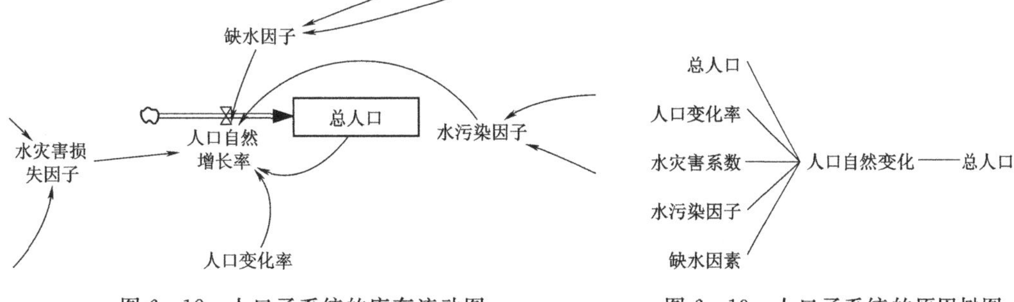

图 6-12　人口子系统的库存流动图　　图 6-13　人口子系统的原因树图

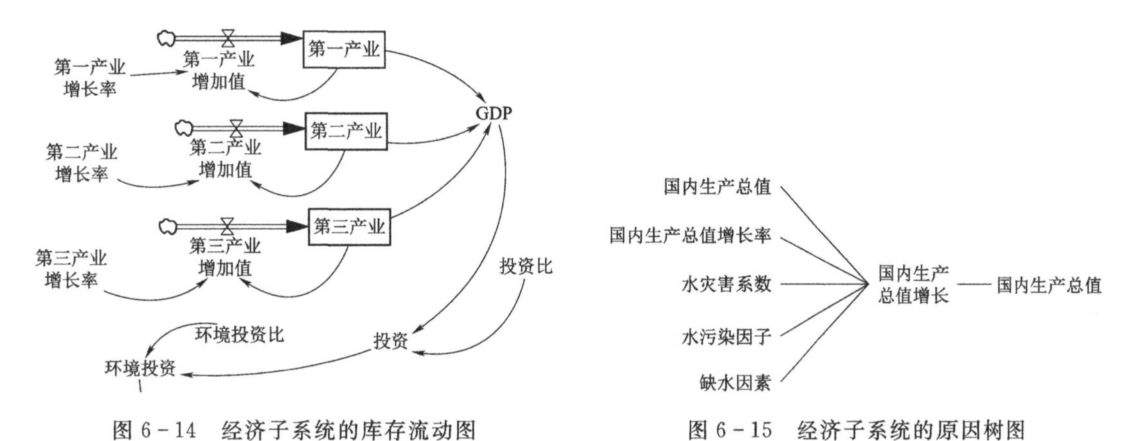

图 6-14　经济子系统的库存流动图　　图 6-15　经济子系统的原因树图

图 6-16　水资源子系统的库存流动图

和水灾害损失是速率变量。水灾害子系统的库存流动图见图 6-20。水灾害子系统的原因树图见图 6-21。

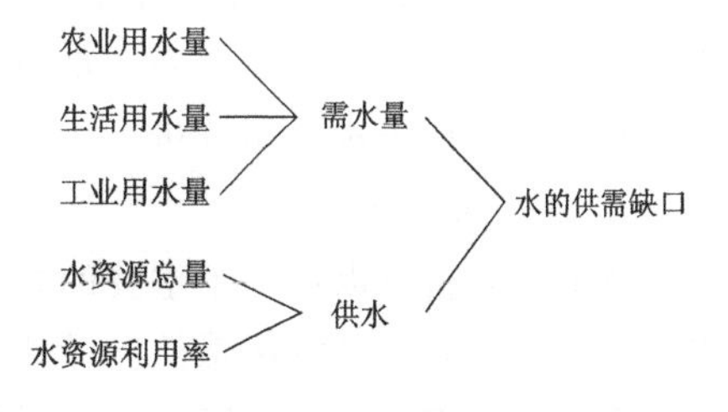

图 6-17　水资源子系统的原因树图

6.3.1.3　模型验证

为测试模拟结果的合理性和可行性，对 SD 模型进行经验性校准是很重要的。一方面，可以通过分析模型历史模拟值和实际值之间的误差来实现；另一方面，可以通过敏感性分析来实现。这两种方法是验证 SD 模型有效性的重要途径。

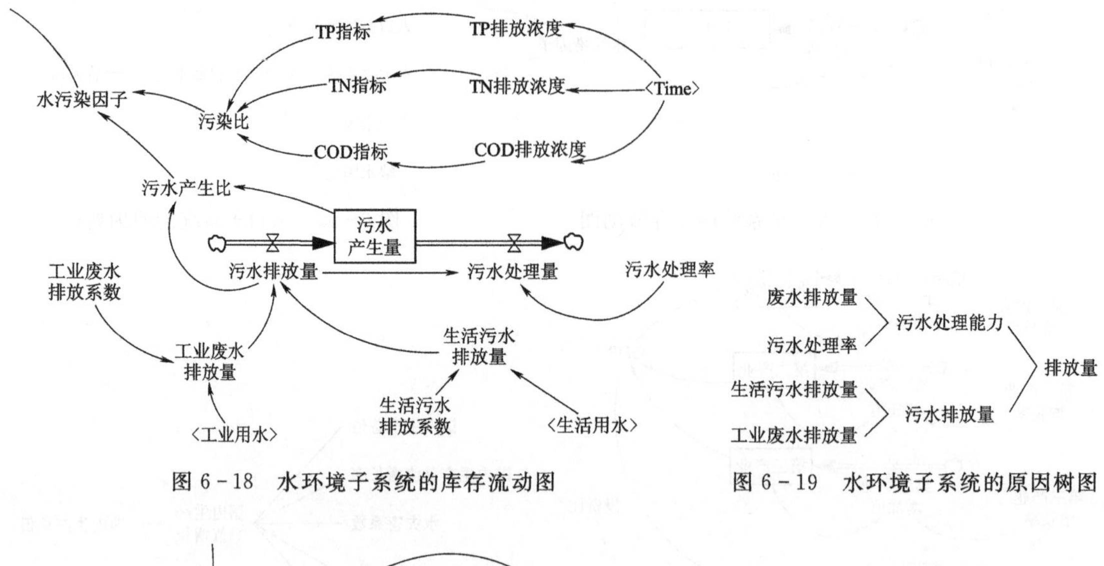

图 6-18　水环境子系统的库存流动图

图 6-19　水环境子系统的原因树图

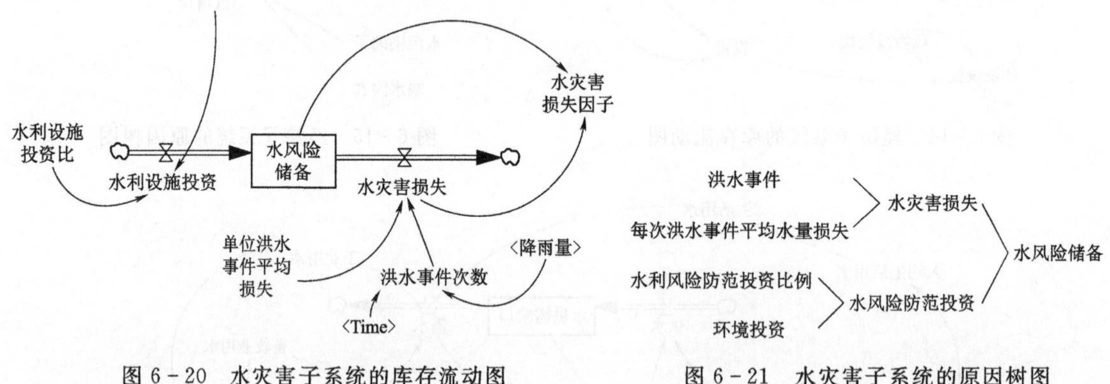

图 6-20　水灾害子系统的库存流动图

图 6-21　水灾害子系统的原因树图

1. *历史检验*

表 6-9 列出了 GDP、总人口、农业用水量、工业用水量和生活用水量的实际值与模拟值之间的相对误差。在使用系统动力学模型模拟经济数据时，如果真实值和模拟值之间的误差率为−10%～10%，精度符合要求。如表 6-9 所示，所有变量的相对误差都小于 10%，只有一个例外就是 GDP。原因是建立 WSS 的系统动力学，主要关注水资源系统变量而不是经济系统变量。因此，在建立经济系统的反馈回路时，只考虑缺水、水污染和水灾害对 GDP 的影响，而忽略了其他因素对 GDP 的影响。仿真结果和实际值之间的 GDP 的相对误差很大。与另一个采用系统动力学模型的研究案例相比，该模型仍能满足模型精度的要求，可用于进一步分析。

2. *敏感性分析*

敏感性分析可以用一个重要的方程式来表示，以验证模型的有效性。一个稳定而有效的模型应该具有较低的敏感性。敏感性分析通过调整模型中的参数，分析参数变化对模型变量输出的影响。在本研究中，敏感性模型被用来分析系统的敏感性。其公式如下：

表 6-9　　　　真实值和模拟值之间的相对误差

年份	项目	GDP /亿 USD	总人口 /亿人	农业用水量 /亿 m^3	生活用水量 /亿 m^3	工业用水量 /亿 m^3
1995	实际值	54490	1.27768	585	65.8	540.5
	仿真值	54490	1.27768	585	65.8	540.5
	相对误差	0	0	0	0	0
1996	实际值	48340	1.258	590	63.6	541
	仿真值	54551.4	1.27797	588	64.1	543.5
	相对误差	12.85	1.59	−0.34	0.79	0.46
1997	实际值	46150	1.261	588	64.8	552.9
	仿真值	54610.9	1.27823	581	66.4	546.4
	相对误差	18.33	1.37	−1.19	2.47	−1.18
1998	实际值	44330	1.264	587	64.2	549.6
	仿真值	54668.8	1.27848	578	66.2	545.4
	相对误差	23.32	1.15	−1.53	3.12	−0.76
1999	实际值	45620	1.266	580	63.7	545.9
	仿真值	54726.7	1.27872	576	66	542.3
	相对误差	19.96	1.00	−0.69	3.61	−0.66
2000	实际值	48880	1.269	574	63.7	555.3
	仿真值	54784.6	1.27895	574	64.3	555.3
	相对误差	12.08	0.78	0.00	0.94	0.00

$$S_Q=\left|\frac{\Delta Q_{(t)}X_{(t)}}{Q_{(t)}\Delta X_{(t)}}\right| \tag{6-13}$$

式中：S_Q 为股票变量对常数 X 的敏感性；$Q_{(t)}$ 和 $X_{(t)}$ 为股票变量 Q 和常数 X 在时间 t 的值；$\Delta Q_{(t)}$ 和 $\Delta X_{(t)}$ 是 Q 和 X 在时间 t 的增加值。

当有 n 个股票变量时，对于常数 X，平均敏感性为

$$S=\frac{1}{n}\sum_{i=1}^{n}S_{Qi} \tag{6-14}$$

式中：S_{Qi} 为存量变量 Qi 对常量的敏感性；S 为平均敏感性；n 为存量变量的数量。

由于 WSS 中涉及的常量变量较多，因此只选择系统中比较有代表性的四个常量变量和五个存量变量。基于 1995—2000 年间的数据进行分析。在一次试验中，改变其中一个恒定变量（变化幅度为 10%），分析其对五个存量变量的影响。敏感性分析的结果见表 6-10。从表 6-10 可以看出，环境投资比例对系统的敏感性达到 6.05%，是最高的。所有常量对系统的敏感性都小于 10%，说明系统对常量变量的敏感性低，稳定性强。

表6-10 敏感性分析结果

存量	常量			
	GDP增长率	生活污水排放系数	环境投资比例	人口变化率
总人口	0.00017	0.00009	0.00112	0.00112
GDP	0.00594	0.00002	0.00594	0.00000
水供应与需求之间的缺口	0.00000	0.00002	0.00015	0.00015
污水排放量	0.00009	0.26922	0.00027	0.00027
水资源风险储备	0.00153	0.00005	0.29510	0.00000
S	0.00155	0.05387	0.06052	0.00031

6.3.2 日本水安全系统动力学模拟

6.3.2.1 不同情景的设定

基于上述SPA评价，可知水资源子系统和水环境子系统的现状良好，而水灾害子系统的现状较差。为了实现WSS的平衡发展，了解各子系统之间的相互作用，建立了不同的优先模型：水资源优先模型A、水环境主导模型B、水灾害主导模型C、平衡发展模型D，模型比较见表6-11。

表6-11 模型比较

参数	基础模型	模型A	模型B	模型C	模型D
水资源利用率	恒定不变	提高10%	恒定不变	恒定不变	提高10%
污水处理率	恒定不变	恒定不变	提高10%	恒定不变	提高10%
工业废水排放系数	恒定不变	恒定不变	提高10%	恒定不变	提高10%
生活污水排放系数	恒定不变	恒定不变	提高10%	恒定不变	提高10%
环境投资比例	恒定不变	恒定不变	恒定不变	提高10%	提高10%
水风险防范投资比例	恒定不变	恒定不变	恒定不变	提高10%	提高10%

6.3.2.2 不同模型的仿真结果

表6-12显示，在模型A中，当水资源利用率提高10%时，水资源供需缺口减少62.01%。同时，缺水系数降低了57.86%。换句话说，与基础模型相比，模型A的供需缺口和缺水系数分别减少了15.22%和16.86%。这是提高用水效率对保持水资源平衡和水资源可持续利用的明显促进作用。在模型B中，重点关注水环境子系统。与基础模型相比，污水处理率提高了10%，工业废水出水系数和生活废水出水系数都下降了10%，这使得污水量和水污染系数明显下降。说明通过控制污水源的排放和提高污水的处理能力，可以有效控制水污染。关于模型C，水灾害子系统占主导地位。环境投资比例和水风险防范投资比例都比基础模型提高了10%。然而，与基础模型相比，模型C的水害系数没有下降，模型C的水风险储备增加了8.63%。这一结论说明，虽然模型C保证了环境投资的增长速度，扩大了水风险防范投资，但它不能解决水灾害问题。这也揭示了仅仅通过加强预防投资来减少水灾害损失是不够的。众所周知，有一些直接的措施可以避免水灾害损

失，如加强堤坝和水库的建设，以及河流的治理。在科学预测洪水和合理规划滞洪区的基础上，也可以将洪水损失降到最低。最后，建立防洪救灾的应急体系，是减轻洪水损失的最后措施。从解决根本问题的角度来看，减少洪水灾害发生的可能性是很重要的。长期实施水土保持，可以从根本上减少洪水发生的几率。

众所周知，日本的人口在最近几年出现了负增长。造成人口负增长的原因很复杂。根据水安全子系统的分析，发现水灾害子系统对人口的影响最为显著。与基础模型相比，除模型 D 外，模型 C 的人口增长率最大（约 0.45%），而模型 A 最低（约 0.39%）。这意味着在日本，水害因素对人口的影响要比缺水因素和水污染因素大。同样，这种影响也出现在经济子系统中。模型 C 的 GDP 增长率最大（约 2.77%），模型 A 的增长率最低（约 2.42%）。因此，水害因素在日本的水安全系统中起着关键作用。这与上述 SPA 模型的评价结果一致，即日本水灾害子系统的现状要比水资源和水环境子系统严重。

模型 D 综合了模型 A、B、C 的所有优点，总人口增长率和 GDP 增长率在模型 A、B、C、D 中是不同的。在这些模型中，模型 D 的增长率最大，其次是模型 C、模型 B 和模型 A，这意味着平衡方案对经济和人口的影响最有效，其次是水灾害主导方案、水环境主导方案，最后是水资源优先的方案。同时，模型 B 和模型 C 对水资源供需缺口的增长率几乎没有影响，这意味着水资源供需缺口主要受水资源利用率的影响。表 6-10 显示，模型 A 和模型 C 对污水量增长率的影响差异不大，说明污水处理率、工业废水出水系数和生活废水出水系数是主要的驱动因素。

表 6-12　所有模型中子系统的模拟值和增长率

子系统	变　化	年份	基础模型	模型 A	模型 B	模型 C	模型 D
水资源子系统	水供应与需求之间的缺口/$10^8 m^3$	1995	−522.955	−522.955	−522.955	−522.955	−522.955
		2015	181.176	305.47	181.158	181.137	305.404
		2025	−278.283	−198.676	−278.306	−278.33	−198.753
		增长率/%	−46.79	−62.01	−46.78	−46.78	−61.99
	缺水系数	1995	0.439	0.439	0.439	0.439	0.439
		2015	0.171	0.288	0.171	0.171	0.288
		2025	0.259	0.185	0.259	0.259	0.185
		增长率/%	−41.00	−57.86	−41.00	−41.00	−57.86
水环境子系统	污水量/$10^8 m^3$	1995	11.792	11.792	11.792	11.792	11.792
		2015	10.246	10.246	0.576	10.248	0.577
		2025	10.495	10.496	0.59	10.497	0.591
		增长率/%	−11.00	−10.99	−95.00	−10.98	−94.99
	水污染系数	1995	0.096	0.096	0.096	0.096	0.096
		2015	0.1	0.096	0.006	0.095	0.006
		2025	0.1	0.1	0.006	0.1	0.006
		增长率/%	4.17	4.17	−93.75	4.17	−93.75

续表

子系统	变 化	年份	基础模型	模型 A	模型 B	模型 C	模型 D
水灾害子系统	水资源风险储备/10^8USD	1995	−1380.25	−1380.25	−1380.25	−1380.25	−1380.25
		2015	−2564.73	−2563.9	−2564.72	−2446.75	−2443.91
		2025	−4140.85	−4140.12	−4139.6	−4021.78	−4018.73
		增长率/%	200.01	199.95	199.92	191.38	191.16
	水灾害系数	1995	0.719	0.719	0.719	0.719	0.719
		2015	0.824	0.823	0.823	0.786	0.785
		2025	0.882	0.882	0.882	0.857	0.856
		增长率/%	22.67	22.67	22.67	19.19	19.05
人口	总人口/10^8 人	1995	1.2777	1.2777	1.2777	1.2777	1.2777
		2015	1.2816	1.2819	1.2819	1.2824	1.2833
		2025	1.2824	1.2827	1.2829	1.2834	1.2844
		增长率/%	0.37	0.39	0.41	0.45	0.52
经济	GDP/10^8USD	1995	54490	54490	54490	54490	54490
		2015	55500	55583.3	55602.5	55716.6	55953.8
		2025	55732.2	55806.2	55858.9	56000	56254.6
		增长率/%	2.28	2.42	2.51	2.77	3.24

6.3.2.3 情景选择

从日本全国范围来看，水灾害子系统与人口和经济子系统关系密切，说明探索更先进的水灾害应急技术，寻求防止或减少水灾害造成的经济损失的方法是很重要的。此外，水灾害的应对措施不能孤立地进行，公众参与同样重要。应开展水灾害教育、监督和财产损失的宣传，以提高公众的水保护意识。水资源子系统政策应扩大水资源的利用范围：尽管控制需求可以暂时缓解水资源的压力，但本研究表明，提高水资源的利用率才是保证水资源平衡的关键。由于气候变化的影响，未来水资源的供给可能会减少，因此迫切需要修改供水政策，改变用水方式，提高用水效率。平衡方案是水资源子系统、水环境子系统和水灾害子系统的最佳整合。其他方案只关注某一个方面。对于日本的水安全系统来说，要达到最佳状态，必须进行综合控制。

对日本来说，水资源的利用率是水资源子系统的关键变量。污水处理率、工业废水排放系数和生活废水排放系数是水环境子系统的重要变量。在日本的水安全系统中，人口和经济受水灾害子系统的影响最大，而不是水资源和水环境子系统。水安全问题不能只通过某一方面的调整来解决，必须摒弃这种做法。研究发现，加强平衡模式的综合干预将有助于整个水安全问题的解决。平衡模式不仅可以实现稳定的水资源供需，保护水环境，减轻水灾害，还可以实现经济和人口的利益最大化。

参考文献

Robinne，F. N.，Bladon，K. D.，Miller，C.，et al，(2018) A spatial evaluation of global wildfire - water risks to human and natural systems. Science of the Total Environment 610：1193 - 1206.

Bouwer, H. (2000) Integrated water management: emerging issues and challenges. Agricultural water management 45 (3): 217 - 228.

Gerlak, A. K., Mukhtarov, F. (2015) Ways of knowing water: integrated water resources management and water security as complementary discourses. International Environmental Agreements: Politics, Law and Economics 15 (3): 257.

WRIJ, (2014) Water Resources in Japan, 7th World Water Forum 12th to 17th April 2015.

Japan Statistics Bureau, Ministry of Internal Affairs and Communications (2016) the statistical handbook of Japan, Statistics Bureau, Ministry of Internal Affairs and Communications Japan Press, Tokyo.

Water Resources Department of the Ministry of Land, Infrastructure, Transport and Tourism (MLIT) (2016) Japan Water Resources Bulletin 2014.

Water Resources Department of the Ministry of Land, Infrastructure, Transport and Tourism (MLIT) (2011) Japan Water Resources Bulletin 2009.

Water Resources Department of the Ministry of Land, Infrastructure, Transport and Tourism (MLIT) (2006) Japan Water Resources Bulletin 2004.

Water Resources Department of the Ministry of Land, Infrastructure, Transport and Tourism (MLIT) (2001) Japan Water Resources Bulletin 1999.

Water Resources Department of the Ministry of Land, Infrastructure, Transport and Tourism (MLIT) (1997) Japan Water Resources Bulletin 1995.

Ministry of environment, government of Japan (2015) Results of FY 2014 Comprehensive Survey on Water Pollutant Discharge.

Ministry of environment, government of Japan (2010) Results of FY 2009 Comprehensive Survey on Water Pollutant Discharge.

Ministry of environment, government of Japan (2005) Results of FY 2004 Comprehensive Survey on Water Pollutant Discharge.

Ministry of environment, government of Japan (2000) Results of FY 1999 Comprehensive Survey on Water Pollutant Discharge.

Ministry of environment, government of Japan (1995) Results of FY 1994 Comprehensive Survey on Water Pollutant Discharge.

Min, Q. W., Jiao, W. J., Cheng, S. K. (2011) Pollution Footprint: A Type of Ecological Footprint Based on Ecosystem Services. Resources Science 33: 195 - 200.

Sullivan, C. (2002) Calculating a water poverty index. World development 30 (7): 1195 - 1210.

Balica, S. F., Wright, N. G., van der Meulen, F. (2012). A flood vulnerability index for coastal cities and its use in assessing climate change impacts. Natural hazards, 64 (1): 73 - 105.

Fekete, A. (2009). Validation of a social vulnerability index in context to river - floods in Germany. Natural Hazards and Earth System Sciences, 9 (2): 393 - 403.

Karagiorgos, K., Thaler, T., Heiser, M., et al, (2016). Integrated flash flood vulnerability assessment: insights from East Attica, Greece. Journal of Hydrology, 541: 553 - 562.

Koks, E. E., Jongman, B., Husby, T. G., et al, (2015). Combining hazard, exposure and social vulnerability to provide lessons for flood risk management. Environmental Science & Policy, 47: 42 - 52.

Yang, W., Xu, K., Lian, J., et al, (2018). Integrated flood vulnerability assessment approach based on TOPSIS and Shannon entropy methods. Ecological indicators, 89: 269 - 280.

Meng, X. M., Hu, H. P. (2009) Application of set pair analysis model based on entropy weight to comprehensive evaluation of water quality. Journal of Hydraulic Engineering 3: 257 - 262.

Du, C., Yu, J., Zhong, H., Wang, D. (2015) Operating mechanism and set pair analysis model of a sustainable water resources system. Frontiers of Environmental Science & Engineering, 9 (2): 288-297.

Xuan, W., Quan, C., Shuyi, L. (2012) An optimal water allocation model based on water resources security assessment and its application in Zhangjiakou Region, northern China. Resources, Conservation and Recycling 69: 57-65.

Kenessey, Z. (1987). The primary, secondary, tertiary and quaternary sectors of the economy. Review of Income and Wealth, 33 (4): 359-385.

Sun, Y., Liu, N., Shang, J., Zhang, J. (2017) Sustainable utilization of water resources in China: a system dynamics model. Journal of Cleaner Production 142 (2): 613-625.

Qin, H. P., Su, Q., Khu, S. T. (2011) An integrated model for water management in a rapidly urbanizing catchment. Environmental Modelling & Software, 26 (12): 1502-1514.

Wei, T., Lou, inchio, Yang, Z. F., Li, Y. X. (2016) A system dynamics urban water management model for Macau, China. Journal of Environmental Sciences 50: 117-126.

Li, T. H., Yang, S. N. (2017) Prediction of water resources supply and demand balance in Longhua district of shenzhen based on system dynamics. Journal of Basic Science and Engineering 25 (5): 917-931.

Cai, Y., Cai, J., Xu, L., et al, (2019). Integrated risk analysis of water-energy nexus systems based on systems dynamics, orthogonal design and copula analysis. Renewable and Sustainable Energy Reviews 99: 125-137.

第7章

省域尺度水安全综合评价与模拟

7.1 概述

7.1.1 水安全综合评价

水资源是自然生态系统和人类社会经济系统发展不可替代的资源，水资源安全与否直接关系到生态系统的良性发展和经济社会的可持续发展。本章首先从纵向时间角度，依据水资源生态足迹的原理和模型，对贵州省2001—2012年水资源生态足迹、生态承载力进行分析。在此基础上，采用指数平滑法对贵州省2013—2016年水资源生态足迹与生态承载力进行预测。其次从横向对比的角度，根据比较公认的水安全内涵，将水安全分为三个子系统：水资源子系统、水环境子系统和水灾害子系统，三者相互联系、相互作用，形成了复杂、时变的水安全系统。基于水安全的基本原理和喀斯特区域特有的水循环机理，依据“驱动力（D）—压力（P）—状态（S）—影响（I）—响应（R）”概念模型建立贵州省域水安全评价指标体系。基于集对分析理论，引入能够体现系统确定性和不确定性的同异反联系度计算公式，建立了水安全的评价模型。将集对分析法运用到水安全的评价中，可以先通过计算评价样本与评价指标之间的联系度对样本作初步的排序，再对样本作进一步的同一、差异、对立的集对分析以判断出评价样本的等级。

7.1.2 基于水贫困理论的水安全与经济发展关系

水贫困与经济发展存在天然的内在联系，水贫困在很大程度上影响着经济发展，特别是在一些极度水贫困地区。而贵州贫困地区的自然地理条件、社会基础决定了贫困地区脱贫成果的脆弱性，必须对脱贫成果进行巩固和加强，以确保可持续脱贫。因此精确了解贵州省水贫困与经济发展之间的耦合协调关系，分析贵州省水贫困时空格局及驱动机制，能够推动形成水资源的可持续管理，提高水资源的利用效率和经济效益，进而实现降低水贫困和经济高质量发展的目的。

通过对国内外研究进展的文献梳理，目前国外的研究主要是运用水贫困理论与现阶段比较先进的方法结合起来，探索不同区域的水资源现状与其环境、社会、经济之间的关系，取得的效果比较显著；国内对水贫困理论的研究也很广泛，主要运用于全国区域、省级区域或是市级区域的研究，他们的不同就在于采用不同的权重确定方法和结合不同的技术，研究方法比较仔细，都取得了显著的成果。

国外对于水贫困的研究较早，集中在模型改进、驱动原因分析、农业应用等方面。Sullivan 等率先提出水贫困指数（WPI）模型，后又从社区尺度应用并完善水贫困模型，从资源、能力、使用、设施和环境 5 个方面衡量水贫困程度；van Ty 等利用改进的 WPI 评价了东南亚的斯雷波河流域的水资源；Masoumeh 等运用农业水贫困指数对伊朗农业用水的贫困程度进行了研究；Pandey 等针对尼泊尔流域水贫困的驱动原因进行了研究。国内学者对水贫困与经济贫困之间关系的研究已有了较大的进展。马力阳、罗其友等以通辽市为例，对半干旱区水资源系统与乡村发展关系进行了研究；范武迪、闫述乾对甘肃农村水贫困与农村经济贫困的协调性进行了分析；李欢运用水贫困指数模型、城市化发展模型、耦合协调度模型对湖南省水贫困与城市化水平测度以及时空耦合协调进行了研究；艾敏采用文献分析法以及计量经济学法研究了湖北省水贫困与经济贫困之间的耦合关系；苟凯歌、蒋辉等对中国农村水资源贫困与经济贫困的耦合协调及其影响因素进行了研究；吴丹对京津冀地区经济发展与水资源利用之间的脱钩关系进行了研究；孙才志、陈琳等对中国农村水贫困和经济贫困的时空耦合关系进行了分析；刘青利、崔思静等对河南省水贫困与城镇化之间的耦合协调的时空特征进行了研究；刘理臣等以水贫困理论为基础，构建了水贫困评价指标体系，采用 WPI 模型，对甘肃省市域水贫困程度进行测度，并分析其时空分异规律及驱动因子。

综上所述，近年来国内学者从水贫困的角度研究水资源与经济贫困关系的研究区域主要集中在西北干旱地区、中原地区、北方地区以及欠发达地区的农村，而对喀斯特发育强烈的西南地区，尤其是对贵州省的研究较少。

7.1.3 水安全系统动力学模拟

基于贵州省水资源现状所反映的问题，为了解决这些问题，本章深入研究水安全、社会和经济之间的互动关系。利用系统动力学（SD）方法研究相关的社会、经济、环境、管理、监管和生活方式等因素之间的相互作用关系，并基于 SD 的不同情境模拟分析，得到了各种系统组成部分的相互作用的动态结果以及未来发展趋势，同时得出不同策略下解决水资源问题的恰当方法。

7.2 贵州省水安全综合评价

7.2.1 研究区概况

7.2.1.1 贵州省自然环境概况

贵州省位于中国西南部地区云贵高原东部，东连湖南省，西连云南省，南邻广西，北接四川省和重庆市，全省面积为17.6167万km^2，占全国总面积的1.8%。贵州省包含9个市（自治州），分别是贵阳市、遵义市、安顺市、六盘水市、铜仁市、毕节市、黔西南布依族苗族自治州、黔南布依族苗族自治州、黔东南苗族侗族自治州，本章以贵州省9个市（自治州）作为研究区域。贵州省境内地势西高东低，自中部向北东、南三面倾斜，平均海拔在1100m左右。贵州省是岩溶地貌地区发育的一个典型，喀斯特裸露面积109084km^2，占全省总面积的61.9%。贵州省属于亚热带湿润季风气候，大部分地区年均温14～16℃。雨日多达160天，相对湿度常达80%，日照仅1200～1500h，日照率不足25%～30%，虽然生物种类繁多，但是不利于喜光作物的生长。

7.2.1.2 贵州省社会经济概况

截至2021年，贵州省经济增速连续9年位居全国前3位，连续3年位居全国第1位，经济总量在全国排位由2015年的第25位上升到2019年的第22位，人均地区生产总值由2015年的第29位上升到2019年的第25位。由此看来，贵州省社会经济有保持较高增长水平的期望。预计“十四五”规划期间，贵州省潜在的经济增速将达到6.6%～8.1%，2010—2019年与2015—2019年两个时间段经济增长指数均高于全国的平均水平。近5年，贵州省GDP年均增长指数排名均占全国的第1位。据研究，“十四五”时期，预计贵州省人均地区生产总值将有期望达到7万元左右，制造业增加值占商品增加值的比重将在30%～50%之间，这表明贵州省将进入工业化中期的后半段；贵州省采煤机械化率达88.52%，辅助生产系统智能化率已达到73.95%。就城镇化而言，2019年贵州省城镇化率为49.02%，正处于城镇化加速期，贵州省城镇化率有期望达到58%左右；近年来，贵州省抢抓大数据产业发展先机，使得大数据产业发展指数位居全国的第3位，数字经济增速连续五年居全国的第1位。

7.2.1.3 贵州省水资源概况

贵州省地处长江、珠江上游分水岭，河系多属于岩溶山区中小型河流。河网密度大，东密西疏，平均每平方公里河长0.56km。河流多为深度峡谷，河床窄，江河湖库平水期水域面积为1845km^2，仅占全省土地面积的1.05%。全省河流以中部苗岭为分水岭，北属长江流域的乌江、沅江、牛栏江、横江、赤水河綦江水系，南属珠江流域的南盘江、北盘江、红水河、柳江水系。其中流域面积大于300km^2的河流有167条，大于10000km^2的河流有乌江、清水江、六冲河、都柳江、赤水河、北盘江、南盘江、红水河。

贵州省水资源特点主要有：①水资源主要来源于降雨，全省多年平均降雨量1100～1400mm，河流主要靠降水补给为主；②降水时空分布不均匀，年内分配不均衡，枯水期一般出现在当年的12月至次年的4月，径流流量大部分集中于夏秋两季；③地表水在地域上分布不均匀，呈东多西少，南多北少的趋势。

由于贵州省属于典型的喀斯特地貌，岩溶洼地、暗河泉井发达，地下河的成因变化复杂，所以地表水渗漏严重，蓄水工程和输水系统工程建设条件差，难度大。再加上贵州省山高坡陡、土壤贫瘠、耕地分散、石漠化严重，土壤保水能力低下，易涝也易旱，水土流失严重，在暴雨季节，局部地区常有泥石流等地质灾害发生。

7.2.2 贵州省水安全纵向评价

7.2.2.1 基于生态足迹法的水安全评价理论

生态足迹法最早由加拿大经济学家 William 和其博士生 Wackernagel 在 20 世纪 90 年代提出，该方法定量的将人类消耗的各种自然资源转化为对生态生产性土地的占用。Stoeglehner 等研究了区域的水供应足迹；Sarkis，J 等评价了辽宁省的水足迹；Liqiang Ge 等则评价了中国的水足迹；Cs. Fogarassya 等基于水津贴系数计算水足迹；Tomohiro Okadera 等研究了泰国的能源产品和供应方面的水足迹；黄林楠等将水资源消耗用地单独转化为一类土地占用类型，纳入生态足迹计算，建立了水资源生态足迹的计算模型。目前已有多名学者对水资源生态足迹模型的基本理论、计算方法作了进一步的探讨，并针对特定地区作了水资源生态足迹的实证分析研究：卞羽等分析了福建省水资源生态足迹；邱微等计算了黑龙江省水资源生态承载力；李培月等核算了银川市 2008 年水资源生态承载力和水资源生态足迹；陈栋为等、常龙芳、楚文海等和王文国等就珠海市、云南省、西南地区和四川省、重庆市等地区的水资源生态承载力和生态足迹分别进行了核算；洪辉等探讨了水资源生态足迹的模型和方法；范晓秋等对水资源生态足迹和生态承载力作了应用方面的研究。但都只是针对某一特定时间的评价和分析，少有对水资源生态足迹的逐年变动趋势作出评价研究，也没有对未来水资源生态足迹的发展趋势作出预测研究。本章对贵州省 2001—2012 年水资源生态足迹、生态承载力进行计算和分析，并在此基础上采用指数平滑法对贵州省 2013—2016 年水资源生态足迹和生态承载力变动趋势作出预测，为有关部门对水资源的管理和规划提供一定的依据。

7.2.2.2 贵州省水资源生态足迹方法模型

1. 贵州省水资源生态足迹和水资源生态承载力模型

依据水资源生态足迹的概念内涵，同其他生态足迹账户一样，将消耗的水资源转化为相应账户的生产面积——水域面积，然后对其进行均衡化，得到用于全球范围内不同地区可以相互比较的均衡值。计算模型如下：

$$EF_w = N \cdot ef_w = Nr_w(W/p_w) \tag{7-1}$$

$$EC_w = N \cdot ec_w = 0.4\psi_w r_w Q/p_w \tag{7-2}$$

式中：EF_w 为水资源总生态足迹，hm^2；EC_w 为水资源总生态承载力，hm^2；N 为人口数；ef_w 为人均水资源生态足迹，hm^2/cap；ec_w 为人均水资源生态承载力，hm^2/cap；r_w 为水资源的全球均衡因子；p_w 为水资源全球平均生产能力，m^3/hm^2；W 为人均消耗的水资源量，m^3；ψ_w 为区域水资源用地产量因子；Q 为水资源总量，m^3。公式中的乘以 0.4，是扣除了 60%用于维持生态环境的水资源量。

2. 贵州省水资源生态赤字和盈余

把水资源生态足迹和水资源生态承载力作比较，得到水资源生态赤字或水资源生态盈余，该指标用来判断水资源的可持续利用情况。

$$EZ_w = EC_w - EF_w \tag{7-3}$$

式中：EZ_w 为水资源生态盈余（赤字）。

3. 贵州省万元 GDP 水资源生态足迹

万元国内生产总值（GDP）水资源生态足迹是指区域水资源生态足迹与区域 GDP 的比值，用来衡量水资源的利用效率，计算公式如下：

$$\text{万元 GDP 水资源生态足迹} = EF_w / GDP \tag{7-4}$$

4. 贵州省水资源生态压力指数

根据王俭等研究的城市水资源生态足迹核算模型及应用，引用其研究水资源生态压力指数方法，对贵州省水资源压力状态进行评价：

$$EQ = ef_w / ec_w \tag{7-5}$$

式中：EQ 为水资源生态压力指数。

5. 主要参数确定

本研究所涉及的参数主要为水资源的全球均衡因子 r_w、区域水资源的产量因子 ψ、水资源全球平均生产能力 p_w。均衡因子是为了将不同土地类型的单位生态生产能力转化成一个可比较的标准，采用基于 WWF 2000 年核算的均衡因子计算出的水资源的全球均衡因子为 5.19。区域水资源的产量因子为该区域水资源平均生产能力与世界水资源平均生产能力的比值，贵州省产量因子为 1.87。水资源全球平均生产能力被定义为全球多年平均产水模数，为 $3140m^3/hm^2$。

7.2.2.3 贵州省水安全纵向分析

1. 贵州省历年水资源生态足迹与生态承载力分析

贵州省水资源生态足迹总体上呈缓慢上升的趋势，历年有所波动，但波动范围较小。2001 年最低，为 $14.41\times10^6hm^2$，2010 年达到历年最高值 $16.91\times10^6hm^2$（见图 7-2）；从贵州省水资源生态承载力计算结果来看（见图 7-1），各年份之间差异较大，最高年份为 2008 年，达 $53.28\times10^6hm^2$，而最低的年份 2011 年仅有 $26.89\times10^6hm^2$，减少了 49.5%。主要原因是 2011 年贵州省降水量不足，同比降低了 20%以上，年水资源总量同比降低了 40%以上，经计算水资源生态承载力与各年份之间的降水量呈显著的正比关系。干旱洪涝等自然灾害对贵州省水资源生态承载力影响较大。

从图 7-3 中可以看出，从 2001 年到 2012 年，贵州省人均水资源生态足迹总量为 $0.38\sim0.48hm^2$/人，整体水平处于上升趋势；贵州省人均水资源生态承载力为 $0.77\sim1.41hm^2$/人，人均水资源生态承载力在各年份之间的变化趋势与总水资源生态承载力的变化趋势相同，最高值出现在 2008 年，最低值出现在 2011 年。

2. 贵州省历年水资源指数分析

从图 7-3 可以直观地看出贵州省 2001—2012 年水资源人均生态足迹量均低于当年人均生态承载力量，水资源处于生态盈余，满足可持续发展的要求，但各年的生态盈余大小有所差异，2011 年生态盈余最少，2008 年生态盈余最多。在生态足迹变化不大的情况下，

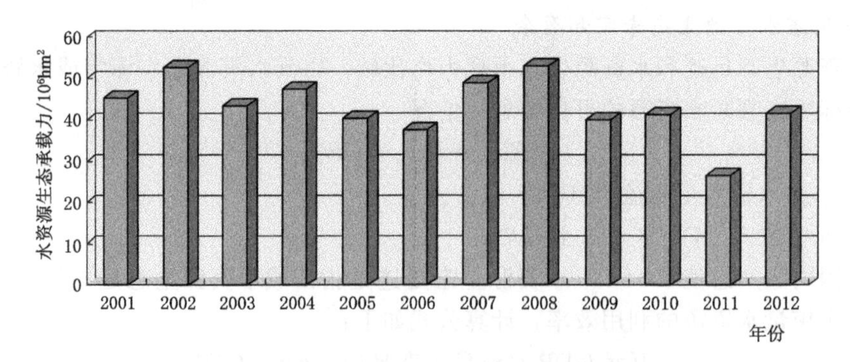

图 7-1 贵州省 2001—2012 年水资源生态承载力

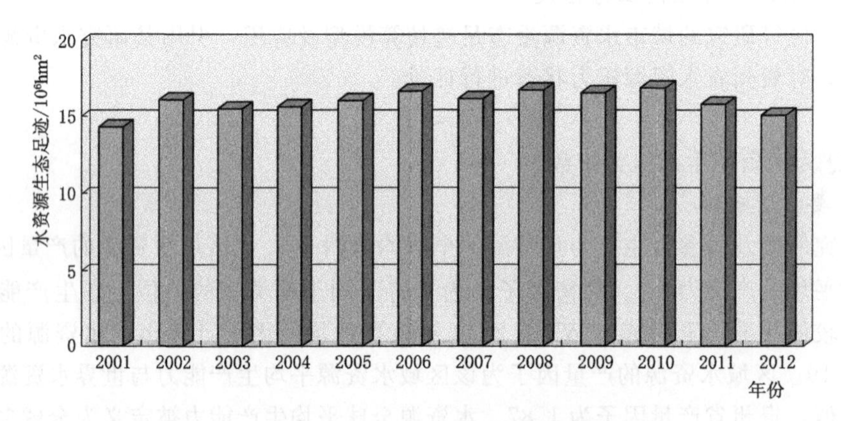

图 7-2 贵州省 2001—2012 年水资源生态足迹

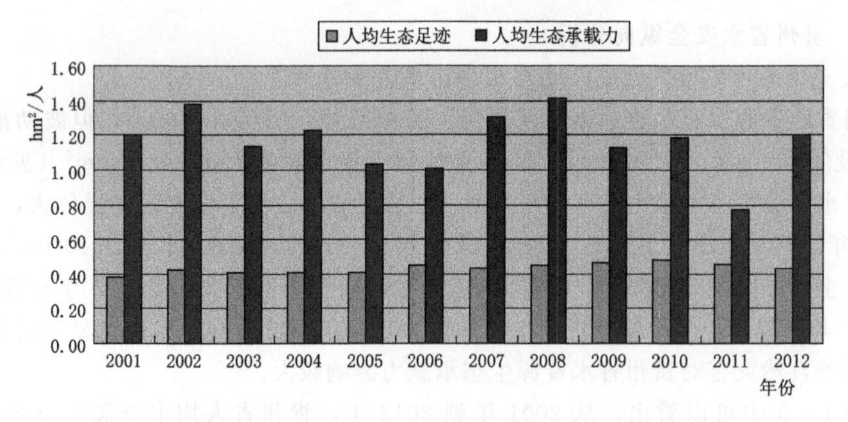

图 7-3 贵州省 2001—2012 年人均水资源生态足迹和生态承载力

生态盈余量主要取决于生态承载力的变化。

从图 7-4 可以看到，贵州省 2001—2012 年万元 GDP 水资源生态足迹呈明显下降趋势，说明贵州省在 2001—2012 年期间水资源开发利用程度和利用效率在不断提高。从 2002 年开始万元 GDP 水资源生态足迹开始逐年降低，基本上呈直线下降。这与贵州省从 2002 年开始调整经济结构，大力发展绿色产业和打造以旅游业、服务业等低消耗产业为主导产业是分不开的。

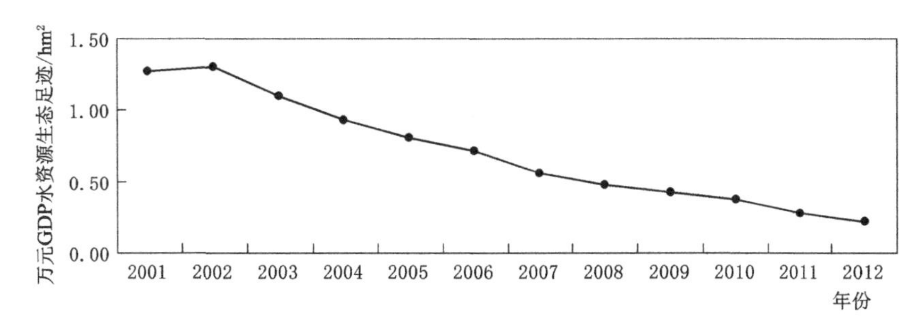

图 7-4　贵州省 2001—2012 年万元 GDP 水资源生态足迹

从图 7-5 中得到，贵州省在 2008 年生态盈余最多，生态压力指数最低；在 2011 年生态盈余最少的时候，生态压力指数也是最高的。其中 2006 年的旱灾以及 2011 年的降水量减少是造成当年水资源生态压力指数明显升高的主要原因，生态压力指数变化趋势与水资源生态盈余量的变化是相辅相成的。

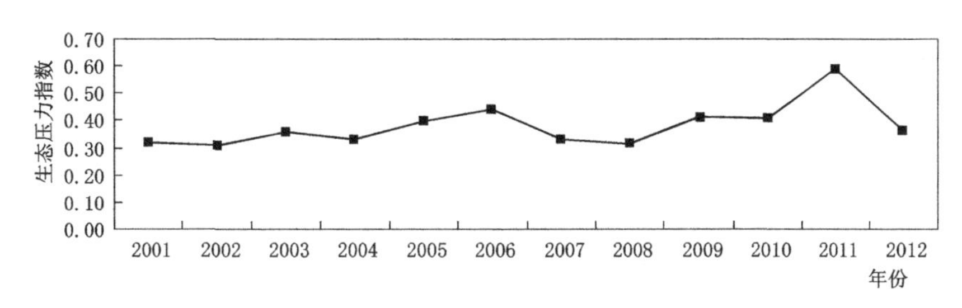

图 7-5　贵州省 2001—2012 年水资源生态压力指数

3. 基于指数平滑模型的预测

生态足迹评价法有效地评价了贵州省水资源可持续发展状况，得出水资源可持续发展的宝贵经验，但是对未来水资源可持续发展展望不足。指数平滑法（Exponential Smoothing，ES）是布朗（Robert G.. Brown）提出的，是移动平均法中的一种，其特点在于给过去的观测值不一样的权重，即较近期观测值的权数比较远期观测值的权数要大，预测值是以前观测值的加权和。通过得到的 2001—2012 年贵州省水资源生态足迹以及生态承载力来对未来进行预测，最后进行相关评价。指数平滑预测模型如下：

$$S_t = \alpha y_t + (1-\alpha) S_{t-1} \tag{7-6}$$

$$S_t^{(1)} = \alpha y_t + (1-\alpha) S_{t-1}^{(1)} \tag{7-7}$$

$$S_t^{(2)} = \alpha S_t^{(1)} + (1-\alpha) S_{t-1}^{(2)} \tag{7-8}$$

一次指数平滑预测公式：

$$\hat{y}_{t+1} = \alpha y_t + (1-\alpha) \hat{y}_t \tag{7-9}$$

二次指数平滑预测模型：

$$\hat{y}_{t+k} = a_t + b_t k \tag{7-10}$$

$$a_t = 2S_t^{(1)} - S_t^{(2)} \tag{7-11}$$

$$b_t = \frac{\alpha}{1-\alpha} (S_t^{(1)} - S_t^{(2)}) \tag{7-12}$$

式中：S_t 为时间 t 的平滑值；y_t 为时间 t 的实际值；S_{t-1} 为时间 $t\sim1$ 的平滑值；α 为平滑系数，其取值范围为［0，1］；$S_t^{(1)}$ 为一次指数平滑值；$S_t^{(2)}$ 为二次指数平滑值；$S_{t-1}^{(2)}$ 为时间 $t\sim1$ 的二次指数平滑值；$\hat{y}_{t+1}$ 为时间 $t+1$ 的一次指数预测值（即时间 t 的平滑值）；y_t 为时间 t 的实际值；$\hat{y}_t$ 为时间 t 的一次指数预测值（时间 $t\sim1$ 的平滑值）；k 为从基期 t 到预测期的期数；$\hat{y}_{t+k}$ 为时间 $t+k$ 的二次指数预测值。

采用试算法对 α 进行确定，将 α 分别取值为0.1，0.3，0.6，0.9进行一次平滑计算，最后计算预测值与实际值误差的标准差，选取标准差最小的 α 值：经计算得到当平滑系数 $\alpha=0.3$ 时，标准差最小，则误差最小，则更加稳定，所以确定预测水资源人均生态足迹平滑系数 $\alpha=0.3$；同理，确定预测水资源人均生态承载力的平滑系数 $\alpha=0.9$；初始值的确定：即第一期的预测值，如果原数列的项数较少时（小于15项），可以选取最初几期（一般为前三期）的平均数作为初始值。

由表7-1可以看出，人均生态足迹经过一次指数平滑后呈现出明显的直线趋势，因此选用二次指数平滑法进行预测。将数据代入二次指数预测公式，所求模型为

$$\hat{y}_{12+k}=0.45458+0.00279k$$

当 $k=1$ 时，2013年人均水资源生态足迹预测值：0.45737hm^2

当 $k=2$ 时，2014年人均水资源生态足迹预测值：0.46016hm^2

当 $k=3$ 时，2015年人均水资源生态足迹预测值：0.46295hm^2

当 $k=4$ 时，2016年人均水资源生态足迹预测值：0.46574hm^2

表7-1　贵州省人均水资源生态足迹指数平滑值

年份	t	人均生态足迹	$S_t^{(1)}=\alpha y_t+(1-\alpha)S_{t-1}^{(1)}$ $\alpha=0.3$，初始值为0.40301	$S_t^{(2)}=\alpha S_t^{(1)}+(1-\alpha)S_{t-1}^{(2)}$ $\alpha=0.3$，初始值为0.39653
2001	1	0.38141	0.39653	
2002	2	0.42323	0.40454	0.39893
2003	3	0.40439	0.40450	0.40060
2004	4	0.40349	0.40419	0.40168
2005	5	0.41020	0.40600	0.40297
2006	6	0.44567	0.41790	0.40745
2007	7	0.43094	0.42181	0.41176
2008	8	0.44580	0.42901	0.41693
2009	9	0.46511	0.43984	0.42381
2010	10	0.48216	0.45253	0.43242
2011	11	0.45627	0.45366	0.43879
2012	12	0.43506	0.44808	0.44158

从得出的预测值发现，人均生态足迹呈缓慢增长趋势，增长量较低，在经济快速发展的贵州省，若未同时开发出相应的绿色生产技术，生态足迹量必然升高。通过预测值发现贵州省在预测四年内水资源生态足迹处于一个较为安全的增长幅度，在经济发展的同时，

促使经济与环境保护相结合，时刻具有危机意识，做好应对自然灾害的措施，防止生态赤字发生。

由表7-2可以看出，人均生态承载力经过一次指数平滑后无明显趋势性，故选用一次指数平滑预测。2013年人均水资源生态承载力预测值为1.16526hm^2。由于水资源量与生态承载力呈正相关，所以若无特大自然灾害，降水量不足等，其生态承载力一般是一个平稳的状态。

表7-2　　贵州省人均水资源生态承载力指数平滑值

年份	t	人均生态承载力	$S_t^{(1)}=\alpha y_t+(1-\alpha)S_{t-1}^{(1)}$ $\alpha=0.9$，初始值为1.23885
2001	1	1.20234	1.20599
2002	2	1.38161	1.36405
2003	3	1.13258	1.15573
2004	4	1.22509	1.21816
2005	5	1.03185	1.05048
2006	6	1.00716	1.01149
2007	7	1.30387	1.27464
2008	8	1.41026	1.39670
2009	9	1.12564	1.15275
2010	10	1.18261	1.17963
2011	11	0.77398	0.81454
2012	12	1.20422	1.16526

为了能够更好地说明贵州省水资源生态足迹的情况，通过横向对比具有相同背景环境的西南地区不同省份同一时期内的水资源生态足迹，得出贵州省水资源的具体利用情况。因此，选择云南、四川两省作为与贵州省对比评价的对象。从2001年到2012年，贵州省水资源生态足迹为$14.41\times10^6\sim16.91\times10^6hm^2$，但均低于同期云南省的$25\times10^6hm^2$和四川省$34\times10^6\sim37\times10^6hm^2$，贵州省水资源生态承载力为$26.89\times10^6\sim53.28\times10^6hm^2$，云南省为$175\times10^6\sim285\times10^6hm^2$，四川省为$228\times10^6\sim358\times10^6hm^2$之间；贵州省人均水资源生态足迹为$0.38\sim0.48hm^2$/人，人均水资源生态承载力为$0.77\sim1.41hm^2$/人，云南省人均水资源生态足迹为$0.53\sim0.57hm^2$/人，人均水资源生态承载力为$3.83\sim6.65hm^2$/人，四川省人均水资源生态足迹为$0.40\sim0.41hm^2$/人，人均水资源生态承载力为$2.6\sim4.2hm^2$/人。

贵州省水资源总的生态足迹比云南省和四川省低，说明社会经济发展的需水量要低于云南和四川，贵州省水资源生态承载力也相对云南、四川较低，而且年际变化幅度量大，与云南、四川类似都与降水呈正相关，说明西南地区水资源承载力高低很大程度上依赖于降水量。四川、云南、贵州西南三省的人均水资源生态足迹均小于我国东部地区福建省的$0.8hm^2$/人，水资源生态足迹反映社会发展对水资源的需求量，水资源生态足迹和人均水资源生态足迹越高，社会经济水平发展越高，作为我国的内陆大省贵州省大部分地区以岩溶地貌为主，经济发展落后，对水资源的需求量小于我国东部经济发达地区，同时也低于四川、云南两省，但是随着近年“西部大开发”的深入，对水资源需求量加大，水资源生态足迹表现出上升趋势。贵州省人均水资源生态盈余在 0.39～0.93hm^2/人之间，水资源量可开发利用的空间不大，随着水资源足迹的增长，在不改变目前水资源承载力的情况下，生态盈余会转变为生态赤字，水危机将到来。因此，为根本扭转贵州省目前的水资源短缺形势，改善水资源的可持续利用状况，首先要增强水资源保护意识，改善生产和生活消费方式，建立水资源节约型的生产和消费体系，使粗放型、消耗型的水资源利用方式向集约型、节约型转变；其次采用节水设施技术和跨流域调水工程来弥补水资源量方面的不足；最后，考虑到水污染问题对水资源可持续利用的影响，在推进清洁生产，减少污水排放的同时，应促进污水的资源化，通过污水的重复利用，减少水资源的需求总量，以实现水资源可持续利用的目标。

从贵州省万元 GDP 水资源生态足迹由 2002 年的 1.30hm^2，下降到 2012 年的 0.22hm^2 来看，相比云南省万元 GDP 水资源生态足迹由 1.13hm^2 下降到 0.34hm^2，四川省万元 GDP 水资源生态足迹 0.8hm^2 下降到 0.3hm^2，贵州省的下降幅度是最大的，降低了 1.08hm^2，并且已经低于云南省和四川省，进一步下降的空间不大，说明近十年贵州省的水资源开发利用程度和利用效率在加速提高，这与贵州省加大水利工程的投入是密切相关的。

对贵州省 2001—2012 年的水资源生态足迹和生态承载力作核算，同相邻省份作对比，能够为贵州省的水资源利用提供参考依据，并在此基础上对人均水资源生态足迹和生态承载力作预测。由于学术界对水资源账户细类划分及水资源生态足迹计算方法的研究差异性很大，因此计算模型还有待进一步检验和完善，虽然构建的指数模型通过了检验，能满足预测人均水资源生态足迹的要求，但只能进行短期预测，且初始值和平滑系数的确定有待进一步研究和探讨。

7.2.2.4 小结

总体而言，贵州省水资源丰富，水资源生态承载力较高，生态盈余较大，可开发利用空间较大。

(1) 贵州省 2001—2012 年水资源总的生态足迹呈缓慢上升的趋势，历年有所波动，但波动范围较小；总的生态承载力历年变化较大，水资源主要来自于降水，水资源承载力与降水量相关联，在干旱灾害年份，水资源承载力降低，导致生态盈余减少，对水资源的可持续利用造成影响，很大程度上依赖于自然气候变化；贵州省水资源人均生态足迹相对云南省、四川省偏低，对水资源的开发利用程度不高。

(2) 随着经济和科技的发展，万元 GDP 水资源生态足迹逐年下降，贵州省对水资源的利用率正在逐步提高；水资源生态压力指数与生态盈余相关联，从压力指数的大小可以对水资源的可持续利用做出预警。

(3) 对贵州省 2013—2016 年的人均水资源生态足迹预测表明，人均水资源生态足迹在逐渐升高，可以预见水资源的开发利用程度将提高；人均生态承载力未来的变化具有突变性，无明显趋势，2013 年的人均生态承载力预计为 1.165hm^2，较 2012 年有所下降。

7.2.3 贵州省水安全横向评价

7.2.3.1 水安全评价体系理论基础

水安全一词最早出现在2000年斯德哥尔摩举行的水讨论会上，会议宣言的标题和主题都是“21世纪水安全”。对水安全一词至今无普遍公认定义。综合各种有关水安全的涵义，本书认为水安全是在一定时空范围内，包括水资源、水环境、水灾害在内，维持人类社会和生态系统良性循环发展的一种安全状态。水资源、水灾害和水环境是水安全体系的三个方面，三者相互联系、相互作用，形成了复杂、时变的水安全系统。国外对城市水安全保障体系的研究，一方面是以可持续发展理论为指导，通过区域水资源承载力的计算对城市水安全进行评价与规划研究。如里基伯尔曼（Rijiberman）等把水资源承载力作为城市水安全保障的衡量标准；加尔多（Joardor）等从城市供水角度对城市水安全进行研究，并将其纳入城市发展规划当中。另一方面是对城市水安全突发事件应急对策的研究，美国在一些重要河流（如密西西比河）的沿河主要城市水源地和取水口都加强了突发污染事故风险管理，沿河各州政府、环保署及海事部门等联合制定了详细的、可操作的应急预案。最新的研究有Martijnvanden Hurk等研究了英国的水安全；F. Bassi等做了区域水循环的研究；A. N. Yakimenko和V. N. Shchedrin等分别就水质和水安全的发展计划做了研究。

目前，我国针对具体城市的水安全研究其角度多侧重于水资源承载力对城市发展的影响，直接的城市水安全研究较为少见。龙祥瑜等运用多目标决策技术对沈阳市水资源承载力进行了研究；姚治君等对北京市进行了多目标的水安全战略研究；夏军等对城市化地区水资源承载力进行了研究。在城市水生态系统方面，王超等就城市水生态系统建设与管理发表专著；李万莲对沿淮城市水环境演变与水生态进行了系统的研究。但总体来看，我国城市水安全的研究和实践尚处于起步阶段，许多问题急需进一步深入研究。随着国家“西部大开发”战略逐步实施，贵州省社会经济持续快速增长，人口剧增，城市用水量和污水排放量急剧增加，以水资源短缺和水污染严重为特征的水危机已成为贵州省各大城市发展中突出的制约因素，水安全问题严重。因此，本研究以岩溶地貌最为发育的贵州省为例，通过建立科学的城市水安全评价指标体系及评价模型，为喀斯特区域城市水安全实证研究奠定必要的方法基础，拓宽区域水安全定量评价研究领域，通过评价了解贵州省水安全发展模式和贵州省水安全时空分异规律，找出水安全问题较为严重的区域，以及影响贵州省水安全的主要因素，提出切实可行的水安全保障体系，从而对水危机起到预警作用，为决策者和管理者提供科学依据。

7.2.3.2 贵州省水安全评价指标体系构建

2013年贵州省水资源公报显示：①水污染和污染性缺水问题严重，主要湖库水质状况不容乐观，波动性较大，地下水受到一定污染，水质状况较差；②水、旱灾害交织频发，因灾损失较大；③水利基础建设滞后，工程性缺水突出。贵州省境内石灰盐岩分布广泛，以岩溶地貌居多。土层较薄且贫乏，灌溉水源不足，岩溶石山区原始森林大多早已被毁，固土保水能力严重退化，石漠化现象较严重，加上地质脆弱以及地貌构造复杂，使得岩溶水的开采难度加大，从而在部分地区出现了工程性缺水。

本研究基于目前应用比较广泛的“压力-状态-响应”（PSR）模型和“驱动力-状态-响应”（DSR）模型，在此基础上完善了驱动力、压力、状态、影响和响应这5类指标因子，构建了DPSIR模型。该模型不仅仅关注水资源的直接压力因子，更关注如何通过一定的因果关系模型来预测直接压力因子可能对水环境现状造成的影响。DPSIR模型的5类指标完整地体现了水安全的综合情况，更能够揭示潜在的社会经济“驱动力”给区域水安全造成“压力”，引起区域水资源、水环境的“状态”改变，进而“影响”人类活动，最终促使一系列“响应”措施的产生这一完整因果链，从而为区域水安全评价提供了较好的研究思路。基于此，本书提出适合喀斯特区域水安全评价的DPSIR模型框架。

（1）岩溶水总量大，分布面积广，主要赋存于溶洞，含管道和溶隙中，但富集程度不均匀；岩溶地区多为潜水，补给资源丰富，岩溶水随降雨呈周期性变化。根据喀斯特区域的水量安全特征，水资源安全方面的驱动力因子（D）主要体现在引起贵州省喀斯特区域水资源量方面变化的原因，包括年水资源总量和人口自然增长率、城市化率3个指标；压力因子（P）以反映喀斯特区域用水供需矛盾方面的压力为主要内容，本书选择了用水总量（生产、生活、生态）作为指标来表现水资源的压力状况；状态因子（S）主要体现当前喀斯特区域水资源对经济社会方面的承载情况，本书选取了万元GDP耗水量、人均水资源占有量两个指标来表现该区域的水资源承载状态；影响因子（I）是指水资源的承载状态对社会经济和环境的影响，研究选择了固定资产投资、森林覆盖率两个指标来反映区域水资源安全的影响结果；响应因子（R）主要选择水资源利用率来表现人类对影响变化作出的反应。

（2）岩溶地区水质差，水源受到污染的现象日益突出，加上城镇化发展，治理生活污水滞后，许多乡镇枯水期的取水安全受到严重威胁。此外，由于化肥和农药的大量使用，每年由陆地被暴雨径流带入河流的水体沉积物中携带大量的含有N、P、K元素的化合物使水体遭到严重污染，影响水产，污染环境，并危及人体健康。根据喀斯特区域的水质安全特征，水环境安全方面驱动力因子（D）和压力因子（P）主要体现造成喀斯特区域水环境变化的潜在原因，反映社会经济发展对水环境的影响趋势，因此选取了生活污水排放总量和工业污水排放总量两个指标来反映导致水质环境变化的潜在原因；状态因子（S）和影响因子（I）是主要体现当下水环境的质量状况以及目前水质状态对社会经济和环境的影响，以水质为主要内容，本书主要选取水功能区达标率、水污染事故来表现；响应因子（R）主要指社会经济对水环境的影响变化，人类所采取的积极措施，以水环境响应为主要内容，因此选取了工业废水排放达标率和城市污水处理率来表现人类对水环境变化的反应。

（3）地下河蓄水少，渠道输水远，渗漏量大。由于河堤较低，水库库容小，调蓄性能差，造成汛期弃水、枯期无水现象。此外，渠道输水路程较远，渠道设施破旧老化，导致开发成本太高。岩溶地区石漠化严重，导致植物退化，水土流失、水资源总量不断缩减，生态环境脆弱，水土漏失，造成严重的岩溶内涝灾害现象。根据喀斯特区域的水灾害安全特征，水灾害安全方面驱动力因子（D）和压力因子（P）是造成喀斯特区水灾害发生的潜在原因，在贵州省喀斯特区域的水灾害中主要表现为山体滑坡和泥石流，因此选取了水土流失率、降水量两个指标；状态因子（S）和影响因子（I）以反映水灾害状况和水灾害对人类的影响为主要内容，本书选择了洪涝灾害损失和水灾频率作为指标来表现；响应因子（R）主要指面对喀斯特区域水灾害的影响，人类所采取的积极措施，选取石漠化面积比例和水利建设投资指标。以复合社会-经济-自然生态系统理论为基础，综合考虑贵州喀斯特区的社会、经济和环境的各个方面，并且考虑其系统的协调性和可操作性，进行具体指标的选择，最终建立贵州省喀斯特区水安全评价指标体系（见图 7-6）。

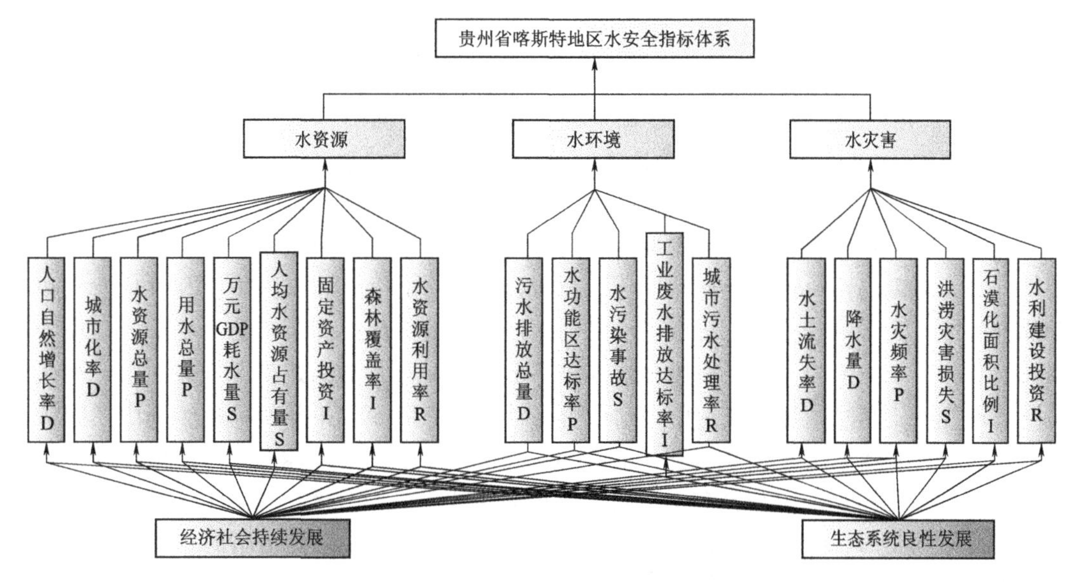

图 7-6 贵州省喀斯特地区水安全评价指标体系

在建立的贵州省喀斯特地区水安全评价指标的基础上，进一步对评价指标做了取舍研究，主要通过咨询有关专家意见和对指标间的共线性进行了检验。最终用于评价贵州省各市（自治州）水安全的指标有：人口自然增长率、城市化率、水资源总量、人均水资源占有量、森林覆盖率、工业废水排放达标率、城市污水处理率、水土流失率、降水量和石漠化土壤侵蚀面积比共 10 项指标。

7.2.3.3 贵州省水安全横向评价方法——集对分析法（Set Pair Analysis）

集对分析法是赵克勤在 1989 年提出的一种研究不确定系统的系统分析方法，主要从同、异、反三个方面研究事物之间的确定性与不确定性。集对分析法的基本原理是：首先对进行研究的问题构建具有一定联系的两个集对，对集对中两集合的特性进行同一、差异、对立的系统分析，然后用联系度 η 表达式定量刻画，再推广到多个集合组成的系统。如：对于两个给定的集合组成的集对 $H=(A，B)$，在某个具体问题背景（设为 W）下，对集对 H 的特性展开分析，共得到 N 个特性，其中有 S 个特性为集对 H 中两个集合 A 和 B 共同具有的，有 P 个特性为两个集合对立的，其余的 $F=N-S-P$ 个特性既不相互对立又不为这两个集合共同具有，则有

$$\eta=\frac{S}{N}+\frac{F}{N}i+\frac{P}{N}j \tag{7-13}$$

令 $a=\frac{S}{N}$，$b=\frac{F}{N}$，$c=\frac{P}{N}$，则式（7-13）可简写为

$$\eta=a+bi+cj \tag{7-14}$$

其核心思想是把确定不确定视作一个确定不确定系统，在这个确定不确定系统中，确定性与不确定性在一定条件下互相转化，互相影响，互相制约，并可用一个能充分体现其思想的确定不确定式子 $\eta=a+bi+cj$ 来统一地描述各种不确定性，从而把对不确定性的辨证认识转换成一个具体的数学工具。其中 η 表示联系数，对于一个具体问题即为联系度；a 表示2个集合的同一程度，称为同一度；b 表示2个集合的差异程度，称为差异度；c 表示2个集合的对立程度，称为对立度。i 为差异度标识符号或相应系数，取值为（-1，1），i 在-1～1变化，体现了确定性与不确定性之间的相互转化，随着 $i \to 0$，不确定性明显增加，i 取-1或者1时都是确定的；j 为对立度标识符号或相应系数，取值恒为-1。联系度 η 与不确定系数 i 是该理论的基石，该理论包容了随即、模糊、灰色等常见的不确定现象。水安全作为一个庞大的系统，具有确定性与不确定性。水安全评价实质上就是一个具有确定性的评价指标和评价标准与具有不确定性的评价因子及其含量变化相结合的分析过程。将集对分析方法用于水安全评价，可以将待评价地区的水安全的某项指标和其标准分为2个集合，这2个集合就构成一个集对，若该指标处于评价级别中，则认为是同一；若处于相隔的评价级别中，则认为是对立；若指标在相邻的评价级别中，则认为是异；取差异系数 i 在-1～1变化，越接近所要评价的级别，i 越接近1；越接近相隔的评价级别，i 越接近-1。根据集对分析联系度表达式中的同一度、差异不确定度、对立度数值及其相互间的联系、制约、转化关系进行水安全评价。在运算分析时，联系度又可以看成是一个数，称为三元联系数。根据不同的研究对象将式（7-13）作不同层次的展开，得到多元联系数：

$$\eta=\frac{S}{N}+\frac{F_1}{N}i_1+\frac{F_2}{N}i_2+\cdots+\frac{F_{n-2}}{N}i_{n-2}+\frac{P}{N}j \tag{7-15}$$

简写为

$$\eta=a+b_1i_1+b_2i_2+\cdots+b_{n-2}i_{n-2}+cj \tag{7-16}$$

由于各指标的性质不同，具有不同的单位，为了统一评价，根据指标的性质，可以将其分为发展类指标（负向指标对于水安全等级标准）即越大越好和限制类指标（正向指标对于水安全等级标准）即越小越好两类。

7.2.3.4 贵州省水安全横向评价分析

1. 水安全评价标准

水安全是一个相对的概念，并没有一个明确的界限，而水安全的等级分级也没有统一的标准或普遍认可的评价依据。在水安全系统评价指标体系中，本书将各个评价指标的水安全程度按照5个级别划分，见表7-3。根据各项指标的最大值和最小值的差值等分确定每项指标的安全等级，正向指标以各项指标的最小值加上差值的等分作为非常安全的标准值，以各项指标的最大值减去差值的等分为危机的限定值，中间三个等级平分，负向指标则相反。下面以正向指标人口自然增长率和负向指标水资源总量为例，计算评价指标标准，具体各分级标准见表7-4。

表 7-3　　水安全等级分级

安全等级	标　准
非常安全	水安全系统与社会、经济健康协调高效发展，满意程度很高
安全	水安全系统与社会、经济健康协调高效发展，满意程度较高
基本安全	水安全系统与社会、经济健康协调高效发展，满意程度一般
不安全	水安全系统不能与社会、经济协调发展，已威胁到社会、经济的可持续发展
危机	水安全系统全面恶化，已严重阻碍了社会、经济的可持续发展

表 7-4　　贵州省各市（自治州）水安全指标体系等级标准

项目	指　标	非常安全（W_1）	安全（W_2）	基本安全（W_3）	不安全（W_4）	危机（W_5）
水资源	人口自然增长率/‰	＜6.20	[6.20，7.10]	[7.11，7.99]	[8.00，8.88]	＞8.88
	城镇化率/%	＜32.44	[32.44，43.22]	[43.23，54.20]	[54.21，65.09]	＞65.09
	水资源总量/亿 m^3	＞149.23	[114.69，149.23]	[80.14，114.68]	[45.58，80.13]	＜45.58
	人均水资源占有量/m^3	＞3703.38	[2862.14，3703.38]	[2020.89，2862.13]	[1179.63，2020.88]	＜1179.63
	森林覆盖率/%	＞60.1	[53.6，60.1]	[47.0，53.5]	[40.3，46.9]	＜40.3
水环境	工业废水排放达标率/%	＞94.18	[85.54，94.18]	[76.89，85.53]	[68.23，76.88]	＜68.23
	城市污水处理率/%	＞77.12	[64.01，77.12]	[50.89，64.00]	[37.76，50.88]	＜37.76
水灾害	水土流失率/%	＜31.63	[31.63，39.42]	[39.43，47.21]	[47.22，55.00]	＞55.00
	降水量/亿 m^3	＜110.13	[110.13，172.78]	[172.79，235.43]	[235.44，298.08]	＞298.08
	石漠化土壤侵蚀面积比例 微度/%	＜45.01	[45.01，52.80]	[52.81，60.59]	[60.60，68.38]	＞68.38
	轻度	＜18.33	[18.33，21.82]	[21.83，25.31]	[25.32，28.79]	＞28.79
	中度	＜8.21	[8.21，13.23]	[13.24，18.25]	[18.26，23.28]	＞23.28
	强度	＜2.26	[2.26，4.54]	[4.55，6.82]	[6.83，9.11]	＞9.11
	极强度	＜0.31	[0.31，0.93]	[0.94，1.55]	[1.56，2.18]	＞2.18

（1）人口自然增长率。

1）最大值为 9.33，最小值为 5.75，差值 $x=9.33-5.75=3.58$；

2）非常安全等级的限定值：$W_1=5.75+3.58/8\approx6.20$；

3）安全的限定值：$W_2=6.20+(8.88-6.20)/3\approx7.10$；

4）基本安全的限定值：$W_3=7.10+(8.88-6.20)/3\approx7.99$；

5）不安全的限定值：$W_4=8.00+(8.88-6.20)/3\approx8.88$；

6）危机的限定值：$W_5=9.33-3.58/8\approx8.88$。

（2）水资源总量。

1）最大值为 166.5，最小值为 28.3，差值 $x=166.5-28.3=138.2$；

2）非常安全等级的限定值：$W_1=166.5-138.2/8\approx149.23$；

3）安全的限定值：$W_2=114.69+(149.23-45.58)/3\approx149.23$；

4）基本安全限定值：$W_3=80.14+(149.23-45.58)/3\approx114.68$；

5）不安全的限定值：$W_4=45.58+(149.23-45.58)/3\approx80.13$；

6）危机的限定值：$W_5=28.3+138.2/8\approx45.58$。

2. 基于集对分析的贵州省各市（自治州）横向水安全评价

集对分析的核心思想是先对不确定性系统中的两个有关联的集合构造集对，再对集对的特性做同一性、差异性、对立性分析，然后建立集对的同、异、反联系度。集对分析的基础是集对，关键是联系度。联系度可以理解为各个评价指标的得分隶属于水安全等级标准的可能程度。根据前述方法，以水安全分级5级指标的门值作为集对分析联系度表达式中的同一度、差异度、对立度的取值依据，先确定出同一度 a 和对立度 c 的值，再由 $a+b+c=1$ 确定出差异度 b 的值，这里以贵阳市综合联系度为例：

$$\eta_{\text{贵阳市}-W_1}=\frac{4}{14}+\frac{4}{14}i_1+\frac{1}{14}i_2+\frac{2}{14}i_3+\frac{3}{14}j$$

$$\eta_{\text{贵阳市}-W_2}=\frac{4}{14}+\frac{5}{14}i_1+\frac{2}{14}i_2+\frac{3}{14}i_3+\frac{0}{14}j$$

$$\eta_{\text{贵阳市}-W_3}=\frac{1}{14}+\frac{6}{14}i_1+\frac{7}{14}i_2+\frac{0}{14}i_3+\frac{0}{14}j$$

$$\eta_{\text{贵阳市}-W_4}=\frac{2}{14}+\frac{4}{14}i_1+\frac{4}{14}i_2+\frac{4}{14}i_3+\frac{0}{14}j$$

$$\eta_{\text{贵阳市}-W_5}=\frac{3}{14}+\frac{2}{14}i_1+\frac{1}{14}i_2+\frac{4}{14}i_3+\frac{4}{14}j$$

依据经验取值法，分别取 $i_1=0.5$，$i_2=0$，$i_3=-0.5$，$j=-1$ 代入公式，得联系度为：$\eta_{\text{贵阳市}-W_1}=0.14$，$\eta_{\text{贵阳市}-W_2}=0.36$，$\eta_{\text{贵阳市}-W_3}=0.29$，$\eta_{\text{贵阳市}-W_4}=0.14$，$\eta_{\text{贵阳市}-W_5}=-0.14$。根据最大数原则取数值最大即 $\eta_{\text{贵阳市}-W_2}=0.36$，所以贵阳市的水安全等级为安全；依据上面的计算方法分别计算其他市（自治州）的联系度，结果见表7-5。

表7-5 贵州省各市（自治州）水安全等级联系度

项目	安全等级	$\eta_{\text{贵阳市}-W}$	$\eta_{\text{遵义市}-W}$	$\eta_{\text{安顺市}-W}$	$\eta_{\text{黔南州}-W}$	$\eta_{\text{黔东南州}-W}$	$\eta_{\text{铜仁市}-W}$	$\eta_{\text{毕节市}-W}$	$\eta_{\text{六盘水市}-W}$	$\eta_{\text{黔西南州}-W}$
水资源	W_1	−0.6	0.5	−0.2	0.6	0.6	0.3	0	−0.3	−0.1
	W_2	−0.1	0.6	0.3	0.7	0.7	0.8	0.3	0.2	0.2
	W_3	0.2	0.5	0.8	0.4	0.4	0.7	0.4	0.3	0.5
	W_4	0.5	0	0.7	−0.1	−0.1	0.2	0.5	0.4	0.4
	W_5	0.6	−0.5	0.2	−0.6	−0.6	−0.3	0	0.3	0.1
水环境	W_1	0.5	0.75	0.25	0.5	0	−0.25	0.5	−0.25	0
	W_2	0.6	0.76	0.75	0.5	0.5	0.25	1	0.25	0
	W_3	0.5	0.25	0.77	0.6	0.5	0.25	0.51	0.75	0
	W_4	0	−0.25	0.25	0	0.5	0.28	0	0.76	0.1
	W_5	−0.5	−0.75	−0.25	−0.5	0	0.25	−0.5	0.25	0

续表

项目	安全等级	$\eta_{贵阳市-W}$	$\eta_{遵义市-W}$	$\eta_{安顺市-W}$	$\eta_{黔南州-W}$	$\eta_{黔东南州-W}$	$\eta_{铜仁市-W}$	$\eta_{毕节市-W}$	$\eta_{六盘水市-W}$	$\eta_{黔西南州-W}$
水灾害	W_1	0.57	0.07	0.36	0.29	0.36	−0.21	−0.5	−0.14	0.29
	W_2	0.64	0.43	0.57	0.36	0.29	0.29	−0.14	0.21	0.64
	W_3	0.29	0.64	0.36	0.29	0.07	0.64	0.21	0.29	0.57
	W_4	−0.07	0.29	0.14	0.07	−0.14	0.71	0.43	0.36	0.21
	W_5	−0.57	−0.07	−0.21	−0.29	−0.36	0.21	0.5	0.14	−0.29
综合联系度	W_1	0.14	0.32	0.14	0.43	0.39	−0.036	−0.18	−0.21	0.11
	W_2	0.36	0.53	0.5	0.5	0.46	0.46	0.18	0.21	0.39
	W_3	0.29	0.54	0.57	0.36	0.25	0.61	0.32	0.36	0.46
	W_4	0.14	0.11	0.36	0	−0.036	0.46	0.39	0.43	0.25
	W_5	−0.14	−0.25	−0.14	−0.43	−0.39	0.036	0.18	0.21	−0.11

7.2.3.5 基于GIS的贵州省水安全等级划分

用ArcGIS软件作为实现工具，将贵州省各市（自治州）水安全分为水资源、水环境、水灾害和综合水安全的属性数据输入，得到水资源安全等级划分（见图7-7）、水环境安全等级划分（见图7-8）、水灾害安全等级划分（见图7-9）和水安全综合等级划分（见图7-10）。

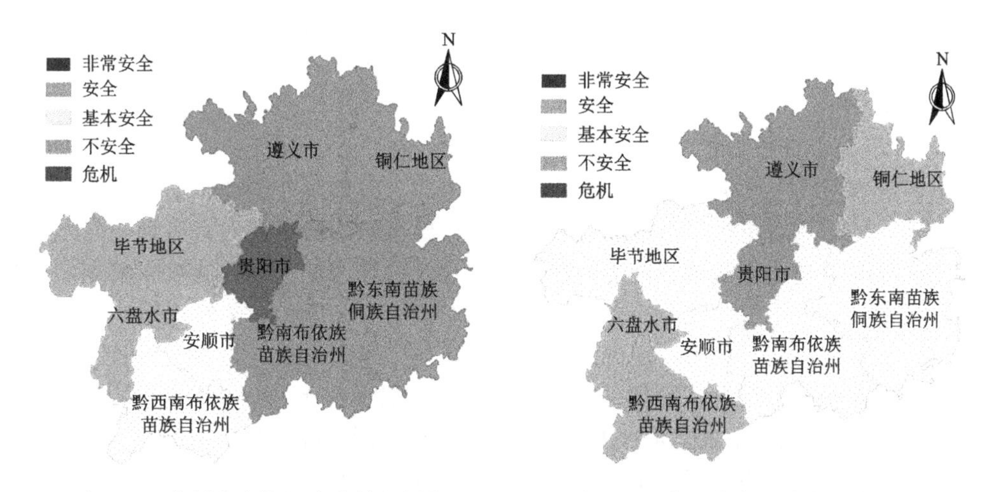

图7-7 贵州省水资源安全等级划分　　图7-8 贵州省水环境安全等级划分

在贵州省各市（自治州）水资源安全子系统中（见图7-7），只有省会贵阳市处于危机状态。该子系统主要是从水资源数量供需缺口的角度予以描述的，由于贵阳市是全省工业化城镇化最高的城市，水量供需矛盾较大，贵阳市人均水资源占有量只有760m^3，相比其他市（自治州）均高于1400m^3的人均占有量，是其他市（自治州）的约50%；遵义、铜仁、黔东南、黔南均处于安全状态，这也印证了这些市（自治州）在水量供应方面大于需求的实际情况；安顺、黔西南为基本安全，水量的供需基本是平衡的；毕节和六盘水是不安全的，水量供不应求，与快速增长的工业需水量有关。

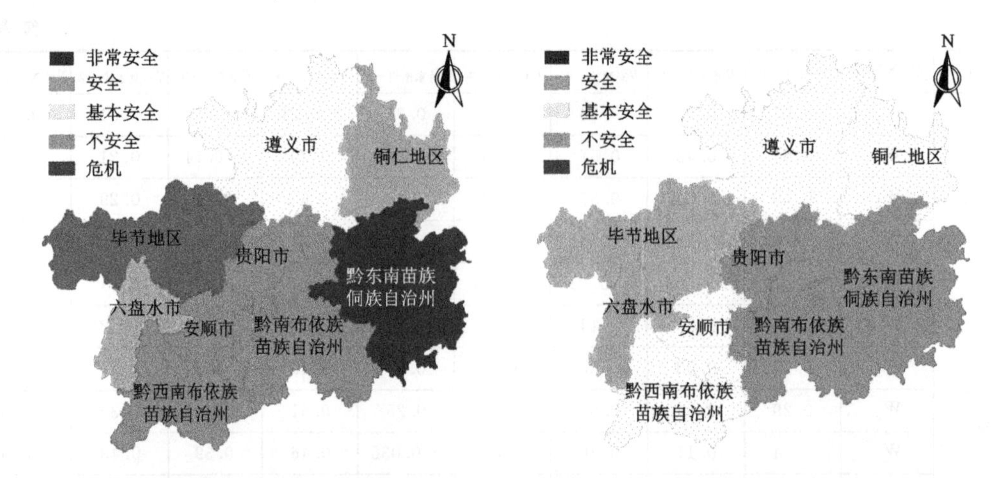

图7-9 贵州省水灾害安全等级划分

图7-10 贵州省水安全综合等级划分

从图7-8得到，在贵州省各市（自治州）水环境安全子系统中，贵阳和遵义处于安全状态。该子系统主要是从水质优劣的角度给予阐述的，尽管贵阳遵义较其他市（自治州）的经济发达，但并没有造成水环境的污染破坏，贵阳和遵义较高的污水回用率和城市污水处理率为水环境提供了保障，这与缪应祺指出的城市污水集中处理是城市水环境保护的最后一道防线，直接关系到城市水环境安全相一致；毕节、安顺、黔南、黔东南水质是基本安全的，各类水质级别刚好能够达到标准；六盘水和黔西南水质是不安全的，水环境容易受到破坏，应该重点提高城市污水处理率和降低污水排放系数，以满足各类用水对水质质量的要求。

图7-9反映了贵州省各市（自治州）水灾害安全子系统的状态，该子系统主要是从地质地貌、降水对发生水灾害概率的影响角度考虑的。黔东南处于非常安全状态，这里海拔全省最低，地貌类型主要以岩溶洼地平原为主，属于喀斯特地貌发育后期，泥石流滑坡等灾害发生较少；贵阳、安顺、黔南、黔西南是安全的，一是水利设施投入较高，二是土壤侵蚀石漠化的比例低于其他市（自治州）；遵义水灾害是基本安全的；铜仁、六盘水是不安全的；毕节处于危机状态，地貌类型主要以峰林、峰丛为主，再者人口较多，不合理的劳作，容易发生水土流失，毕节石漠化土壤侵蚀面积重度比例达10.25%，远高于其他市（自治州），水土流失率也是最高的达58.89%。这在同等降雨量的情况下，加剧了水灾害的发生频率。这与史德明指出的水土流失对洪涝灾害的叠加效应导致在同样降雨条件下，加剧了洪涝灾害的发生频率和灾害程度是一致的。

图7-10综合了各个子系统的情况，从水量、水质、水灾害方面综合反映了贵州省各市（自治州）水安全系统的状况。贵阳、黔东南、黔南的水安全系统是安全的；遵义、铜仁、安顺、黔西南的水安全系统处于基本安全状态；毕节、六盘水的水安全系统是不安全的。针对各区域水安全影响的主要因素和限制瓶颈，从中能够总结出贵州省3种典型的水安全系统发展模式。

（1）贵阳模式。贵阳是贵州省的省会城市，是贵州经济文化政治中心，工业城镇化水平全省最高。在水资源安全等级中处于危机状态，是由于造成水资源不安全的潜在驱动力过高所致，水资源总量、人均水资源占有量均低于标准值，自然状态下水资源承载力根本无法承载当前贵阳的社会经济发展；在水环境安全等级中，贵阳处在安全状态，是因为城市污水处理率和工业废水达标率都较高，贵阳市注重水环境的保护，拥有比较完善的水功能区，同时采用节水设备，提高水资源的利用效率，水环境的承载力较高；在水灾害安全等级中也处在安全状态，说明抵御水灾害的能力较强，是因为贵阳市的水土流失和石漠化土壤侵蚀在各市（自治州）中较低，生态环境保护的比较好，洪涝、滑坡、泥石流等自然灾害发生较少。贵阳市的水安全发展模式是一种在水资源承载力较低的情况下，改善提高水环境承载力和抵御水灾害的能力，从而使得水安全综合等级处于安全状态，也就是水生态承载力较高。黔东南和黔南州基本上采取的就是这种模式。

（2）遵义模式。遵义市是贵州省北大门，是全省第二大城市。在水资源安全等级中处于安全状态，水资源总量、人均水资源量都较高，森林覆盖率达到48.5%，水资源承载力能够支撑社会经济的发展；在水环境安全等级中处于安全状态，水环境承载力也能够承载人类社会和生态环境对水质的要求；在水灾害安全等级中处于基本安全的状态，由于遵义市的水土流失和石漠化土壤侵蚀要比贵阳市严重，加之年降雨量又比其他市（自治州）多，洪涝灾害发生比较频繁，生态环境保护处于各市（自治州）中等水平。遵义市的水安全发展模式是一种在水资源、水环境承载力都较高的情况下，忽视了水利设施的建设，抵御水灾害能力不足，造成水安全综合等级处于基本安全状态，即水生态承载力水平一般。铜仁市、安顺市、黔西南州基本属于这一类型。

（3）毕节模式。毕节市是贵州省大力发展的城市，处在高速发展的阶段，是全省第三大经济体。在水资源安全等级中处于不安全状态，是因为毕节市快速的社会经济发展对本就一般水平的水资源承载力造成了巨大的压力，如果不采取相应措施，水资源承载力很容易就会触及危机的红线；在水环境安全等级中处于基本安全状态，由于近年的人口压力和快速城镇化的压力，导致毕节市水环境开始恶劣，水质低下，而配套的维护水环境的政策和设备都没有跟上经济发展的速度，水环境承载力也濒临不安全的状态；在水灾害安全等级中处于危机状态，这是因为毕节市水土流失和石漠化土壤侵蚀是贵州省最严重的地区，一旦出现强降雨，很容易发生滑坡、泥石流等灾害，抵御水灾害的能力最差，生态环境保护也处在各市（自治州）最低水平。毕节市的水安全发展模式是一种在水资源承载力和水环境承载力都即将出现不安全的情况下，还没有对恶化的水生态承载力作出有力反应，生态环境的破坏还在加剧，这从社会经济发展遭遇瓶颈就可以发现，造成水安全综合等级处于不安全状态，即水生态承载力较低。六盘水市的情况和毕节市相类似。

7.2.3.6 小结

基于“DPSIR”模型，建立了贵州省喀斯特地区城市水安全的评价指标体系，并运用SPA模型对贵州省各市（自治州）水安全进行了综合评价。

（1）构建了一套比较完整，能反映喀斯特地域特色的水安全评价指标体系和评价标准，并进行综合评价和等级划分，结果表明：贵州省9个市（自治州）中，有3个市（自治州）处于安全状态、有4个市（自治州）处于基本安全状态、有2个市处于不安全状态，没有处于非常安全和危机状态的。

（2）基于水资源子系统、水环境子系统、水灾害子系统的水安全现状，针对影响水安全的主要胁迫因子，提出了符合贵州省3种典型水安全发展的模式：贵阳模式、遵义模式、毕节模式。

(3) 针对“贵阳水安全发展模式”，提出应合理规划取水工程，可进行跨区域调水来补充缺乏的水资源。在峰林平原地区，采用钻井取水；在分界线地区，应重点开发地下河，结合有压抽水。应积极开发已查明的地下河和地下水测点，以增加地下库容及调蓄能力。

(4) 针对“遵义水安全发展模式”，提出遵义市应加强水利设施的建设，增加水利投资经费，防洪抗旱，做好应对水灾害的措施。

(5) 针对“毕节水安全发展模式”，提出毕节市在水资源系统的各个方面都要加强管理的措施，首先要合理调度水资源，同时改善生态环境和水环境，防止岩溶地区土壤石漠化，提高岩溶山区的旱涝灾害抵抗能力。

水安全的变化与社会经济发展密切相关，应该充分考虑贵州省水资源的时空分布情况，调整产业结构，合理调度、利用水资源，促进贵州省整个社会经济的持续发展。

7.3 贵州省水安全与经济发展的关系

7.3.1 贵州省水贫困时空分布格局

7.3.1.1 数据来源

本节的研究数据主要来源于《贵州省宏观经济数据库》、《贵州省统计年鉴》(2010—2019年)、《贵州省水资源公报》(2010—2019年) 以及贵州省9个市（自治州）的《统计年鉴》(2010—2019年)，数据缺失的部分，采用一次指数平滑法进行数据补充。结合贵州省的实际情况，本节总共选取了25个指标，其中“降水量变异系数”“产水模数”“人均供水管道长度”“人均供水量”“科技事业、科技三费占财政支出比例”“财政自给率”“万元GDP用水量”的数值是通过计算之后得到的，其余的指标数据都是原始数据。

7.3.1.2 贵州省水贫困指标体系构建

1. 贵州省水贫困指标的确立

构建贵州省水贫困指标体系时，首先要基于贵州省的社会环境和资源环境等特点，将水贫困理论的资源（R)、设施（A)、能力（C)、使用（U)、环境（E）五大评价方面作为目标层，再结合贵州省9个市（自治州）的实际情况，对准则层进行选取。准则层的选取要系统全面，要能够反应贵州省的社会环境变化、资源环境变化以及社会经济发展状况。最后基于选好的准则层，通过大量梳理相关文献的指标和咨询专家的意见，不断重复进行选取、删除、更换指标，最终确定选取25个指标作为评价贵州省水贫困研究的指标体系，见表7-6。

2. 指标权重的确定

采用主客观结合法来对各指标进行赋权，主客观结合有利于从主观和客观方面经行系统评价，最后综合权重分别占主观赋权和客观赋权重的一半。主观法采用的是专家打分法确定权重，专家打分法在权重的确定过程中主观因素较强，通过向专家发放贵州省水贫困评价指标体系表，然后回收计算各指标所占的权重即得主观权重；客观法采用的是熵值法

表 7-6 贵州省水贫困评价指标体系

目标层	准则层	指　标　层	指标层代码	正负性	主观权重	客观权重	综合权重
资源（R）	水资源禀赋	地表水量（亿 m^3）	R1	N	0.04812	0.01315	0.03063
		地下水量（亿 m^3）	R2	N	0.04750	0.01590	0.03170
		地表水达标系数（Ⅱ类水质）（%）	R3	N	0.04318	0.04737	0.04528
		降水量变异系数	R4	N	0.04442	0.00418	0.02430
		产水模数（万 m^3/km）	R5	N	0.04195	0.01594	0.02894
设施（A）	城市生活	城市用水普及率（%）	A1	N	0.04442	0.03763	0.04102
		人均供水管道长度（m）	A2	N	0.03701	0.01570	0.02636
		人均供水量（m^3）	A3	N	0.04318	0.04150	0.04234
	农业	累计有效灌溉面积（万亩）	A4	N	0.04072	0.01412	0.02742
	工业	当年农村饮水解困工程解决人数（万人）	A5	N	0.03393	0.01353	0.02373
能力（C）	经济水平	人均 GDP（元）	C1	N	0.03270	0.01036	0.02153
	人民生活	城镇人均可支配收入（元）	C2	N	0.03331	0.01996	0.02664
		农村人均可支配收入（元）	C3	N	0.03208	0.01080	0.02144
	教育	万人拥有校学生数（人）	C4	N	0.03146	0.01957	0.02552
	科技	科技事业费、科技三费占财政支出比例（%）	C5	N	0.03578	0.01062	0.02320
	政府调控	财政自给率	C6	N	0.03578	0.01732	0.02655
使用（U）	压力	万元 GDP 用水量（万 m^3）	U1	P	0.03948	0.04704	0.04326
		农业用水量（亿 m^3）	U2	P	0.04133	0.05369	0.04751
		工业用水量（亿 m^3）	U3	P	0.04380	0.02629	0.03504
		居民生活用水量（亿 m^3）	U4	P	0.04133	0.03069	0.03601
		生态环境用水量（亿 m^3）	U5	P	0.04133	0.04570	0.04352
环境（E）	生态环境	生活污水排放总量（t）	E1	P	0.04380	0.44611	0.24495
		当年治理水土流失面积（km^2）	E2	N	0.04133	0.00871	0.02502
		森林覆盖率（%）	E3	N	0.04010	0.02745	0.03378
	治理保护	工业污染治理设施运行费用（亿元）	E4	N	0.04195	0.00668	0.02431

确定权重，熵值法是根据各项指标观测值所提供的信息大小来确定指标权重，客观性较强。由于各指标的量纲不同，在运用熵值法计算时第一步要先经行数据化标准处理，以消除量纲对权重的影响。为了使最后计算的 *WPI* 值越大则代表该地区水贫困越严重，因此需要对指标进行正负向区分，下面是熵值法的计算过程。

（1）标准化处理。正向指标（用 P 表示，指标数值越大，水资源条件越差，*WPI* 值越大，则表明水贫困越严重）的标准化处理计算公式为

$$T_{ij}=\frac{X_{ij}-\mathrm{MIN}(X_{ij})}{\mathrm{MAX}(X_{ij})-\mathrm{MIN}(X_{ij})}+0.00001 \tag{7-17}$$

负向指标（用 N 表示，指标数值越大，水资源条件越好，*WPI* 值越小，则表明水贫

困越轻微）的标准化处理计算公式为

$$T_{ij}=\frac{\mathrm{MAX}(X_{ij})-X_{ij}}{\mathrm{MAX}(X_{ij})-\mathrm{MIN}(X_{ij})}+0.00001 \tag{7-18}$$

式中：X_{ij} 为第 i 市第 j 指标的数据（本研究中 $1\leqslant i\leqslant n$，$1\leqslant j\leqslant m$，其中 $n=9$，$m=25$），$\mathrm{MAX}(X_{ij})$、$\mathrm{MIN}(X_{ij})$ 分别代表所有州市中第 j 指标的最大值和最小值。

（2）计算第 i 个被评价对象在第 j 个指标上的指标比重（P_{ij}）：

$$P_{ij}=\frac{X_{ij}}{\sum_{i=1}^{n}X_{ij}} \tag{7-19}$$

（3）计算信息熵 K：

$$K=-\frac{1}{\ln n} \tag{7-20}$$

（4）计算第 j 个指标的熵值 E_j：

$$E_j=-\frac{1}{\ln n}\sum_{i=1}^{n}P_{ij}\ln P_{ij} \tag{7-21}$$

（5）计算差异系数 g_i：

$$g_i=1-E_j \tag{7-22}$$

（6）计算权重 w_j：

$$w_j=\frac{g_i}{\sum_{j=1}^{m}g_i} \tag{7-23}$$

7.3.1.3 贵州省水贫困 *WPI* 值的计算及其分级标准

水贫困指数计算公式为

$$WPI=\frac{\sum_{j=1}^{m}S_jX_{ij}}{\sum_{j=1}^{m}S_j} \tag{7-24}$$

式中：WPI 的取值在 0～1 之间；S_j 为各指标的综合权重；X_{ij} 为第 i 市第 j 指标标准化处理后的数据。根据区分指标的正负性，计算出的 WPI 值越大表明水贫困越严重；反之，计算出的 WPI 值越小表明水贫困越轻微，计算结果如图 7-11 所示。

运用 ArcGIS 10.4 中的自然间断点分级法将所得出的 WPI 值进行分级，结合水贫困理论及贵州省的实际情况将水贫困划分为 5 个等级，水贫困等级依次为极微水贫困、微水贫困、中度水贫困、强水贫困、极度水贫困。分级标准如下：

$$\begin{cases}1\text{ 级：极微水贫困，}WPI\leqslant 0.35\\2\text{ 级：微水贫困，}0.35<WPI\leqslant 0.38\\3\text{ 级：中度水贫困，}0.38<WPI\leqslant 0.42\\4\text{ 级：强水贫困，}0.42<WPI\leqslant 0.49\\5\text{ 级：极度水贫困，}WPI>0.49\end{cases}$$

7.3.1.4 贵州省水贫困时间格局分析

由图 7-12 可知，总体来说 2010—2019 年全省及其 9 个市（自治州）水贫困状况有

年份	贵阳市	遵义市	安顺市	黔南州	黔东南州	铜仁市	毕节市	六盘水市	黔西南州	全省
平均	0.40550	0.42489	0.40977	0.36547	0.38570	0.40755	0.41737	0.41459	0.38495	0.40175
2019	0.60252	0.51759	0.39361	0.37514	0.40981	0.45900	0.48677	0.43520	0.35186	0.44794
2018	0.35694	0.38203	0.35290	0.30947	0.34470	0.38094	0.38086	0.35437	0.33719	0.35549
2017	0.35562	0.43415	0.36777	0.32347	0.34380	0.35245	0.39372	0.36517	0.34218	0.36426
2016	0.36991	0.38363	0.38094	0.34639	0.34188	0.35906	0.37187	0.38332	0.37252	0.36772
2015	0.37234	0.40445	0.38195	0.33899	0.32537	0.38426	0.39469	0.39518	0.36264	0.37332
2014	0.38076	0.38560	0.39849	0.36079	0.36615	0.38293	0.41870	0.40849	0.36833	0.38558
2013	0.39944	0.42868	0.44608	0.39212	0.38433	0.41943	0.43622	0.42368	0.39770	0.41419
2012	0.39734	0.42599	0.43454	0.38406	0.43244	0.42394	0.39809	0.44971	0.42385	0.41889
2011	0.44338	0.47215	0.48176	0.43239	0.46315	0.46325	0.46541	0.47496	0.47834	0.46387
2010	0.37673	0.41464	0.45967	0.39183	0.44538	0.45024	0.42740	0.45582	0.41489	0.42629

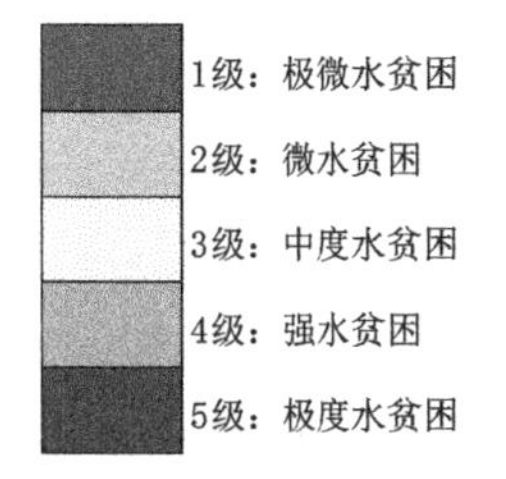

图 7-11　水贫困等级热力分布图

所改善。全省的 *WPI* 值是通过 9 个市（自治州）的平均值而得到的，2010—2011 年为强水贫困、2012—2014 年为中度水贫困、2015—2018 年为微水贫困、2019 年为强水贫困，水贫困指数在 0.30947～0.60252 波动，在这区间，*WPI* 值整体呈波动型下降，说明全省的水贫困状况逐渐得到改善。

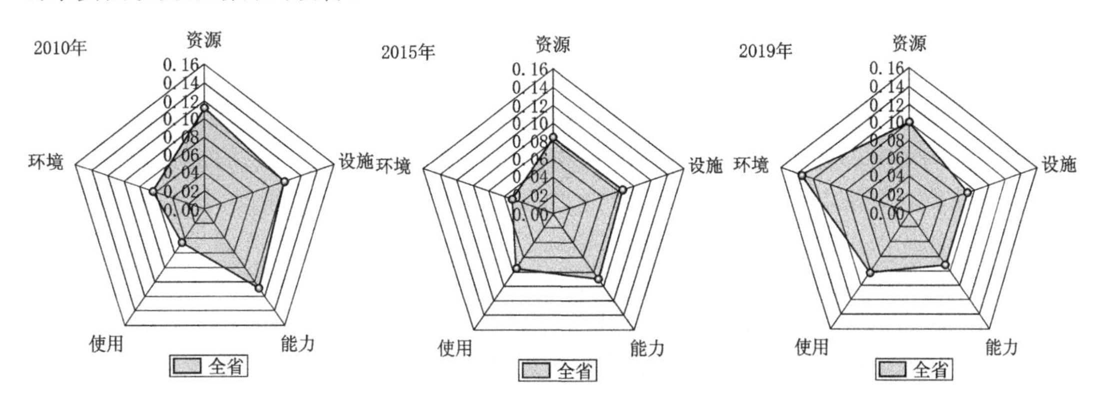

图 7-12　贵州省强水贫困目标层所占的贡献

将贵州省水贫困为强水贫困等级的五大目标层的贡献率用图 7-12 表示出来，得到 2010 年贵州省为强水贫困主要是由水资源禀赋（R）、利用能力（C）、供水设施（A）三大目标层的贡献，其主要原因是在水资源禀赋方面地表水达标系数（Ⅱ类水质）仅为 11.2%，为评价期间最小的；其次是利用能力方面，当时贵州省的经济水平相对较低，人均 GDP 仅为 13119 元，经济相对落后；最后在供水设施方面，城市生活水平总体较低，比如城市用水普及率仅为 86.52%，人均供水管道长度仅为 0.22m，全年人均供水量也不高，仅为 242.18m^3。

2015年，贵州省水贫困情况相对较好，五大目标层的贡献率都没有超过0.10，说明该年的贵州省水贫困状况相对稳定，五大目标层的数值相对平衡。2019年，贵州省五大目标层的贡献力总体相对都较高，特别是生态环境方面，其中最明显的是生活污水排放总量最多，达到9.2亿t，比前九年还要高100倍；其次是当年水土流失面积也比较高，为2996.66km²；最后就是工业污染治理设施运行费用才达到8.9亿元，在十年评价区间为最低的一次。通过了解情况，2019年，贵州省先后不同程度发生低温冷冻、风雹、洪涝、山体滑坡、地震等多起自然灾害，尤其以水城“7.23”特大山体滑坡灾害损失重、影响大。各类自然灾害共造成全省85个县（市、区）1025个乡（镇）285.11万人（次）不同程度受灾，主要表现在：全年洪涝灾害严重，直接经济损失占各类自然灾害的91%；入汛早、汛期长，降水频繁强度大；部分中小河流洪水大，城镇内涝严重；地质灾害防治形势严峻，沿河县4.9级地震，影响较大。

根据数据显示，水贫困最好的是2014—2018年，全省9个市（自治州）的水贫困状况都相对来说较好，其中2017年遵义市的水贫困状况最严重，*WPI*为0.43415，呈强水平困。总体来说，遵义市在整个评价区间呈现出的水贫困最严重，十年平均呈强水贫困。

7.3.1.5 贵州省水贫困空间格局分析

由图7-13可以得出，贵州省水贫困空间分布格局随时间的变化呈现出不同的分布，总体来看，贵州省9个市（自治州）的水贫困变化是逐步改善的；在2010—2019年评价期间，贵州省的北部和西部水贫困较严重，而南部和东部的水贫困相对来说比较理想，呈现了“西北部强，东南部弱”的水贫困特点。贵州省9个市（自治州）在2011年水贫困最为严重，全省9个市（自治州）均为强水贫困；贵州省9个市（自治州）在2018年水贫困最为理想，其中黔南州、黔东南州、黔西南州均为极微水贫困，贵阳市、安顺市、六盘水市均为微水贫困；遵义市、铜仁市、毕节市在全年水贫困最严重，为中度水贫困。

2011年，全省9个市（自治州）均为强水贫困，大多数主要是受到了水资源禀赋和利用能力方面的影响，见图7-14，证明该年份贵州省9个市（自治州）的水贫困原因具有一定的一致性，但是也有几个市（自治州）的水贫困原因除了上述两个，还受到其他方面的影响，影响原因多样化。其中遵义市还受到了使用效率的影响，各方面用水量带来了一定的压力；安顺市还受到了利用能力和供水设施的影响，比如经济水平和人民生活水平不高，政府财政自给率比较低，供水设施不完善，人均供水管道长度仅为0.21m等；同时毕节市受到供水设施的影响也较大，其中城市用水普及率、人均管道长度、人均供水量等都较低。

2019年，遵义市、贵阳市均为极度水贫困；铜仁市、毕节市、六盘水市均为强水贫困；安顺市、黔东南州为中度水贫困；黔南州、黔西南州为微水贫困。其中贵阳市的水贫困最严重，达到了十年评价区间*WPI*值的最大值，为0.60252。当年贵阳市受到生态环境的影响最大，见图7-15。2019年贵阳市的生活污水排放总量达到2.9亿t，占全省生活污水排放总量的30%，也是贵阳市排放生活污水排放最多的一年；其次是当年的治理水土流失面积较低；最后是工业污染治理设施运行费用仅为0.64亿元，相对其他年份较低。遵义市2019年为极度水贫困，主要是由生态环境（E）和利用能力（C）引起的。在生态环境方面，主要受到地表水达标系数的影响，仅为11.6%；在使用效率方面，使用压力较

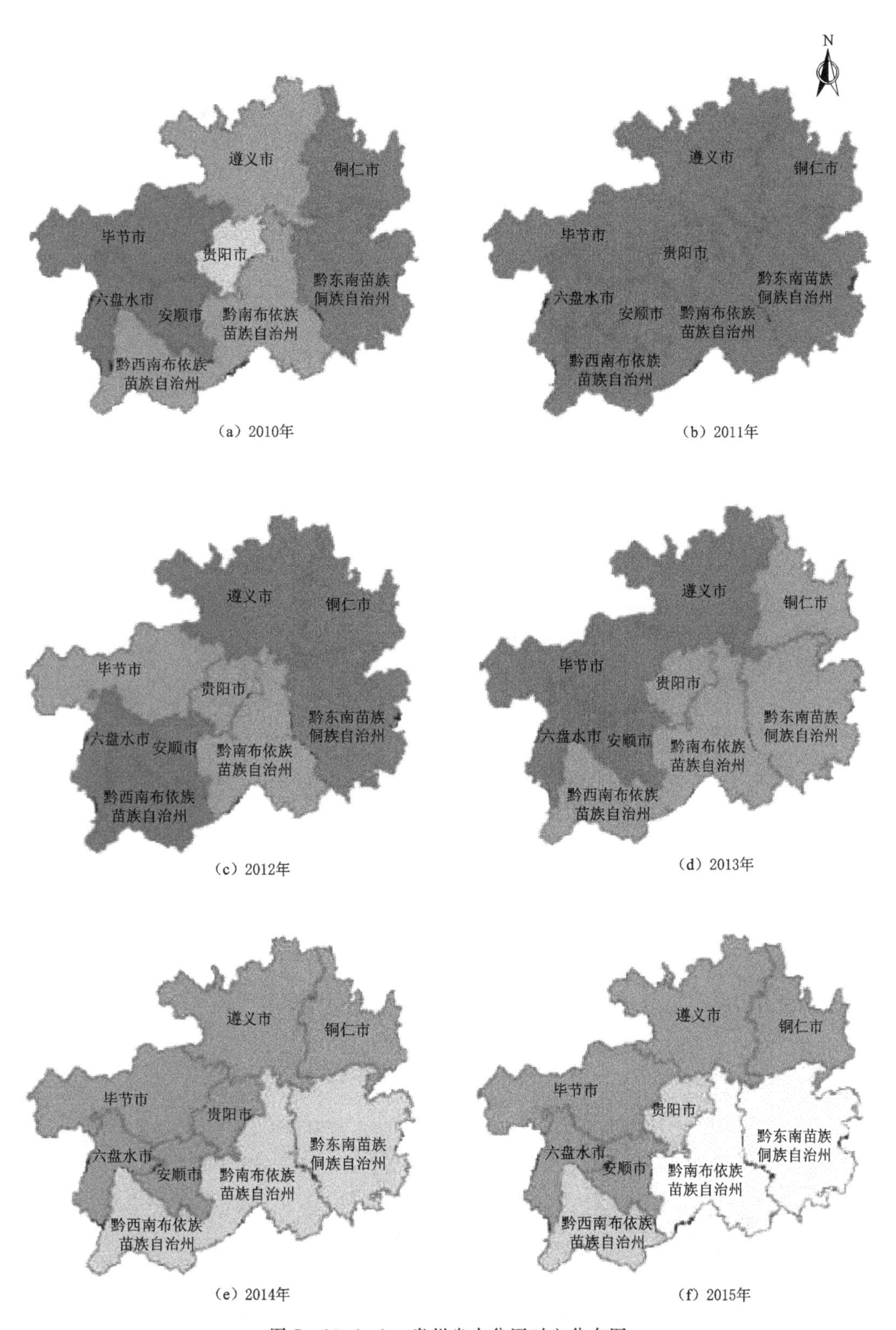

图 7-13（一） 贵州省水贫困时空分布图

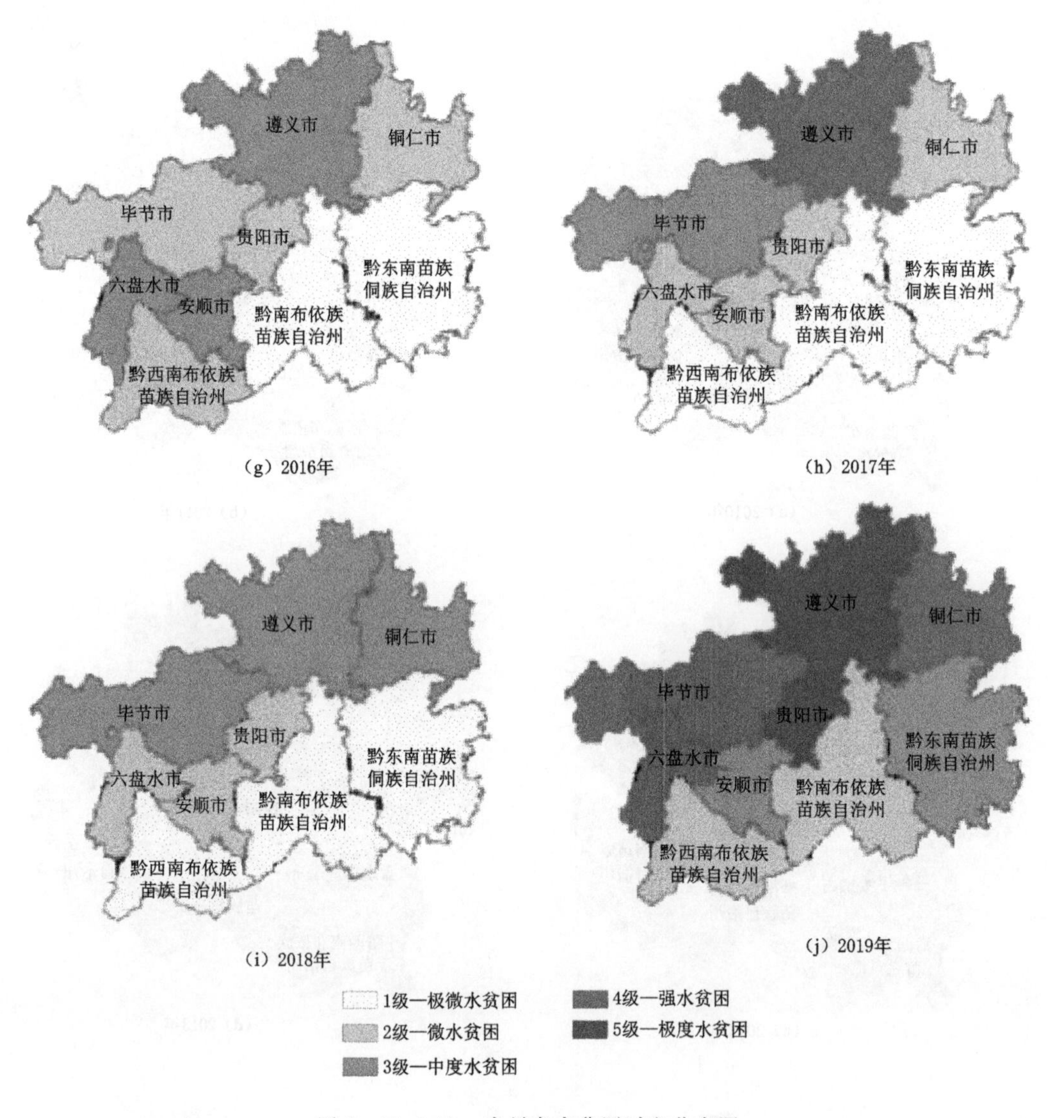

图 7-13（二） 贵州省水贫困时空分布图

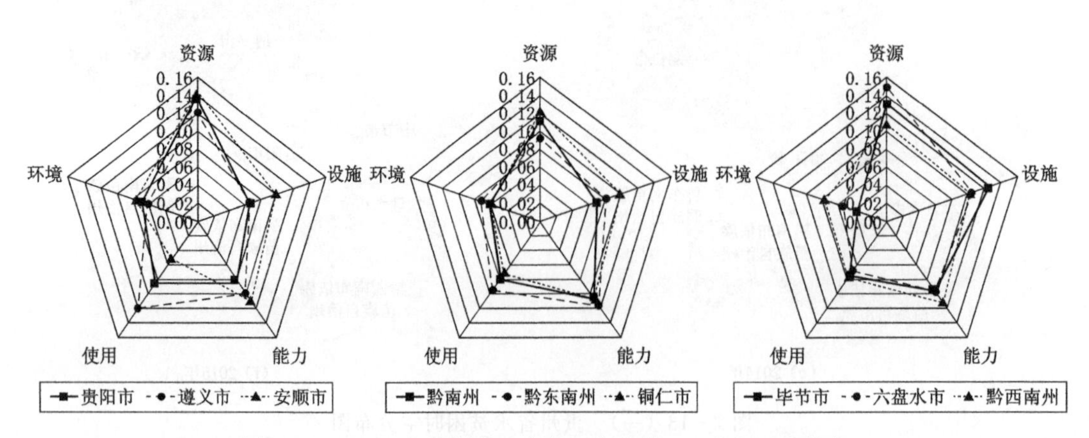

图 7-14 2011 年贵州省 9 个市（自治州）五大方面贡献力

高，比如万元 GDP 用水量较高，为 70.45 万 m^3，比全省的平均水平还高；其次是农业用水量、工业用水量、居民生活用水量都比较高。

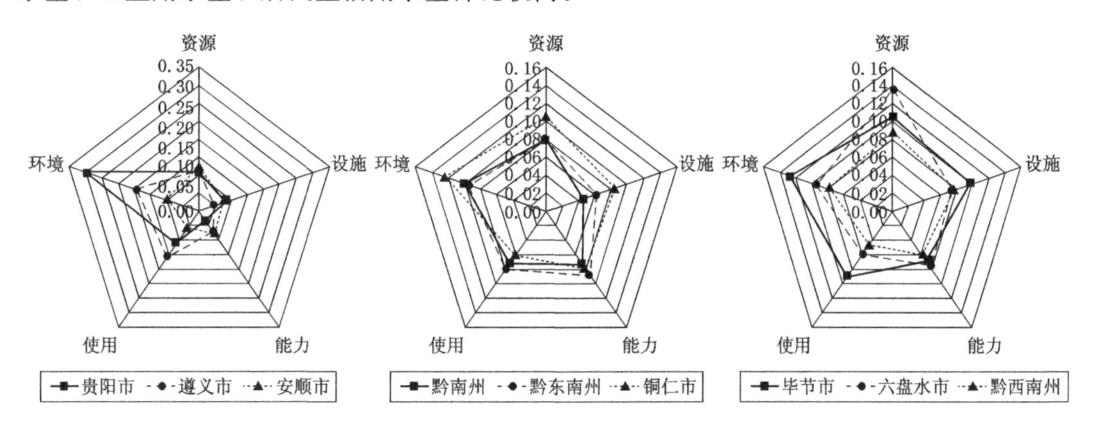

图 7-15　2019 年贵州省 9 个市（自治州）五大方面贡献力

在 2019 年，铜仁市、毕节市、六盘水市强水贫困中，基本是受到了水资源禀赋中的地表水达标系数的影响，分别为 16.3%、22.5%、23.6%，总体来说都比较低；其次是受到生态环境的影响，当年三个地方的生活污水排放总量均较高、而且当年工业治理运行费用都较低。其中毕节市受到五大方面的影响综合都较高。

7.3.2　贵州省水贫困驱动机制研究

7.3.2.1　因子探测器

因子探测是地理探测器中的一种方法，是由王劲峰团队研发的用来探究空间分异性的统计学手段。其核心思想是用 q 来衡量自变量与因变量之间的关系的解释力，q 的值域为 [0，1]，如果因变量是由自变量生成的，则 q 值越大表示自变量对因变量的解释力越强，反之则越弱。极端情况下，q 值为 1 表明因子自变量完全控制了因变量的空间分布；q 值为 0 则表明因子自变量与因变量没有任何关系，q 值表示自变量解释了 $100\times q\%$ 的因变量。q 值的计算公式为

$$q=1-\frac{\sum_{h=1}^{L}N_h\sigma_h^2}{N\sigma^2}=1-\frac{SSW}{SST} \tag{7-25}$$

式中：$h=1$，…，L 为因变量或自变量因子的分层，即分类或分区；N_h 为层 h 的单元数；N 为全区的单元数；σ_h^2 和 σ^2 分别是层 h 和全区的因变量的方差；SSW 和 SST 分别为层内方差之和和全区总方差。

地理探测器中的因子探测器可以很好地与水贫困理论结合起来，从时空上探测出导致水贫困的驱动因子，以及主要驱动因子的解释力大小，并且探测的自变量与因变量的数据可以很多，具有一定的优势和可靠性。

7.3.2.2　数据离散

运用地理探测器模型时，因变量可以为连续型变量或是类型变量，但自变量应为类型

量，本节收集的数据均为连续型变量，因此要对数据进行数据离散处理使其转变为类型变量。用自然间断点分级法（通过 ArcGIS 10.4 完成）将一组连续型变量进行数据离散，分为5个级别，然后将其导入地理探测器模型中即可得到驱动因子。自然间断点分级法是一种根据数据值统计分布规律分级和分类的一种统计方法，它使类于类之间的不同达到了最大化，因此得出的数据离散结果具有一定的合理性、科学性。

7.3.2.3 贵州省水贫困主要影响因素变化

分别以2010—2019年十个年份的贵州省9个市（自治州）的指标离散数据作为自变量，将2010—2019年十个年份贵州省9个市（自治州）的 *WPI* 值作为因变量，即可得到贵州省不同年份的水贫困驱动因子。本节采取的驱动因子（即 q 值）为最大的前10项，如表7-7所示，p 值代表了这个因子的显著性，p 值越小，就越能说明自变量对因变量的影响这一推断的可靠性越高。全时段表示贵州省在2010—2019年的十年平均中主要的驱动因子。

表7-7 贵州省不同年份驱动因子的解释力

排序	2010年			2011年			2012年			2013年		
	代码	q 值	p 值	代码	q 值	p 值	代码	q 值	p 值	代码	q 值	p 值
1	A5	0.857	0.211	U1	0.952	0.017	A2	0.708	0.357	C2	0.922	0.100
2	R4	0.821	0.309	A5	0.786	0.224	U3	0.625	0.613	C3	0.922	0.100
3	R1	0.821	0.205	A4	0.774	0.427	R4	0.611	0.753	R2	0.716	0.538
4	E2	0.810	0.216	R3	0.714	0.573	E2	0.583	0.630	A2	0.690	0.390
5	R2	0.810	0.216	C3	0.714	0.488	A1	0.583	0.587	R5	0.690	0.390
6	U1	0.786	0.380	R4	0.679	0.635	E3	0.569	0.776	E1	0.690	0.420
7	C1	0.774	0.390	U3	0.679	0.439	A3	0.556	0.797	U4	0.651	0.765
8	C2	0.774	0.360	A3	0.595	0.751	C2	0.528	0.663	R4	0.597	0.862
9	A3	0.714	0.525	E2	0.571	0.577	A4	0.528	0.861	A5	0.573	0.474
10	A1	0.714	0.618	R5	0.536	0.779	U2	0.528	0.861	A4	0.457	0.837

排序	2014年			2015年			2016年			2017年		
	代码	q 值	p 值	代码	q 值	p 值	代码	q 值	p 值	代码	q 值	p 值
1	C4	0.778	0.247	R5	0.928	0.085	A4	0.935	0.086	E4	0.893	0.104
2	A5	0.667	0.561	A4	0.897	0.178	U2	0.889	0.205	R5	0.878	0.232
3	C5	0.667	0.778	R1	0.815	0.241	R4	0.833	0.187	C2	0.878	0.232
4	A1	0.667	0.778	E2	0.815	0.379	E4	0.824	0.162	A4	0.847	0.325
5	R5	0.604	0.859	U2	0.805	0.415	C3	0.819	0.340	U2	0.770	0.475
6	A2	0.583	0.587	U3	0.712	0.539	R5	0.750	0.300	C3	0.770	0.510
7	R4	0.569	0.574	A3	0.682	0.543	R2	0.750	0.280	R1	0.770	0.240
8	R1	0.569	0.574	E1	0.682	0.596	U3	0.741	0.317	E1	0.724	0.359
9	C2	0.567	0.590	U1	0.671	0.552	R1	0.713	0.406	U4	0.724	0.629
10	U3	0.556	0.830	E3	0.671	0.691	C1	0.713	0.426	U5	0.724	0.467

续表

排序	2018 年			2019 年			全时段		
	代码	q 值	p 值	代码	q 值	p 值	代码	q 值	p 值
1	E4	0.833	0.481	U3	0.917	0.052	U3	0.663	0.518
2	C2	0.792	0.557	U5	0.896	0.129	R4	0.652	0.587
3	A4	0.792	0.532	E1	0.861	0.306	R5	0.622	0.576
4	U3	0.778	0.511	C3	0.833	0.481	C2	0.604	0.621
5	U5	0.736	0.493	C5	0.792	0.532	A4	0.600	0.608
6	U2	0.729	0.607	C1	0.750	0.601	C3	0.592	0.616
7	E2	0.729	0.539	C6	0.750	0.496	E2	0.590	0.601
8	C3	0.667	0.697	U4	0.736	0.444	E1	0.570	0.665
9	C1	0.583	0.587	A3	0.722	0.737	A5	0.562	0.605
10	R5	0.569	0.669	C4	0.625	0.793	R1	0.552	0.568

2011 年，就指标层来看，影响贵州省的主要驱动因子解释力较强的指标为万元 GDP 用水量（U1）、当年农村饮水解困工程解决人数（A5）、累计有效灌溉面积（A4）、农村人均可支配收入（C3）、地表水达标系数（Ⅱ类水质）（R3）、工业用水量（U3）、降水量变异系数（R4）、人均供水量（A3）、当年治理水土流失面积（E2）、产水模数（R5）；在前十项影响因子中就目标层来看，目标层在这前十项中所占的比例各不同，其中供水设施（A）所占的比重最大，为 30.78%、其次是水资源禀赋（R），为 27.55%、使用效率（U）23.30%、利用能力（C）10.20%、生态环境（E）8.16%。

2019 年，就指标层来看，影响贵州省的驱动因子解释力较强的有工业用水量（U3）、生态环境用水量（U5）、生活污水排放总量（E1）、农村人均可支配收入（C3）、科技事业费、科技三费占财政支出比例（C5）、人均 GDP（C1）、财政自给率（C6）、居民生活用水量（U4）、人均供水量（A3）、万人拥有校学生数（C4）；就目标层来看，利用能力（C）占比最高，为 47.58%

在 2010—2019 年评价区间，就指标层来看，贵州省全省水贫困的前十项主要影响因子分别为工业用水量（U3）、降水量变异系数（R4）、产水模数（R5）、城镇人均可支配收入（C2）、累计有效灌溉面积（A4）、农村人均可支配收入（C3）、当年治理水土流失面积（E2）、生活污水排放总量（E1）、当年农村饮水解困工程解决人数（A5）、地表水量（R1），其中前四项影响因子变化情况如图 7-16 所示。就目标层而言，在影响因子解释力前十项指标中隶属于水资源禀赋（R）的占比最高，为 30.40%。

2010—2019 年解释力最大的驱动因子分别是当年农村饮水解困工程解决人数（A5）、万元 GDP 用水量（U1）、人均供水管道长度（A2）、农村人均可支配收入（C3）、万人拥有校学生数（C4）、产水模数（R5）、累计有效灌溉面积（A4）、工业污染治理设施运行费用（E4）、工业污染治理设施运行费用（E4）、工业用水量（U3）。即可得到贵州省 2010—2019 年水贫困驱动因子最大的解释力逐渐由刚开始的供水设施变化为生态环境，表明了在现阶段，既要重视发展，也要重视生态环境的治理与保护。

7.3.2.4 不同市（自治州）影响因子变化

分别以贵州省 9 个市（自治州）2010—2019 年的指标数据作为因子探测器的自变量，

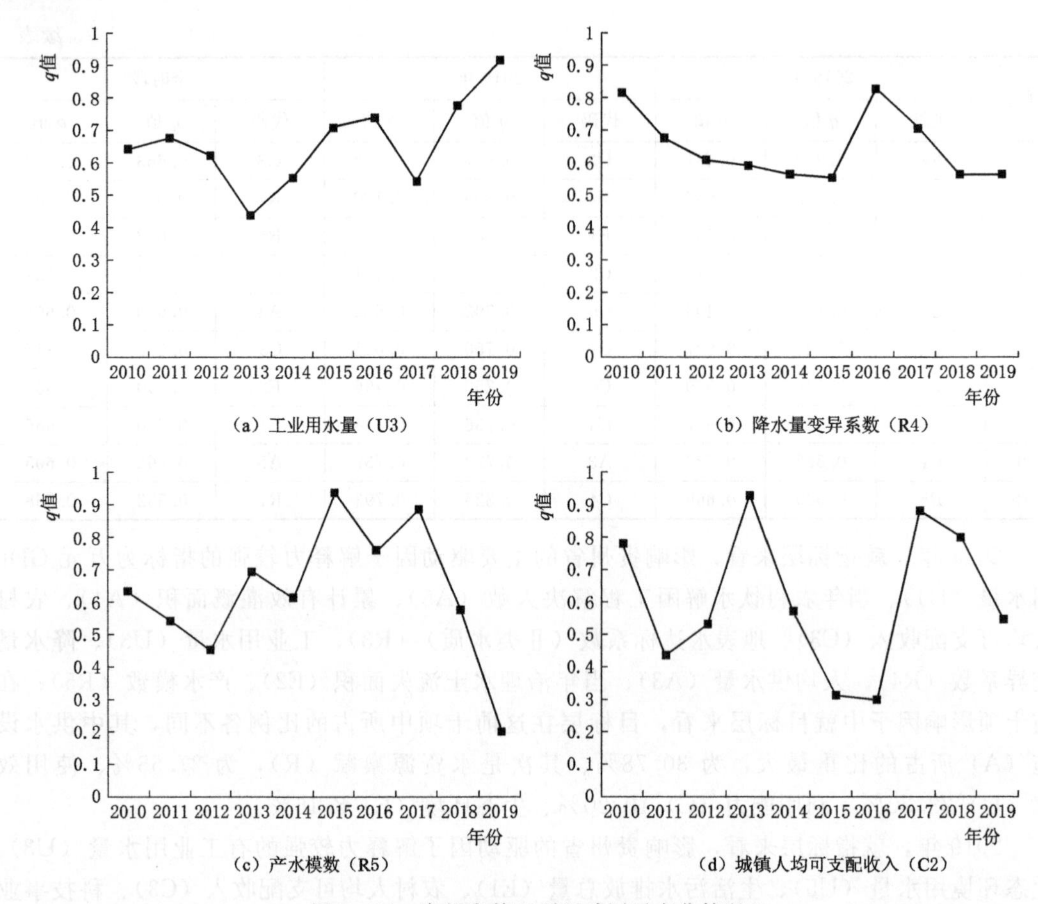

图7-16 贵州省前四项驱动因子变化情况

将9个市(自治州)的*WPI*值作为因变量,即可得到各市(自治州)*WPI*值年际变化影响因子,见表7-8。

表7-8 各州市*WPI*值年际变化影响因子

序号	贵阳市			遵义市			安顺市		
	代码	*q*值	*p*值	代码	*q*值	*p*值	代码	*q*值	*p*值
1	A2	0.931	0.045	A5	0.868	0.056	E4	0.967	0.004
2	E1	0.885	0.176	R3	0.757	0.248	R3	0.917	0.028
3	C6	0.816	0.268	R2	0.717	0.556	E3	0.908	0.041
4	R3	0.644	0.295	C4	0.625	0.406	C1	0.867	0.089
5	U2	0.506	0.635	E2	0.625	0.406	C2	0.850	0.092
6	A3	0.489	0.843	A2	0.590	0.397	C3	0.850	0.092
7	E4	0.466	0.679	U2	0.535	0.558	U1	0.842	0.110
8	U4	0.402	0.659	E1	0.535	0.740	U2	0.833	0.133
9	C4	0.368	0.867	C6	0.514	0.577	A1	0.817	0.231
10	E2	0.362	0.733	A1	0.472	0.739	A2	0.808	0.107

续表

序号	黔南州			黔东南州			铜仁市		
	代码	q 值	p 值	代码	q 值	p 值	代码	q 值	p 值
1	C5	0.837	0.070	C2	0.852	0.135	U1	0.944	0.026
2	E4	0.813	0.115	U1	0.813	0.257	U2	0.944	0.015
3	A3	0.813	0.091	C5	0.783	0.211	R3	0.938	0.034
4	R1	0.808	0.200	A3	0.773	0.229	C1	0.931	0.032
5	E3	0.793	0.166	E1	0.763	0.399	E1	0.885	0.125
6	C1	0.793	0.166	R3	0.763	0.425	C6	0.868	0.095
7	R2	0.793	0.292	A1	0.763	0.300	C2	0.785	0.233
8	A4	0.783	0.193	C1	0.734	0.253	C4	0.764	0.272
9	R5	0.783	0.197	C3	0.694	0.418	A4	0.757	0.193
10	A2	0.763	0.203	E3	0.675	0.418	E2	0.757	0.193

序号	毕节市			六盘水市			黔西南州		
	代码	q 值	p 值	代码	q 值	p 值	代码	q 值	p 值
1	C2	0.745	0.370	R2	0.901	0.068	R3	0.958	0.006
2	C6	0.745	0.434	C4	0.842	0.069	A2	0.958	0.006
3	E1	0.711	0.449	A5	0.837	0.171	U1	0.927	0.026
4	A1	0.702	0.474	E1	0.813	0.182	C5	0.922	0.014
5	E3	0.626	0.253	C1	0.813	0.208	C3	0.922	0.035
6	R2	0.609	0.443	R4	0.783	0.210	U5	0.917	0.071
7	A5	0.600	0.732	R5	0.689	0.458	E3	0.906	0.036
8	A4	0.558	0.617	E4	0.665	0.261	U3	0.896	0.123
9	E4	0.532	0.504	U2	0.663	0.746	U4	0.891	0.068
10	R3	0.524	0.461	A2	0.663	0.521	A4	0.802	0.167

在2010—2019年，影响遵义市的驱动因子解释力较强的有当年农村饮水解困工程解决人数（A5）、地表水达标系数（Ⅱ类水质）（R3）、地下水量（R2）、万人拥有校学生数（C4）、当年治理水土流失面积（E2）、人均供水管道长度（A2）、农业用水量（U2）、生活污水排放总量（E1）、财政自给率（C6）、城市用水普及率（A1）。其中供水设施（A）占比最大，为30.95%，其主要原因是当年农村饮水解困工程解决人数、人均供水管道波动较大；其次是水资源禀赋（A），占比23.63%，主要原因是地表水达标系数（Ⅱ类水质）波动较大。

毕节市、黔东南州受到驱动因子贡献力最大的是城镇人均可支配收入（C2），属于利用能力中的人民生活，表明了城镇人均可支配收入波动最大，影响 *WPI* 最深；六盘水最大的驱动因子贡献力是地下水量（R2），六盘水的地下水类型主要是岩溶水，地下水开发利用量低，后来通过抗旱打井等相关工作，使得地下水资源利用率高，使得水资源量成为六盘水市的主要驱动因子；安顺市的主要驱动因子是工业污染治理设施运行费用（E4），主要原因是2012年以前安顺市的工业规模小，发展速度慢，在贵州省9个市（自治州）排名倒数第一，在国发2012年2号文件下发之后，使安顺市既注重工业的发展，又注重工业污染的治理，从而使工业污染治理设施运行费用成为安顺市的首要影响因子；铜仁市首要的驱动因子是万元GDP用水量（U），随着经济的增长，万元GDP用水量与*WPI*值的变化更加密切；贵阳的首要驱动因子为人均供水管道长度（A2），贵阳市作为省会城市，经济发展快，人口密度大，在水贫困方面主要是供水设施方面变化较大对*WPI*值影响大；黔西南州地表水达标系数（Ⅱ类水质）（R3），黔西南州水质情况一直都比较好，这就是使得水贫困指数比较低的原因；黔南州的首要影响因子是科技事业费、科技三费占财政支出比例（C5），主要原因是随着时间的变化，科技技术前期的投入使得黔南的水贫困有明显的改善。

7.3.2.5 结论与建议

1. 结论

为了探究贵州省2010—2019年水贫困时空分布格局及其驱动机制，本节采用了水贫困理论模型对贵州省9个市（自治州）进行了水贫困研究，以水资源禀赋（R）、供水设施（A）、利用能力（C）、使用效率（U）和环境状况（E）5个方面出发构建了25个指标，得到了贵州省水贫困时间分布格局、空间分布格局；并且运用地理探测器模型分别从时间方面和空间方面探究了贵州省水贫困主要影响因素变化和不同州市影响因子变化，主要结论如下：

（1）从时间格局来看，2010—2019年，贵州省总体的水贫困有明显的改善。其中2010—2011年为强水贫困、2012—2014年为中度水贫困、2015—2018年为微水贫困、2019年为强水贫困，主要原因是生态环境方面的问题，最突出的是生活污水排放总量排放最多，达到9.2亿t，比前九年还要高100倍、全省的平均水贫困指数在0.35549～0.46387波动，在这区间，*WPI*值整体呈波动型下降，说明全省的水贫困状况逐渐得到改善。

（2）从空间格局来看，贵州省水贫困空间分布格局随时间的变化呈现出不同的分布，总体来说，贵州省9个市（自治州）的水贫困变化是逐步改善的，并且贵州省的北部和西部水贫困较严重，而南部和东部的水贫困相对来说比较理想，呈现了“西北部强，东南部弱”的水贫困特点。

（3）从时间上就指标层来看，贵州省全省水贫困的前十项主要影响因子分别为工业用水量（U3）、降水量变异系数（R4）、产水模数（R5）、城镇人均可支配收入（C2）、累计有效灌溉面积（A4）、农村人均可支配收入（C3）、当年治理水土流失面积（E2）、生活污水排放总量（E1）、当年农村饮水解困工程解决人数（A5）、地表水量（R1）；从时间上就目标层来看，影响贵州省全省水贫困的主要影响因子解释力前十项中，水资源禀赋（R）占比最高，为30.40%；其次是利用能力（C）占比19.90%、供水设施（A）为19.36%、生态环境（E）为19.30%、使用效率（U）占比最小为11.04%。

（4）从空间上不同州市的影响因子来看，不同区域存在明显的地域差异。贵阳的首要驱动因子为人均供水管道长度；遵义市的驱动因子解释力最强的是当年农村饮水解困工程解决人数；安顺市的主要驱动因子是工业污染治理设施运行费用；黔南州的首要影响因子是科技事业费、科技三费占财政支出比例；毕节市、黔东南州受到驱动因子贡献力最大的是城镇人均可支配收入；六盘水最大的驱动因子贡献力是地下水量；铜仁市首要的驱动因子是万元GDP用水量；黔西南州地表水达标系数（Ⅱ类水质）。

2. 建议

一直以来，贵州省的经济社会发展都相对比较落后，但西部大开发战略实施特别是党的十八大以来，贵州省经济社会发展取得重大成就，脱贫攻坚任务如期完成，生态环境持续改善，高质量发展迈出新步伐。同时，贵州省的发展也面临一些突出困难和问题，基于《国务院关于支持贵州在新时代西部大开发上闯新路的意见》（国发〔2022〕2号）的情况下，本节针对以上研究结论对贵州省水贫困状况提出对策建议，为促进贵州省经济社会发展的同时构建良好的生态环境。

（1）水资源禀赋方面：贵州省属于典型的喀斯特地貌，地下水开采难度较大，主要水资源来源于降水，因此首要任务是在蓄水方面要加大蓄水量，按水贫困空间特点修建水库，提高水资源量；其次，影响贵州水贫困的驱动因子是地表水达标系数（Ⅱ类水质），该指标在时空上变化较大，影响也较大，因此需要制定相应的水体保护法规，划分保护区的范围，建设水库等周边的生态环境，实时监测，了解水质的动态变化，做好改善水质的工作部署。

（2）供水设施方面：供水设施与水资源和社会经济发展息息相关，其主要是由人民城市生活状况和农业、工业的发展发展情况反映出来，其中城市用水普及率、人均供水管道长度的影响也很大，各市（自治州）要加大供水设施的投入，以保证入户的水量与水质。

（3）利用能力方面：需要立足于新时代，把握机遇顺势而上发展社会经济，提高经济水平和人民生活水平，政府需要大力支持教育发展和科技事业费、科技三费的投入，其次是政府调控方面，要提高政府的财政自给率，实现一般预算收入与一般预算支出的最优解。

（4）使用效率方面：在提高经济、农业、工业、生活、生态水平的同时，既要注重发展，也要注重环境所承载的压力，要做到因地制宜，按需使用用水量，实现用水效率的最大化。

（5）生态环境方面：随着时间的变化，生活污水排放总量逐年变高，使生态环境承受一定的压力，因此需要做好生活污水的处理与循环使用，提高处理水质出水标准，减轻生态环境的压力；其次是在治理保护方面，加大投入，实现高质量经济发展和良好的生态环境协同推进。

7.3.3 贵州省水贫困与经济发展的时空耦合协调关系

7.3.3.1 贵州省水贫困指标

1. 数据来源

本次调研所构建的*WPI*体系由人均水资源量、城市用水普及率、化肥施用量等15个指标组成，横向囊括贵州省9个行政区域，纵向包含2010年至2019年共10个年份，所采用的数据绝大部分来自2010年至2019年《贵州省水资源公报》、2010—2019年《贵州省统计年鉴》各地市（自治州）统计年鉴，部分缺失数据用指数平滑法计算得出，以保证数据的完整性和可靠性。

2. 水贫困指标体系和权重确定

在贵州省水贫困指标体系的构建，参考文献和结合贵州省当地特有的水资源分布、地形地貌特征，就资源、设施、环境、利用、能力这5个一级指标以及其他的二级指标建立了适合贵州省实际情况的水贫困指标体系。将数值越低导致水贫困越严重的指标定义为正向指标，反之则定义为负向指标，以实现得分越低的市（自治州）水贫困的程度越深。构建水贫困测度指标体系，见表7-9。

表7-9 水资源评价体系比较尺度评分表

A_{ij}	评分描述
1	i、j两项因素一致极度的重要
3	对照i因数跟j因数，i因素重要性较突出
5	对照i因数跟j因数，i因素重要性更突出
7	对照i因数跟j因数，i因素重要性非常突出
8	对照i因数跟j因数，i因素重要性完全突出
2，4，6，8	对照i因数跟j因数，两者重要性突出程度介于以上四种结果之间
倒数	对照i因数跟j因数，两者重要性突出程度的倒数

根据上述水贫困评价指标，确定评分的选取标度，并构建判断矩阵。由表7-9所示评分标准，笔者将构筑数量进行比较，并绘制成如表7-10所示矩阵。

表7-10 两两判断矩阵表

指标	A1	A2	……	A*n*
A1	A11	A12	……	A1*n*
A2	……	……	……	A2*n*
……	……	……	……	……
A*n*	A*n*1	A*n*2	……	A*nn*

将10位专家评分的平均值输入判断矩阵，而后进行按列归一化，并行平均值，得到指标权重，最终计算*CR*值，进行一致性检验。如果*CR*值小于0.1，则通过一致性检验；反之则说明没有通过，需要依照结果修正矩阵再次进行验证，直至得到所需的评价权重。指标权重计算结果见表7-11。

表7-11 水贫困评价体系判断矩阵及权重

水贫困指标体系	资源	设施	能力	使用	环境	*Wi*
资源	1.0000	1.4918	0.4493	0.4493	0.6703	0.1375
设施	0.6703	1.0000	0.4493	0.4493	0.6703	0.1171
能力	2.2257	2.2257	1.0000	0.4493	0.6703	0.2067
使用	2.2257	2.2257	2.2257	1.0000	0.6703	0.2790
环境	1.4919	1.4919	1.4919	1.4919	1.0000	0.2597

由表 7-11 可知，该矩阵的 *CR* 值为 0.0450，可通过一致性检验。判断矩阵中各指标的权重如下：资源的权重为 0.1375，设施的权重为 0.1171，能力的权重为 0.2067，使用的权重为 0.2790，环境的权重为 0.2597。

表 7-12　　资源指标判断矩阵及权重

资源	人均水资源量	地表水量	地下水量	年降水量	W_i
人均水资源量	1.0000	3.4000	2.6000	2.6000	0.4610
地表水量	0.2941	1.0000	0.4167	2.7000	0.1716
地下水量	0.3846	2.4000	1.0000	2.4000	0.2556
年降水量	0.3846	0.3704	0.4167	1.0000	0.1117

由表 7-12 可知，该矩阵的 *CR* 值为 0.0907，可通过一致性检验。判断矩阵中各指标的权重如下：人均水资源量的权重为 0.4610，地表水量的权重为 0.1716，地下水量的权重为 0.2556，年降水量的权重为 0.1117。

表 7-13　　设施指标判断矩阵及权重

设　施	人均供水管道长度	用水普及率	累计有效灌溉面积	W_i
人均供水管道长度	1.0000	2.6000	0.4167	0.3039
用水普及率	0.3846	1.0000	0.3750	0.1568
累计有效灌溉面积	2.4000	2.6667	1.0000	0.5393

由表 7-13 可知，该矩阵的 *CR* 值为 0.0782，可通过一致性检验。判断矩阵中各指标的权重如下：人均供水管道长度的权重为 0.3039，城市用水普及率的权重为 0.1568，累计有效灌溉面积的权重为 0.5393。

表 7-14　　能力指标判断矩阵及权重

能　　力	万人拥有在校学生数	人均 GDP	W_i
万人拥有在校学生数	1.0000	0.5000	0.6875
人均 GDP	2.0000	1.0000	0.3125

由表 7-14 可知，该矩阵的 *CR* 值为 0.0000，可通过一致性检验。判断矩阵中各指标的权重如下：万人拥有在校学生数的权重为 0.6875，人均 GDP 的权重为 0.3125。

表 7-15　　使用指标判断矩阵及权重

使　用	万元 GDP 用水量	农业用水比例	人均生活用水量	W_i
万元 GDP 用水量	1.0000	0.4500	3.4000	0.3247
农业用水比例	2.2222	1.0000	3.5000	0.5504
人均生活用水量	0.2941	0.2857	1.0000	0.1249

由表 7-15 可知，该判断矩阵的 *CR* 值为 0.0640，可通过一致性检验。判断矩阵中各指标的权重如下：万元 GDP 用水量的权重为 0.3247，农业用水比例的权重为 0.5504，人均生活用水量的权重为 0.1249。

表 7-16　　环境指标判断矩阵及权重

环　境	化肥施用量	工业废水排放总量	当年治理水土流失面积	W_i
化肥施用量	1.0000	2.3000	4.5000	0.5803
工业废水排放总量	0.4348	1.0000	3.6000	0.3125
当年治理水土流失面积	0.2222	0.2778	1.0000	0.1072

由表 7-16 可知，该矩阵的 *CR* 值为 0.0400，可通过一致性检验。判断矩阵中各指标的权重如下：化肥施用量的权重为 0.5803，工业废水的权排放总量重为 0.3125，当年治理水土流失面积的权重为 0.1072。

综上所述，水贫困评价体系及各指标权重见表 7-17。

表 7-17　　水贫困指标体系及权重

	目标层	权重	准则层	指标层	权重	指标属性
水贫困评价指标体系	资源	0.1375	资源禀赋	人均水资源量	0.0634	正
				地表水量	0.0236	正
				地下水量	0.0351	正
				年降水量	0.0154	正
	设施	0.1171	城市生活	人均管道长度	0.0356	正
				城市用水普及率	0.0184	正
			农业	累计有效灌溉面积	0.0631	正
	能力	0.2067	教育	万人拥有校学生数	0.0689	正
			经济水平	人均 GDP	0.1378	正
	利用	0.2790	压力	万元 GDP 用水量	0.0906	正
				农业用水比例	0.1536	负
				人均生活用水量	0.0349	负
	环境	0.2597	污染	化肥施用量	0.1507	负
			生态环境	工业废水排放总量	0.0812	负
			治理	当年治理水土流失面积	0.0278	正

3. 水贫困的测度计算结果及分级标准

采用极值标准化法，对所有指标的原始数据进行标准化处理。其次，通过层次分析法计算出各水贫困评价指标的权重。再次，将各指标标准化后的数值与权重对应相乘，得到各指标的 *WPI* 值，并对体系内部子系统的 *WPI* 进行加权求和，得到贵州省各市（自治州）水贫困总得分情况。最终所得到的评价结果能够基本反映 2010—2019 年贵州省各市（自治州）水贫困的实际情况见图 7-17。

运用 ArcGIS 软件的标准差分级法，水贫困等级依次划分为极度水贫困、高水贫困、中度水贫困、轻水贫困、极轻水贫困，分级标准如下：$0<WPI\leqslant 0.3554$ 为极度水贫困；$0.3554<WPI\leqslant 0.4152$ 为高度水贫困；$0.4152<WPI\leqslant 0.4751$ 为中度水贫困；$0.4751<WPI\leqslant 0.5350$ 为轻度水贫困；$0.5350<WPI\leqslant 0.5752$ 为极轻度水贫困。

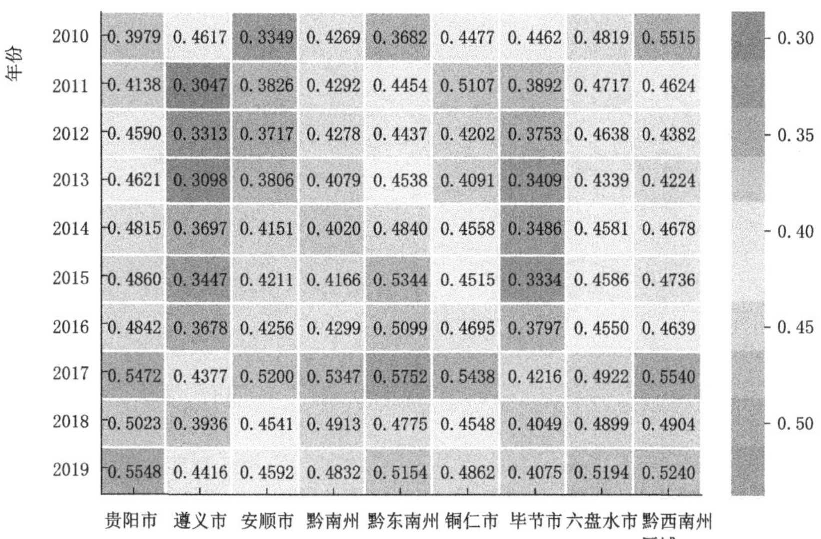

图 7-17 水贫困指数热力图

4. 贵州省水贫困时间序列变化特征

2010—2019 年贵州省 *WPI* 值有升有降，总体而言，9 个地区的年平均值由 2010 年的 0.4352 波动性上升至 2019 年的 0.4879，*WPI* 值的涨幅为 10.80%，说明贵州省水贫困程度总体逐渐趋于减缓。

2010—2019 年各市（自治州）*WPI* 值呈现显著的波动变化，*WPI* 最高值与最低值之差呈下降趋势，说明贵州省 9 个市（自治州）水贫困处理能力差距在逐渐减小。

由贵州省各市（自治州）*WPI* 得分变化可知 2010—2019 年贵阳市、安顺市、铜仁市、六盘水市、黔南州、黔东南州 6 个地区的 *WPI* 值波动性升高，其中贵阳市的升高的幅度最大，说明该市的水贫困程度在逐渐得到减缓。遵义市、毕节市、黔西南州 3 个地区的 *WPI* 值波动性降低，其中毕节市的降低的幅度最大，说明该地区水贫困程度有逐渐加深的趋势，见图 7-18。

2010 年遵义市和毕节市的 *WPI* 值都处于中度水贫困状态，而后 2011—2016 年水贫困都比较严重，处于极度水贫困或高度水贫困状态，这主要是由于这两个地区经济以发展农业和工业为主，用于农业灌溉、工业用水较多，水资源的利用率不高，化肥施用量在全省范围内也是最高的，造成严重的水资源污染。再加上降水量减少以及供水设施不完善，进而加剧了水贫困。

5. 贵州省水贫困的空间分布变化特征

依据分类标准，利用 ArcGIS 软件得到贵州省 2011 年、2013 年、2015 年、2017 年、2019 年的水贫困的空间分布图（见图 7-19）。

由现状年（2019 年）贵州省 *WPI* 得分情况可知：贵阳市处于极轻度水贫困状态，*WPI* 值为 0.5548，铜仁市、六盘水市、黔南州、黔西南州、黔东南州处于轻度水贫困状态，其中黔西南州的 *WPI* 值最高，为 0.5240；遵义市、安顺市处于中度水贫困状态；毕节市的 *WPI* 值最低，处于高度水贫困状态。

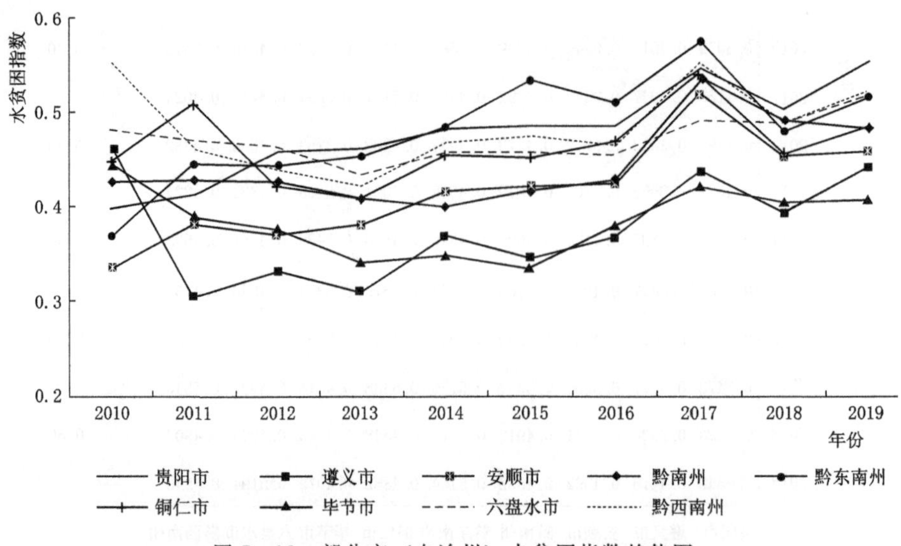

图7-18 部分市（自治州）水贫困指数趋势图

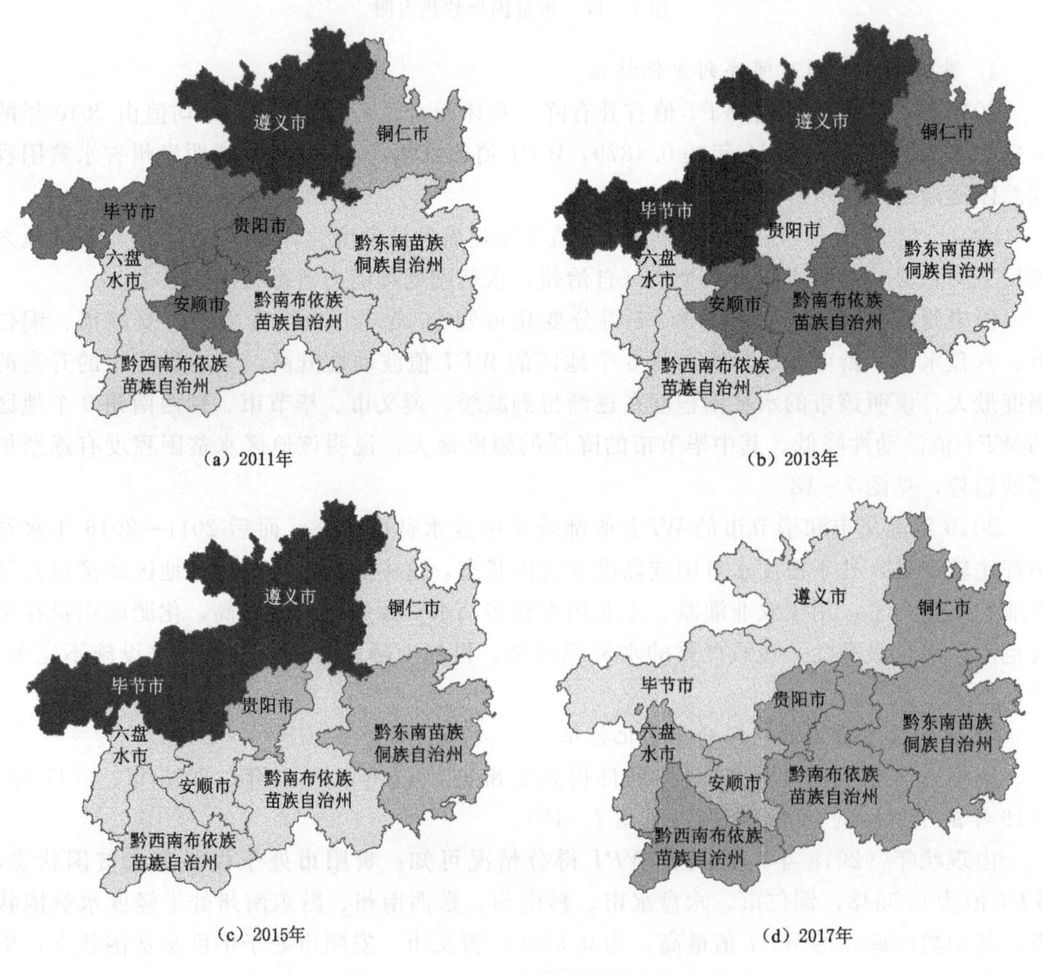

图7-19（一） 水贫困时空分布图

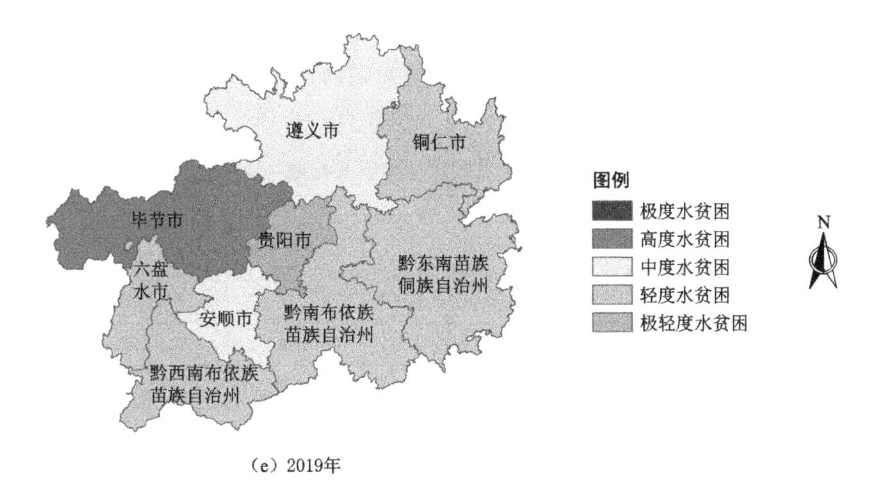

(e) 2019年

图 7-19(二) 水贫困时空分布图

由水贫困时空分布图可知，贵州省总体水贫困程度不高，2/3 的市（自治州）处于极轻度水贫困和轻度水贫困状态。从整体来看，水贫困状况呈现出北部、西北部地区较严重，中部地区次之，东部、东北部、南部、西南部地区水贫困程度最轻的现象，与降水量的分布大致相同。贵阳市的水贫困程度最轻，贵阳市是贵州省的经济、政治中心，拥有全省最完善的供水设施，弥补了因降水量偏少且人口密度较大引起的水贫困。遵义市、黔南州的农业用水量大，化肥施用量高，工业废水排放量大，水资源使用过度、污染严重，导致生态环境退化严重，属于污染型缺水。安顺市、黔南州降水量少，再加上当地的供排水设施不够完善，水资源利用效率低，从而导致了轻度的水资源贫困。毕节市以高原、丘陵地貌为主，地高水底，使得水资源利用受到限制，且人口数量大，导致人均水资源量相对较低，再加上该地区经济发展以工业为主，工业废水排放量大，且供排水设施落后，导致了水贫困。铜仁市、六盘水市、黔西南州 3 个地区的人口密度小，工业废水排放量较全省平均水平低很多，水生态良好，因此总体水贫困程度较轻。

7.3.3.2 贵州省经济综合发展指标

1. 数据来源

本次调研所构建的 ECDI 体系由地区财政一般预算收入、在岗职工人均工资、GDP 增长率等 12 个指标组成，横向包括贵州省 9 个行政区域，纵向包含 2010 年至 2019 年共 10 个年份，所采用的数据来自 2010—2019 年《贵州省统计年鉴》及各市（自治州）统计年鉴、2010—2019 年各市（自治州）的《国民经济和社会发展统计公报》，少部分缺失的数据采用指数平滑法补全，以保证指标数据的完整性和连续性。

2. 经济发展指标体系和权重确定

贵州省经济综合发展指标体系的构建，笔者参考韩学阵和王好文等所构建的指标体系，并以此为基础，结合贵州省当地特有的水资源分布和地形地貌情况，就经济总量、经济结构、经济水平、经济潜力这个一级指标以及其他的二级指标建立了适合贵州省实际情况的经济综合发展指标体系。将数值越低导致经济发展水平越深的指标定义为正向指标，反之则定义为负向指标，以实现得分越低的市（自治州）经济发展水平越低。共 12 个二级指标，且都为正向指标。与其他权重赋值方法相比较，均衡法克服了主观赋权法的随意和客观赋权法的复杂，还能够满足各市（自治州）之间的公平定量比较。因此，本文采用均衡法对4个一级指标及12个二级指标进行等值赋权，见表7-18。

表7-18　　　　经济综合发展指标体系及权重

	一级指标	W_i	二　级　指　标	W_i	指标属性
经济综合发展指标体系	经济总量	0.25	总GDP	0.1250	正
			人均GDP	0.1250	正
	经济结构	0.25	第一产业产业值占GDP比重	0.0833	正
			第二产业产业值占GDP比重	0.0833	正
			第三产业产业值占GDP比重	0.0833	正
	经济水平	0.25	地区财政一般预算收入	0.0833	正
			地区财政一般预算支出	0.0833	正
			在岗职工人均工资	0.0833	正
	经济潜力	0.25	GDP增长率	0.0625	正
			全社会固定资产投资占GDP比重	0.0625	正
			社会消费品零售总额	0.0625	正
			年末金融机构存款余额	0.0625	正

3. 经济综合发展测度及分级标准

极值标准化法，对所有指标的原始数据进行标准化处理。然后，通过均衡法对各指标的权重进行赋值。再次，将各指标的权重与经标准化处理后的数值对应相乘，得到各指标的 *ECDI* 值，并对体系内部子系统的 *ECDI* 进行加权求和，得到贵州省各市（自治州）经济综合发展测度总得分情况。最终所得到的评价结果能够基本反映2010—2019年贵州省各市（自治州）经济发展的实际情况，见图7-20。

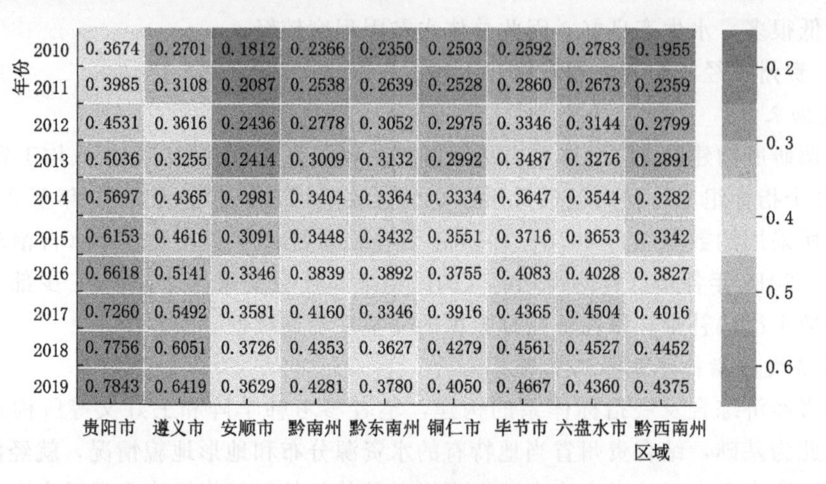

图7-20　经济综合指数发展热力图

运用ArcGis自然间断点分级法，经济发展水平等级划分为5级：$0<ECDI\leqslant 0.2799$

为低等发展水平；0.2799<*ECDI*≤0.3487 为较低等发展水平；0.3487<*ECDI*≤0.4160 为中等发展水平；0.4160<*ECDI*≤0.5697 为较高等发展水平；0.5697<*ECDI*≤0.7843 为高等发展水平。

4. 经济发展的时间序列变化特征

2010—2019 年贵州省 9 个市（自治州）*ECDI* 年平均值呈上升趋势，总体而言，由 2010 年的 0.2526 上升至 2019 年的 0.5125，涨幅 50.71%，说明全省经济发展状况总体越来越好。

2010—2019 年各市（自治州）*ECDI* 值呈上升趋势，*ECDI* 最高值与最低值之差呈现上升趋势，说明各市（自治州）经济发展水平的差距在逐渐增大。

计算得到贵州省 2010—2019 年经济总量、经济潜力、经济水平、经济结构的 *ECDI* 值（见图 7-21）。贵州省经济总量、经济水平持续性提升，2015 年经济降低主要是由于在职人员的工资降低所引起的。经济结构基本保持不变，只呈微弱的波动下降趋势，说明 2010—2019 年贵州省的经济结构基本稳定，10 年里一直保持着"三一二"形式的产业结构，即第三产业占 GDP 的比重最高，其次是第一产业，第二产业最低。经济潜力波动性提升，2010—2012 年呈现直线上升，经 2013 年小幅度下降后，至 2018 年都基本保持稳定，2019 年又经历了小幅度的下降，但总体上表现出上升趋势。

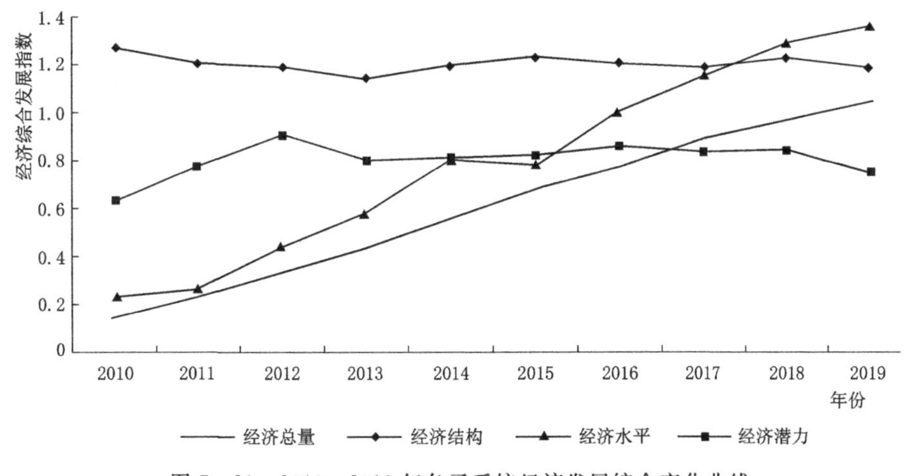

图 7-21 2010—2019 年各子系统经济发展综合变化曲线

5. 经济发展的空间变化特征

依据分类标准，利用 ArcGIS 软件得到贵州省 2011 年、2013 年、2015 年、2017 年、2019 年的经济发展的空间分布图（见图 7-22）。贵州省经济发展存在明显的空间差异，其中，贵阳市、遵义市的发展水平常年高于其他 7 个市（自治州）；毕节市、六盘水市、黔西南州发展水平大致相同，处于第二梯度；铜仁市、黔东南州发展水平大体相同，处于地三梯度；安顺市、黔南州发展水平低于其他 7 个市（自治州），并且发展速度相对缓慢。2010 年贵州省有 6 个低等发展水平市（自治州），22.22%的为较低等发展地市，1 个中等发展水平地市，无较高发展水平、高发展水平市（自治州）。黔北、黔东南作为贵州省重要粮食产地，农业在区域经济中占比较高，经济密度相比于多元化产业发展的地区小。

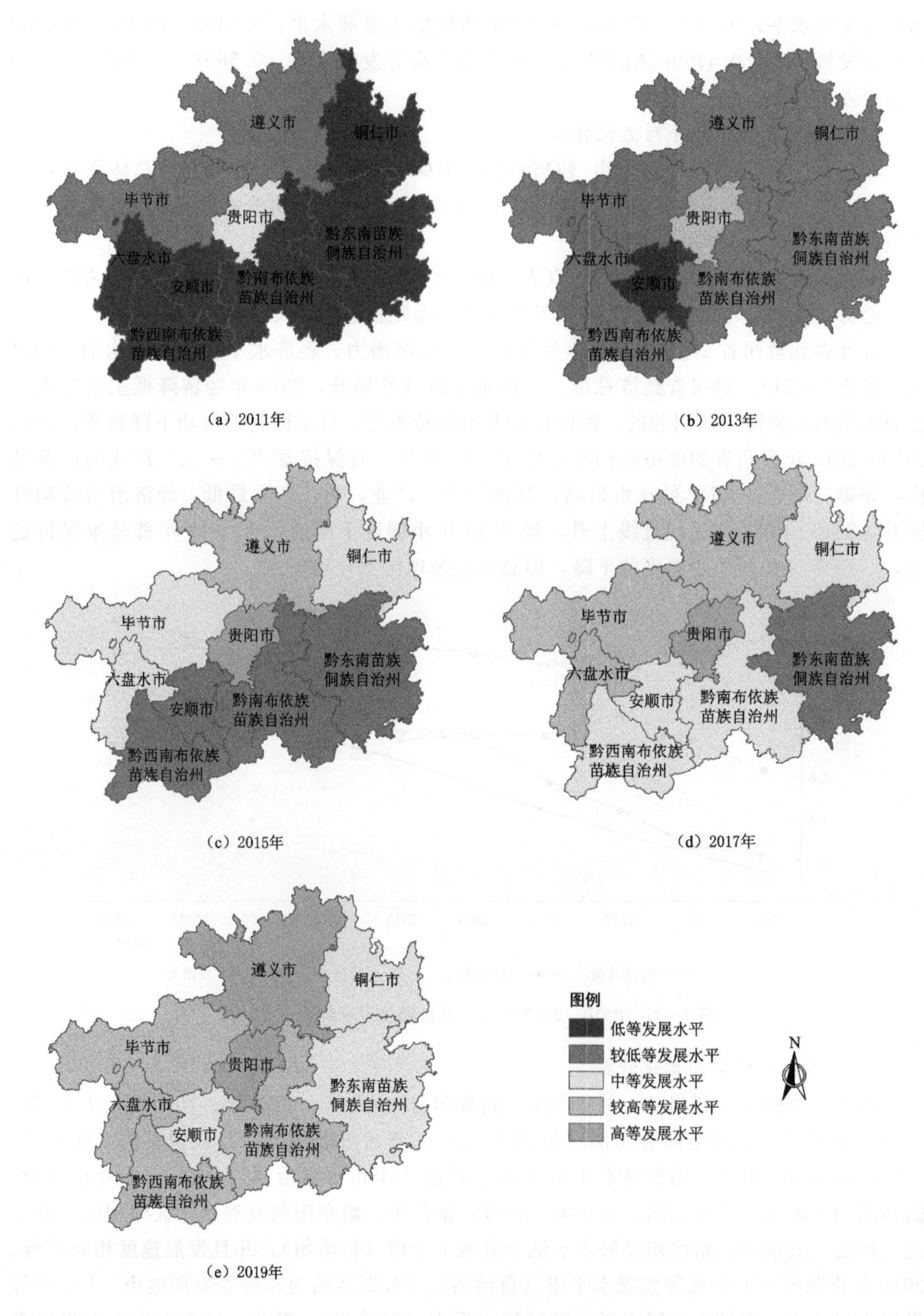

图 7-22 2010—2019 年经济发展时空分布图

2012年贵州省有1个低等发展水平地市，7个中等发展水平市（自治州），1个较高等发展水平地市。随着“十二五”规划的有序开展，根据遵义市实施的统筹城乡发展试点计划，推进统筹城乡总体改革，加快总体经济向好发展；根据六盘水市、毕节市、黔西南州的特色自然资源和位置特征建设“毕水兴经带”；在铜仁市、黔南州、黔东南州等相关市（自治州）发展“东南部特色综合经济区”。如此一系列措施的实施促进了区域发展协调和经济的高质量发展，铜仁市、黔东南州、黔南州、黔西南州、六盘水市进入较低等发展水平行列。2019年铜仁市、安顺市、黔东南州为中等发展水平，44.44%的市（自治州）为较高等发展水平，贵阳市和遵义市为高等发展水平。

7.3.3.3 贵州省水贫困与经济发展的时空耦合协调关系

1. 水贫困与经济发展的耦合度、耦合协调度计算

依据相关文献，设定耦合度、耦合协调度分级以及关系判别特征情况见表7-19。

表7-19 水贫困与经济发展耦合度、耦合协调度等级划分及判断标准

C	类型	D	类型	U_W/U_E	关系判别特征
$0<C\leqslant0.39$	低度耦合	$0<D\leqslant0.1$	极度失调	$0<U_W/U_E\leqslant0.2$	水贫困极度滞后
$0.39<C\leqslant0.79$	中度耦合	$0.1<D\leqslant0.2$	严重失调	$0.2<U_W/U_E\leqslant0.3$	水贫困严重滞后
$0.79<C\leqslant0.89$	高度耦合	$0.2<D\leqslant0.3$	中度失调	$0.3<U_W/U_E\leqslant0.5$	水贫困比较滞后
$0.89<C\leqslant1$	极度耦合	$0.3<D\leqslant0.4$	轻度失调	$0.5<U_W/U_E\leqslant1$	水贫困轻度滞后
		$0.4<D\leqslant0.5$	濒临失调	$U_W/U_E=1$	水贫困与经济发展同步
		$0.5<D\leqslant0.6$	勉强协调	$1<U_W/U_E\leqslant2$	经济发展轻度滞后
		$0.6<D\leqslant0.7$	初度协调	$2<U_W/U_E\leqslant4$	经济发展比较滞后
		$0.7<D\leqslant0.8$	中度协调	$4<U_W/U_E\leqslant6$	经济发展严重滞后
		$0.8<D\leqslant1$	高度协调	$U_W/U_E>6$	经济发展极度滞后

计算得到贵州省各市（自治州）2010—2019年水贫困与经济发展的耦合度（C）、耦合协调度（D）、水贫困指数与经济综合发展指数比值（U_W/U_E），见表7-20。

表7-20 2010—2019年贵州省水贫困与经济发展耦合度、耦合协调度

地区	2010年			2011年			2012年		
	U_W/U_E	C	D	U_W/U_E	C	D	U_W/U_E	C	D
贵阳	1.083	0.9968	0.6176	1.0384	0.9993	0.637	1.013	0.9999	0.6753
遵义	1.7094	0.8676	0.5634	0.9804	0.9998	0.5547	0.9162	0.9962	0.5875
安顺	1.8479	0.8306	0.463	1.8331	0.8345	0.4967	1.5257	0.9152	0.5306
黔南	1.8047	0.8421	0.5286	1.6911	0.8725	0.5459	1.5398	0.9117	0.5671
黔东南	1.5669	0.9048	0.5224	1.6876	0.8734	0.5565	1.4537	0.9328	0.591
铜仁	1.7889	0.8464	0.5435	2.0204	0.7848	0.5474	1.4125	0.9424	0.5815
毕节	1.7219	0.8643	0.5521	1.3608	0.9538	0.5675	1.1214	0.9935	0.5938
六盘水	1.7315	0.8617	0.5723	1.7645	0.8529	0.5614	1.4755	0.9276	0.6008
黔西南	2.8216	0.5972	0.4723	1.9597	0.8008	0.5288	1.5653	0.9052	0.5701

续表

地区	2013年			2014年			2015年		
	U_W/U_E	C	D	U_W/U_E	C	D	U_W/U_E	C	D
贵阳	0.9177	0.9963	0.6936	0.8451	0.9859	0.7199	0.7898	0.9726	0.7318
遵义市	0.9520	0.9988	0.5633	0.8469	0.9863	0.6305	0.7468	0.9584	0.6216
安顺市	1.5768	0.9023	0.5297	1.3926	0.9469	0.5811	1.3622	0.9535	0.5900
黔南	1.3559	0.9549	0.5817	1.1807	0.9863	0.6051	1.2084	0.9823	0.6115
黔东南	1.4489	0.9339	0.5984	1.4386	0.9363	0.6198	1.5572	0.9073	0.6309
铜仁	1.3672	0.9525	0.5808	1.3672	0.9524	0.6130	1.2714	0.9716	0.6260
毕节	0.9776	0.9997	0.5871	0.9560	0.9990	0.5969	0.8972	0.9941	0.5919
六盘水	1.3247	0.9614	0.6050	1.2926	0.9677	0.6270	1.2554	0.9745	0.6336
黔西南	1.4611	0.9310	0.5755	1.4256	0.9394	0.6114	1.4172	0.9413	0.6166

地区	2016年			2017年			2018年			2019年		
	U_W/U_E	C	D	U_W/U_E	C	D	U_W/U_E	C	D	U_W/U_E	C	D
贵阳	0.7316	0.9525	0.7388	0.7537	0.9609	0.7821	0.6476	0.9106	0.7628	0.7074	0.9421	0.7942
遵义	0.7154	0.9457	0.6457	0.7969	0.9746	0.6935	0.6505	0.9123	0.6749	0.6880	0.9328	0.7109
安顺	1.2720	0.9715	0.6077	1.4522	0.9332	0.6400	1.2188	0.9806	0.6366	1.2655	0.9727	0.6323
黔南	1.1197	0.9936	0.6359	1.2854	0.9691	0.6787	1.1286	0.9927	0.6782	1.1288	0.9927	0.6725
黔东南	1.3103	0.9643	0.6584	1.7192	0.8650	0.6273	1.3165	0.9630	0.6360	1.3637	0.9532	0.6525
铜仁	1.2503	0.9754	0.6419	1.3887	0.9477	0.6658	1.0628	0.9981	0.6637	1.2004	0.9835	0.6620
毕节	0.9300	0.9974	0.6268	0.9660	0.9994	0.6548	0.8878	0.9930	0.6538	0.8731	0.9908	0.6581
六盘水	1.1294	0.9926	0.6525	1.0927	0.9961	0.6852	1.0823	0.9969	0.6854	1.1914	0.9848	0.6859
黔西南	1.2123	0.9817	0.6446	1.3795	0.9498	0.6736	1.1015	0.9953	0.6824	1.1978	0.9839	0.6877

2. 水贫困与经济发展耦合度的时间分异分析

2010—2019年贵州省各市（自治州）不同耦合类型占比见图7-23。由图7-23可知，2010—2019年贵州省水贫困和经济发展的耦合度很高，极度耦合与高度耦合占比之和最大，约为97.78%。极度耦合市（自治州）占比较高，是主要耦合类型；高度耦合市（自治州）占比为14.4%；中度耦合市（自治州）占比为2.22%；没有低度耦合的市（自治州）。

贵州省9个市（自治州）水贫困和经济发展耦合度的年平均值从2010年的0.8457增大到2019年的0.9707，增长了12.88%。2010—2019年间耦合度呈上升的趋势，大致可分为三个阶段：在2010—2012年耦合度快速上升阶段，此阶段以高度耦合为主要类型；2013—2014年耦合度缓慢上升阶段，此阶段主要为极度耦合；2015—2019年耦合度呈波动性的相对平稳阶段，全属于极度耦合。

3. 水贫困与经济发展耦合度的空间分异分析

贵阳市在2010—2019年间一直保持极度耦合状态；遵义市、毕节市除2010年处于高度耦合之外，均处于极度耦合状态；安顺市、铜仁市、黔南州、六盘水市2010—2011年处于高度耦合，2012—2019年则均处于极度耦合；黔东南州除2011年、2017年处于高度

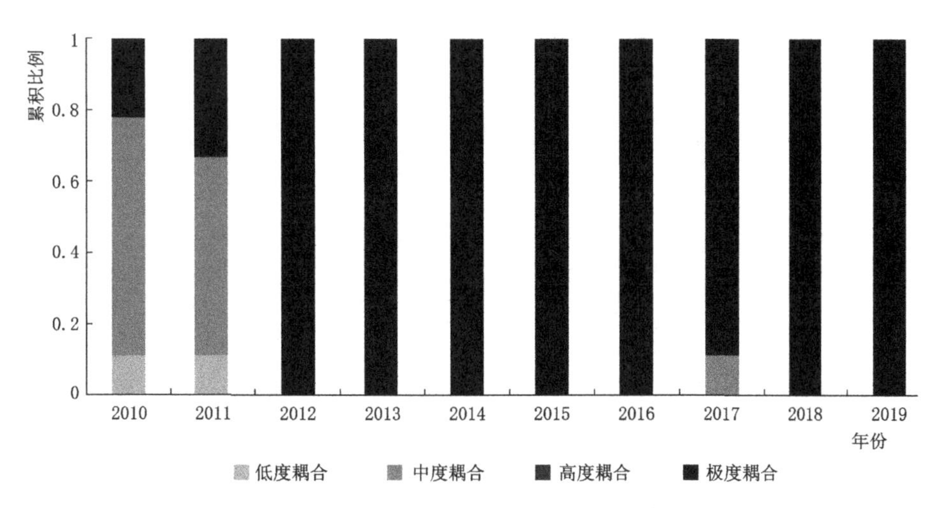

图 7-23　2010—2019 年贵州省各市（自治州）不同耦合类型占比见图

耦合外，均处于极度耦合阶段；黔西南州 2010 年处于低度耦合状态，2011 年处于高度耦合状态，其他年份则均处于极度耦合状态。由此可以看出贵州省水贫困与经济发展的耦合度总体较高。

贵州省水贫困与经济发展之间存在较稳定的互馈关系，经济发展为水贫困程度的减轻提供有力保障，水贫困程度的减轻促进经济的稳步发展。黔西南州水贫困与经济发展的耦合类型相对较多，反映出该地区的水贫困与经济发展的互馈关系相对较复杂。2010 年、2017 年黔西南州的水平困均处于极轻度水贫困阶段，2010 年的经济发展处于低等发展水平阶段，而 2017 年的经济发展却处于中等发展水平。黔西南州的水资源较多，且人口数量较少，人均水资源量高，但经济发展相对落后，因而出现低度耦合。依据分类标准，利用 ArcGIS 软件得到贵州省 2011 年、2013 年、2015 年、2017 年、2019 年的耦合度的空间分布见图 7-24。

4. 水贫困与经济发展耦合协调度的时间分异分析

2010—2019 年贵州省水贫困与经济发展耦合协调度总体上稳步提升，由 2010 年的“勉强协调，经济发展轻度滞后”转变为 2019 年的“中度协调，水贫困轻度滞后”，表明水资源贫困的发展与经济发展的关联日益增强。

2010—2019 年贵州省各市（自治州）主要耦合协调类型占比见图 7-25。由图 7-25 可知，多数市（自治州）水贫困与经济发展耦合协调度相对较低，勉强协调和初度协调占比之和最大，约为 88.89%。2010—2013 年耦合协调类型以勉强协调为主，2014—2019 年以初度协调为主。濒临失调占比最低，仅占 3.33%，并且只出现在 2010—2011 年。

第二轮西部大开发战略的实施，2010—2019 年，贵州省 GDP 从 2010 年的 4602.16 亿元增长到 2019 年的 16769.34 亿元，2011 年开始，贵州省 GDP 增速保持全国前三。为加快西部发展、缩小东西部差距做出巨大贡献。在此期间，贵州省积极完善供水设施、改进工业污水处理设施，进行农业生产结构调整和节水灌溉技术更新在改善用水效率和提高工农业生产效率与工农业收入等方面起到显著的促进作用，进而使得水贫困与经济发展之间的耦合协调度缓慢上升。

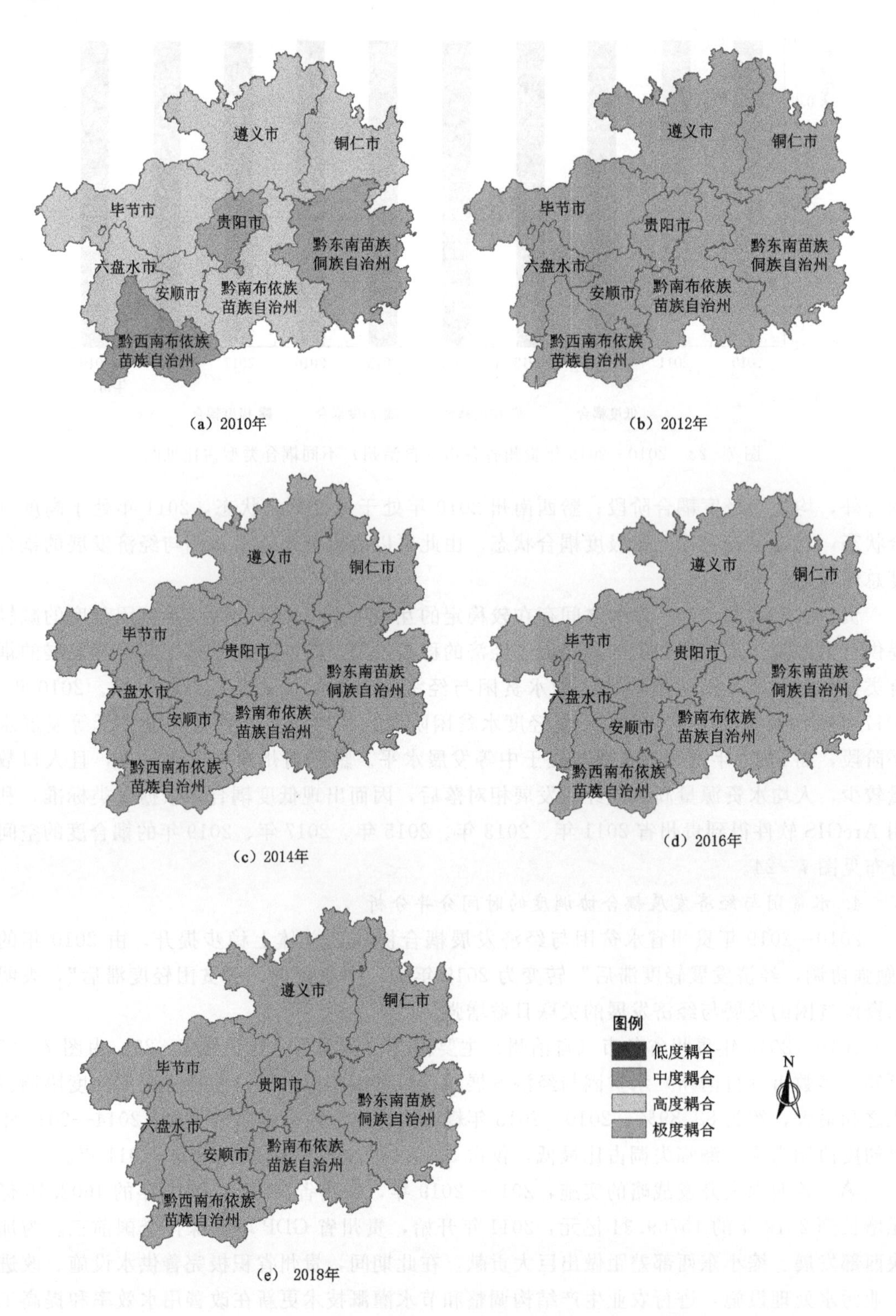

图 7-24 贵州省水贫困与经济发展耦合度时空分布图

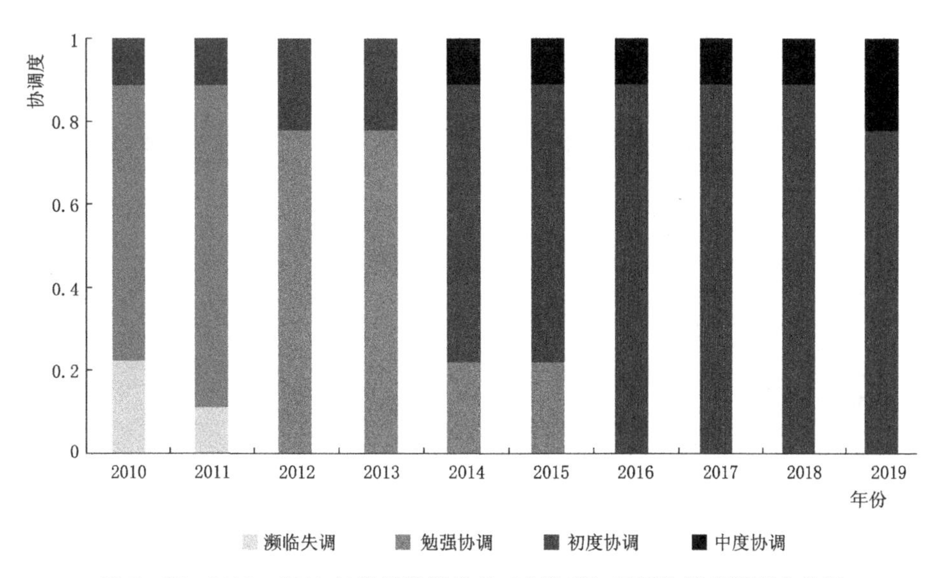

图 7-25　2010—2019 年贵州省所有市（自治州）不同协调度类型占比图

5. 水贫困与经济发展耦合协调度的空间分异分析

依据分类标准，利用 ArcGIS 软件得到贵州省水贫困与经济耦合协调类型的空间分布图（见图 7-26），由图 7-26 可知：9 个市（自治州）的水贫困与经济发展的耦合协调度不高，但基本呈上升态势，类型主要为濒临失调、勉强协调、初级协调、中级协调，其中初度协调与中度协调分布较紧密，勉强协调和高度协调则较分散。根据分类标准，可将水贫困与经济发展的耦合协调度空间分布分为以下几种类型。

水贫困程度轻度滞后型地区：主要集中于贵阳市、遵义市、毕节市等地。以上 3 个市属于贵州省经济发展水平相对较高的地市，其中，贵阳市是贵州省的省会城市，水贫困与经济发展的耦合协调度均处于初度协调或中度协调状态，这主要是由于贵阳市的水资源量相对较少，人口密度大，而经济发展水平全省最高，水贫困指数常年小于经济综合发展指数所引起的；遵义市和毕节市以勉强协调和初度协调为主，水资源量丰富，人口密度不大，但是这两个地市的经济发展以发展农业和工业为主，农业灌溉用水量大，工业废水排放量大，化肥施用量大，水资源过度利用，造成水贫困程度滞后的现象。

经济发展轻度滞后型地区：濒临失调地区：出现于 2010—2011 年的安顺市，这两年安顺市经济发展水平处于低等发展水平，经济发展缓慢，而人均水资源量却相对较丰富，水贫困程度不深，导致经济综合发展指数小于水贫困指数，造成濒临失调的现象。

勉强协调、初度协调型地区：主要集中在黔南州、黔东南州、铜仁市、毕节市、六盘水市，2010—2014 年以上 5 个市（自治州）以勉强协调为主，2015—2019 年以初度协调为主，说明对于这 5 个市（自治州）来说，随着经济发展水平越来越高以及水贫困程度的减轻，两者的偶合协调度呈缓慢上升趋势，经济发展水平提高的速度快于水贫困减轻的速度。

经济发展比较滞型后地区：这种类型的地区数量非常少，只在 2010 年的黔西南州以及 2011 年的铜仁市出现过，主要是由于这两个地市（自治州）当年的水资源量较丰富，同时，用于工农业生产消耗的水资源较少，水贫困程度都较轻，属于极轻度水贫困，但是

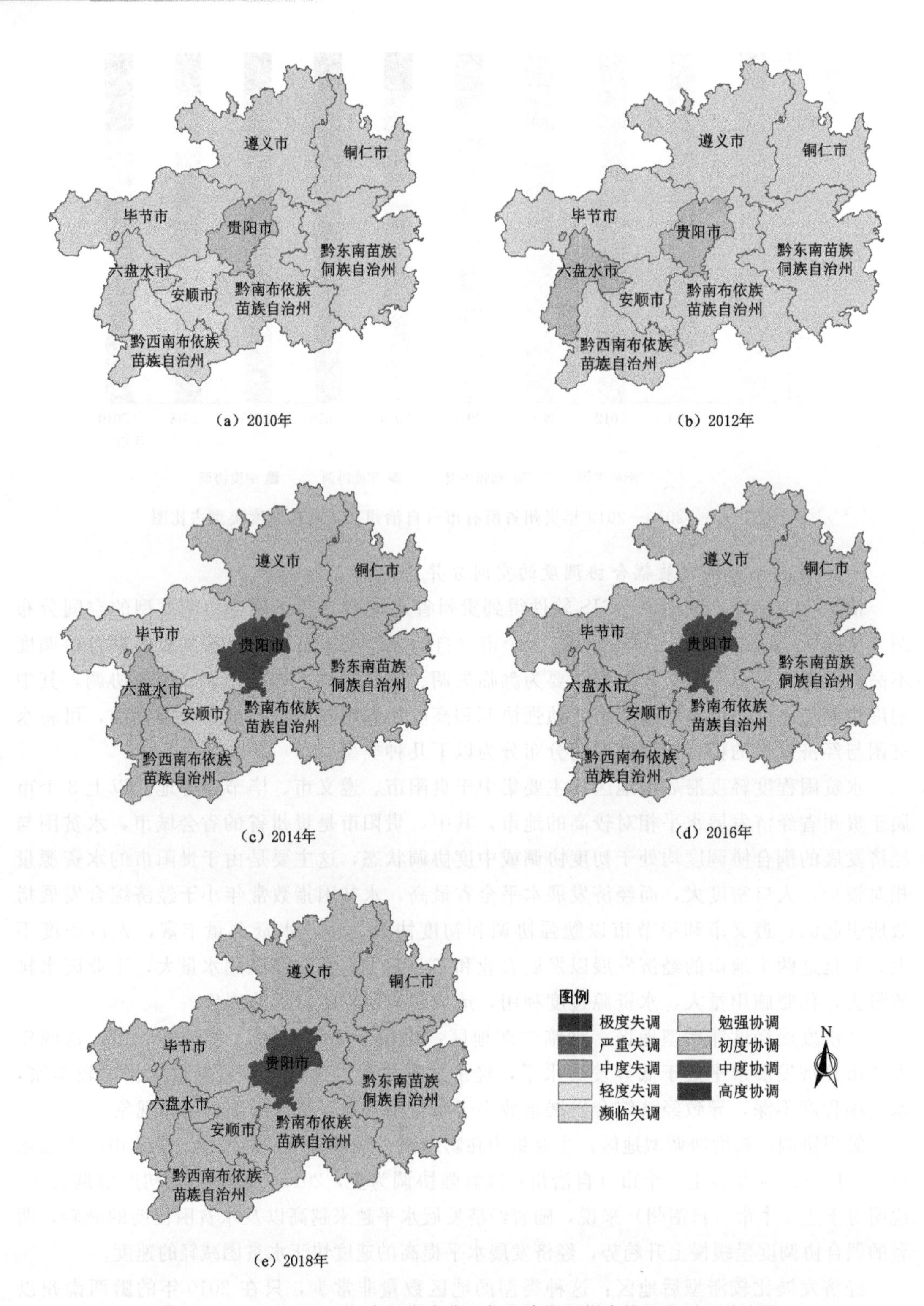

图 7-26 2010—2019 年贵州省水贫困与经济发展耦合协调度时空分布图

经济发展水平却处于低等发展水平，往后几年随着经济发展水平的提高，两者的耦合协调等级得以提高。

7.3.3.4 结论与建议

1. 结论

本节基于 *WPI* 和 *ECDI* 模型，运用耦合协调理论，研究了贵州省水贫困和经济发展的时空耦合协调关系。得出以下结论：

(1) 贵州省水贫困状况较严重，时间上表现为：贵阳市、安顺市、铜仁市、六盘水市、黔南州、黔东南州 6 个市（自治州）的水贫困程度逐渐得到改善。遵义市、毕节市、黔西南州 3 个地区的水贫困略显加重；空间上表现为：水贫困程度呈现出北部、西北部地区水贫困较严重，中部地区次之，东部、东北部、南部、西南部地区水贫困程度最轻。

(2) 贵州省经济发展水平整体呈上升态势。时间上表现为：贵州省 9 个市（自治州）的经济发展状况越来越好；空间上表现为：存在明显的空间差异，贵阳市、遵义市的发展水平常年高于其他 7 个市（自治州）；毕节市、六盘水市、黔西南州发展水平大致相同，处于第二梯队；铜仁市、黔东南州发展水平大体相同，处于第三梯队；安顺市、黔东南州发展水平最低。

(3) 贵州省水贫困与经济发展耦合度很高，主要的耦合类型为极度耦合，高度耦合占比次之，没有低度耦合，总体呈上升趋势；耦合协调度不高，但呈上升趋势，类型主要为濒临失调、勉强协调、初级协调、中级协调，其中初度协调与中度协调分布较密集，勉强协调和高度协调较零散。

2. 建议

根据以上结论，需要科学合理地评价今后各地区水资源量，提高经济发展水平，降低缺水程度。在遵义市、毕节市等严重缺水地区，完善水资源管理系统，制定水资源保护政策，加大水产业设施建设、工业园区污水处理设施建设力度、控制农产品生产、家庭生活污水排放，推进水资源的再利用。同时，应该积极促进产业结构的升级，积极发展第三产业对外经济，减少来自农业和工业用水的压力，加大节水灌溉、污水处理新技术的宣传与推广力度，提高农户与企业节约用水、循环利用意识。积极创新工业、农业管理体制，大力推广工农业生产新技术，转变农户与企业生产经营观念。同时，要大力发展绿色工业、节水农业，减少重金属、化肥及农药的使用，减少河流、湖泊、土壤的污染。在经济发展水平低的市（自治州），如安顺黔东南州、黔西南等，应坚守发展和生态两条底线，践行绿色发展理念。结合当地的资源条件，建设特色综合经济区，深度融合生态、旅游、扶贫、健康等产业并共同发展；在减少水资源贫困、提高经济发展水平的过程中，要关注地区差异，根据不同地区的水环境开发特殊产业，实现水资源利用和经济的同步发展。

7.4 贵州省水安全系统动力学模拟

7.4.1 贵州省水安全系统动力学模型构建流程

(1) 基于贵州省喀斯特地区水安全发展模式，明确贵州省喀斯特地区水安全的胁迫因子及胁迫机理，利用系统动力学方法，找出影响贵州省喀斯特地区水安全的因果反馈关系。

(2) 构建贵州省喀斯特地区水安全系统动力学模型，然后对模型进行历史检验和灵敏度分析，确定模型的合理性和有效性。

(3) 基于贵州省喀斯特地区水安全发展的不同规划方案，对不同参数进行设定，进行不同情景的仿真模拟。

(4) 通过对不同情景模拟结果的评价和分析，选择最优的发展情景，对贵州省喀斯特地区水安全发展提出建议。

7.4.2 贵州省水安全系统动力学模型

本研究以水安全系统作为研究对象，以1995—2025年为研究时段，时间跨度为1年。然后用五个子系统来分析对WSS的影响，即经济、人口、水资源、水环境和水灾害等子系统。

7.4.3 模型检验

7.4.3.1 验证历史数据

为测试模拟结果的合理性和可行性，对SD模型进行经验性校准是很重要的。一方面，这可以通过在当前情况下对历史行为的匹配测试来实现；另一方面，这可以通过敏感性分析来测试。这两种方法是验证SD模型有效性的重要途径。选择有可用数值的总人口和GDP变量进行验证。为了验证SD模型，分别将2005年至2010年的真实数据与模拟值进行了比较。模型测试结果如图7-27所示。很明显，从2005年到2010年，变量的模拟值与真实值比较接近，这表明模型的合理性。从2005年到2010年，变量的模拟值与实际值的相对误差很低，为±10%。这表明该模型的有效性。

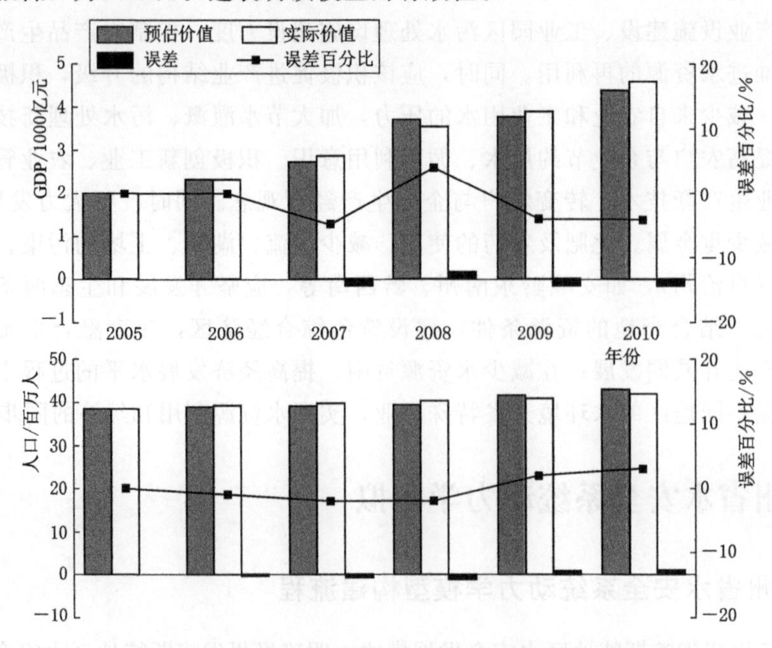

图7-27 模型GDP和总人口模拟结果的误差统计

7.4.3.2 灵敏度分析

为了观察水安全综合指数变量的灵敏度，选择水安全系统的 14 个主要参数，参数值的变化范围分别为 3%、2%、1%、−3%、−2%、−1%。表 7-21 表明，2025 年水安全综合指数的变化范围合理地小于±10%。因此，所建立的 SD 模型对于阐明因果反馈关系和预测水安全系统的动态变化是可靠的。从表 7-21 可以看出，人口自然增长率、GDP 增长率、农田灌溉用水定额、林地和牲畜用水定额、城市生活用水需求、城市化率等 6 个参数的敏感性斜率均为正数。但用水效率、水质达标率、工业废水处理率、生活废水处理率、环境投资率和水资源投资率等 6 个参数的敏感性斜率为负。敏感性斜率被用来描述水安全综合指数是如何随着参数的变化而被验证的。例如，人口自然增长率的敏感性斜率由（3%，0.0001）和（−3%，−0.0001）两点计算；GDP 增长率的敏感性斜率由（3%，0.0095）和（−3%，−0.0094）两点计算；其他参数相同。如表 7-21 所示，敏感性斜率的绝对值越大，水安全综合指数就越敏感，即水安全综合指数的数值变化程度越大。敏感性斜率为正，会导致 2025 年水安全综合指数的上升，而斜率为负则会导致相反的结果。水安全综合指数反映了驱动力指数、压力指数、状态指数、影响指数和响应指数。当其数值为零时，意味着水安全系统是平衡的。如果综合指数值大于零，说明水安全系统是不安全的。如果综合指数值小于零，则水安全系统是安全的。在这种情况下，如果增加或减少敏感性斜率的最大绝对值，就会达到降低水安全综合指数的目的，使城市水安全综合状态越来越安全。相反，城市的水安全状态会越来越不安全。因此，改善城市水安全状态的方法总结如下：应该减少农业用水、城市生活用水的需求；同时提高影响因子比例达标的水质、环境投资的比率。

表 7-21　　2025 年不同影响因素下水安全综合指数的变化

参　数	变　化　率						敏感性斜率
	3%	2%	1%	−1%	−2%	−3%	
人口自然增长率	0.0001	0.0001	0.0000	−0.0000	−0.0001	−0.0001	0.0029
GDP 增长率	0.0095	0.0053	0.0031	−0.0031	−0.0063	−0.0094	0.3137
农田灌溉用水定额	0.0161	0.0107	0.0054	−0.0054	−0.0107	−0.0161	0.5362
林地和牲畜用水定额	0.0011	0.0007	0.0004	−0.0004	−0.0007	−0.0011	0.0366
城市生活用水需求	0.0028	0.0018	0.0009	−0.0009	−0.0018	−0.0028	0.0921
城市化率	0.0015	0.0010	0.0005	−0.0006	−0.0010	−0.0015	0.0496
用水效率	−0.0030	−0.0019	−0.0010	0.0010	0.0019	0.0030	−0.0972
水质达标率	−0.0140	−0.0093	−0.0047	0.0047	0.0093	0.0140	−0.4660

7.4.4 贵州省水安全系统动力学模拟

7.4.4.1 不同情境设置

建立系统动力学模型的目的是为了测试各种潜在的政策，以提高系统的性能。对于不同的规划目标，通过调整变量和参数可以获得许多模拟选择。在贵州省，根据 SPA 评估结果，可以了解每个城市的水安全状况，同时还需要说明水安全的影响因素和水安全指标的未来动态变化趋势。对于水安全系统的不同发展目的，可以通过调整变量和参数来假设一些模拟场景。为了代表城市的其他水安全状态，根据具体相关参数的实际值，选择了贵州省的 3 个典型城市（贵阳市、遵义市、毕节市）来代表贵阳模式、遵义模式和毕节模式。协调模式是其他三个模式的最佳组合。协同模式中的参数值是根据三个模式中的最佳参数值增加或减少 10%得出的，这些模式可以反映和预测系统的性能和趋势。表 7 - 22 中比较了典型城市模式和协调模式中参数的详细设置。

表 7 - 22 不同城市模式的参数设置

参　数	模式			
	贵阳模式	遵义模式	毕节模式	协调模式
农田灌溉的水配额/$10^8 m^3$	49.34	29.64	35.58	26.676
城市生活用水需求量/m^3	62.78	32.65	46	29.385
水质达标率/%	87.5	81	69.2	96.25
环境投资率/%	6.5	4	2.5	7.15
水土流失率/%	32.6	41.7	58.9	29.34
工业废水处理率/%	97.2	89.5	80.6	99.14

7.4.4.2 不同模式的仿真结果

水资源需求代表了水资源子系统的安全状况。从图 7 - 28 可以看出，2005—2017 年贵阳模式下，水资源缺口为负值。这意味着供水量低于需水量，水资源短缺。但差距很小。然而，自 2017 年以来，水资源缺口的增长速度越来越快。到 2025 年，水资源缺口将达到

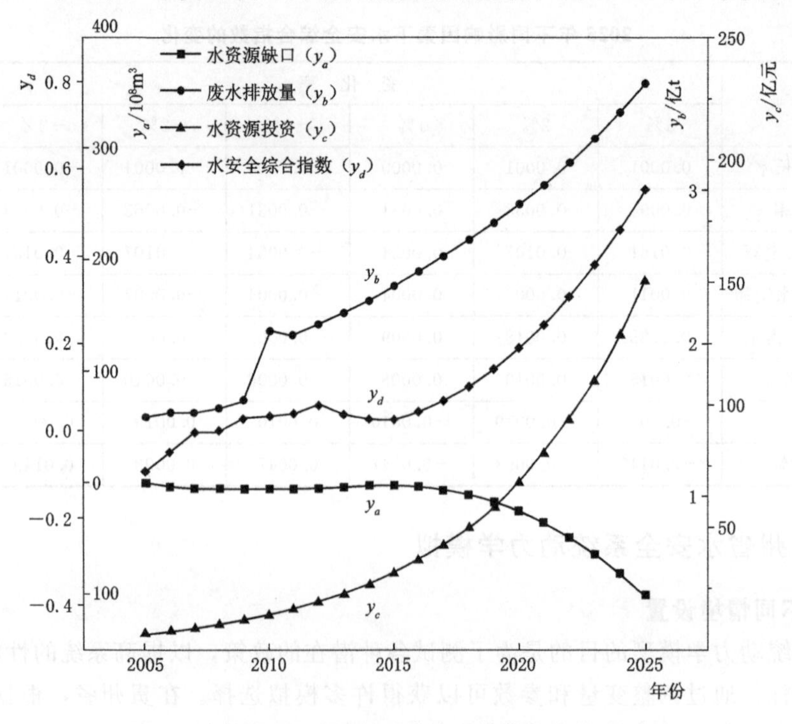

图 7 - 28 贵阳模式水安全指数的变化

1.02 亿 m^3；在遵义模式（见图 7-29）和毕节模式（见图 7-30）中，从 2005 年到 2017 年，水资源缺口为正。这说明供水量高于需水量，水资源是过剩的。但从 2020 年开始，水资源缺口变为负值，并逐渐增大；在毕节模式中，水资源缺口变为负值，并从 2019 年开始缓慢增大；在协调模式中，将农田灌溉和城市生活用水需求的水配额值分别降低 10%。到 2025 年，协调模式的水资源缺口比贵阳方案高 30%，比遵义模式高 4%，比毕节模式高 15%。

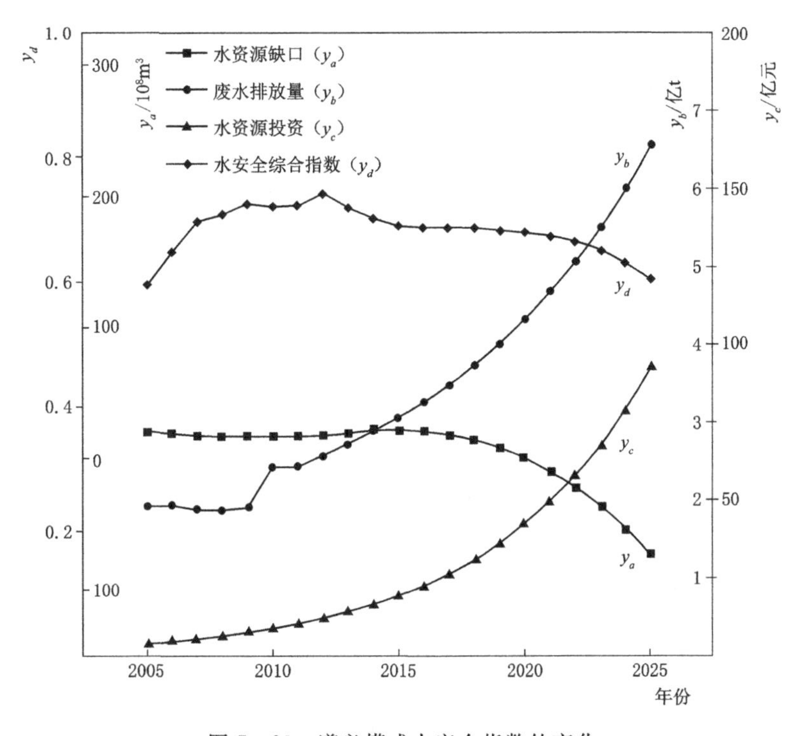

图 7-29　遵义模式水安全指数的变化

废水排放量代表了水环境子系统的安全状况，从 2011 年开始，废水排放量逐渐增加。在毕节模式中，废水排放量增幅最大，到 2025 年将达到 9.9 亿 t。遵义模式的废水量次之，将达到 6.6 亿 t，贵阳模式的废水量最低，到 2025 年可能达到 3.7 亿 t。在协调模式下，将水质达标率提高 2%，废水排放量为 3.0 亿 t。到 2025 年，协调模式的废水量比贵阳模式低 18.9%，比遵义模式低 54.5%，比毕节模式低 69.7%。它符合环境友好型发展模式的标准。

水利投资被用来反映水灾子系统的安全状况。在贵阳、遵义和毕节的模式中，投资都保持在较低水平。从 2015 年开始，所有模式下的投资都开始增加。在协调模式下（见图 7-31），研究推断水土流失面积的数值为 10%，环境投资的比率为 10%。到 2025 年，协调模式下的水利投资比贵阳模式下高 10%，比遵义模式下高 78.7%，比毕节模式下高 186.2%。

水安全综合指数表示水安全系统的综合安全状况。它是水资源子系统、水环境子系统和水灾害子系统的综合反映。如上所述，综合指数值大于零，水安全系统不安全。如果综合指数值小于零，则水安全系统是安全的。这意味着从 2005 年到 2008 年，在贵阳模式下

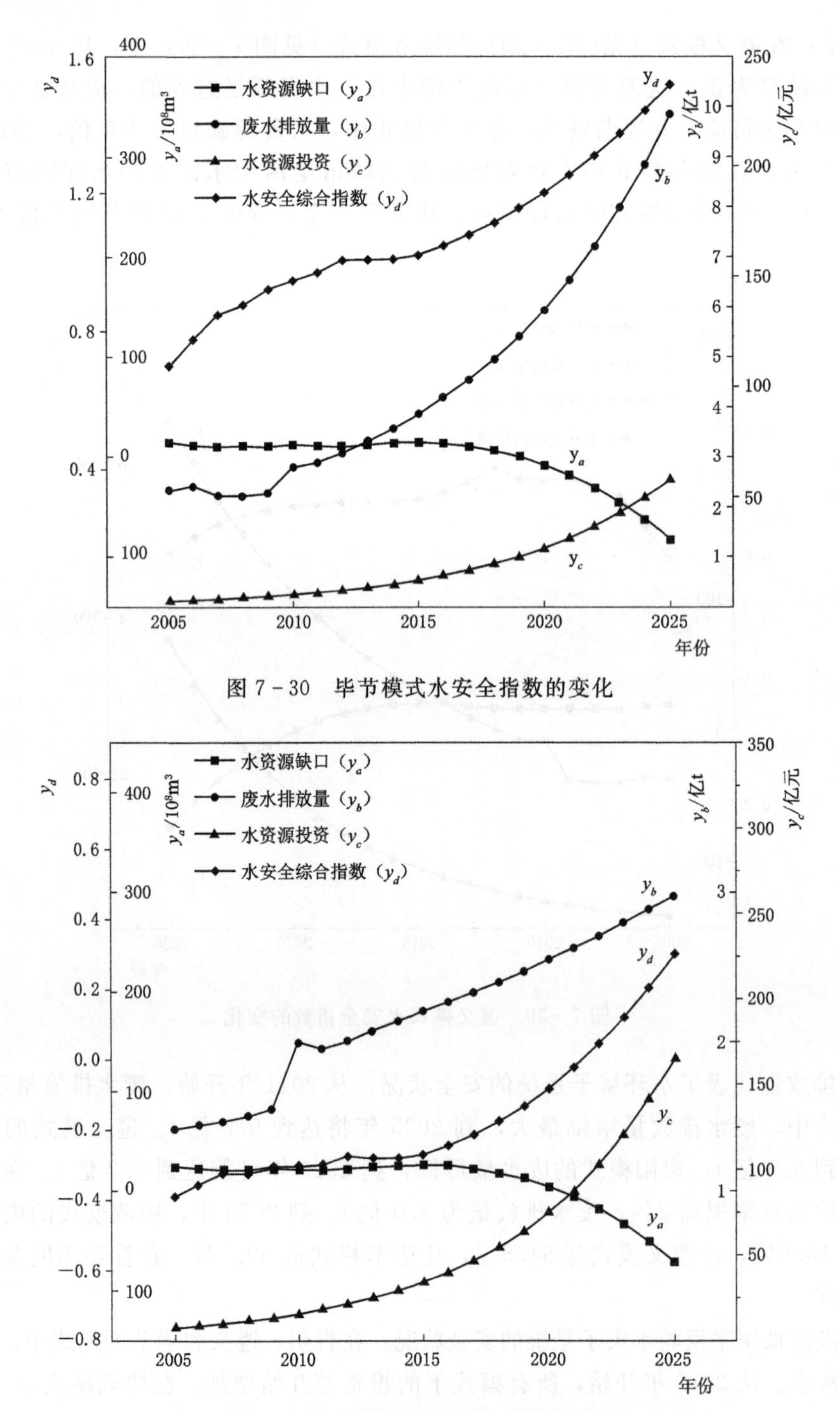

图 7-30 毕节模式水安全指数的变化

图 7-31 协调模式水安全指数的变化

系统是安全的。但到了2008年，综合指数变得大于零，系统变得不安全。此外，综合指数值的趋势将从2005年的−0.1增加到2025年的0.58。这意味着，综合安全状况将越来越不安全。

在遵义模式下，2005 年的综合指数值为 0.59，它一直在增加，直到 2012 年，该值是最大的，达到 0.75。然后，综合指数在上升后出现了下降，到 2025 年，该值为 0.6。因此，从 2005 年到 2025 年，遵义模式下的水安全系统水平要低于贵阳模式下的水安全系统水平。在毕节模式下，2005—2025 年，综合指数大于零，并持续上升，数值从 0.7 变为 1.52。与前两个模式相比，毕节模式中的水安全系统水平是最低的。

在协调模式下，减少农业用水量、城市生活用水需求，并提高影响因素水土流失面积、水质达标率和环境投资率各 10%。2005 年的综合指数值为－0.4，2025 年为 0.3。到 2025 年，协调模式下的综合指数比贵阳模式下低 45.5%，比遵义模式下低 50%，比毕节模式下低 80.3%。综合指数在四个模式中最低，而水安全系统的水平最高。

参考文献

William Rees，Mathis Wackernagel. Urban ecological footprint：why cities can not be sustainable and why they are key toamenability [J]. Envion Impact Assessrev，1996，16：223 - 248.

Wackernagel M，Rees W. Our ecological footprint：reducing human impact on the earth [M]. Gabriola Island：New Society Publishers，1996.

Wackernagel M，Onist I，Bell P. National natural capital accounting with the ecological footprint concept [J]. Ecological Economics，1999，29：375 - 390.

Gernot Stoeglehner，Peter Edwards，et al. The water supply footprint（WSF）：a strategic planning tool for sustainable regional and local water supplies [J]. Journal of Cleaner Production，2011，19（15）：1677 - 1686.

Dong，H.，Geng，Y.，Sarkis，J.，et al. Regional water footprint evaluation in China：a case of Liaoning [J]. Science of the Total Environment，2013，442（1）：215 - 224.

Liqiang Ge，Gaodi Xie，Caixia Zhang，et al. An evaluation of China's water footprint [J]. Water Resources Management，2011，25（10）：2633 - 2647.

Cs. Fogarassya，É. Neubauera，M. Böröcz Bakosné. Water footprint based water allowance coefficient [J]. Water Resources and Industry. 2014，7（9）：1 - 8.

Tomohiro Okadera，Jaruwan Chontanawat，Shabbir H. Gheewala. Water footprint for energy production and supply in Thailand [J]. Energy. 2014，77（12）：49 - 56.

黄林楠，张伟新，姜翠玲，等. 水资源生态足迹计算方法 [J]. 生态学报，2008，28（3）：1280 - 1286.

谭秀娟，郑钦玉. 我国水资源生态足迹分析与预测 [J]. 生态学报，2009，29（7）：3559 - 3568.

卞羽，洪伟，陈燕，等. 福建水资源生态足迹分析 [J]. 福建林学院学报，2010，30（1）：1 - 5.

邱微，樊庆锌，赵庆良，等. 黑龙江省水资源生态承载力计算 [J]. 哈尔滨工业大学学报，2010，42（6）：1000 - 1003.

李培月，钱会，吴健华，等. 银川市 2008 年水资源生态足迹研究与分析 [J]. 南水北调与水利科技，2010，8（1）：69 - 71.

陈栋为，陈晓宏，孔兰. 基于生态足迹法的区域水资源生态承载力计算与评价——以珠海市为例 [J]. 生态环境学报，2009，18（6）：2224 - 2229.

常龙芳. 云南省水资源生态足迹与生态承载力动态分析 [J]. 云南地理环境研究，2012. 24（5）：107 - 110.

楚文海，吴晓微，韩慧波，等. 西南岩溶地区水资源可持续利用评价 [J]. 资源科学，2008. 30（3）：468 - 473.

洪辉，付娜. 浅谈水资源生态足迹和生态承载力的研究 [J]. 山西建筑，2007，33（30）：200 - 201.

王文国，龚久平，青鹏，等. 重庆市水资源生态足迹与生态承载力分析 [J]. 生态经济，2011，(7)：159-162.

王文国，何明雄，潘科，等. 四川省水资源生态足迹与生态承载力的时空分析 [J]. 自然资源学报，2011，26 (9)：1555-1565.

范晓秋. 水资源生态足迹研究与应用 [D]. 南京：河海大学，2005：38-40.

马静，汪党献，来海亮，等. 中国区域水足迹的估算 [J]. 资源科学，2005，27 (5)：96-100.

王俭，张朝星，于英谭，等. 城市水资源生态足迹核算模型及应用——以沈阳市为例 [J]. 应用生态学报，2012，23 (8)：2257-2262.

魏素娟，张钰. 基于AHP法对甘肃内陆河流域水资源可持续利用的评价 [J]. 安徽农业科学，2011，39 (1)：483-485.

Brown，Robert G. Exponential smoothing for predicting demand. Cambridge，Massachusetts：Arthur D. Little Inc. 1956：15.

何大四，张旭. 改进的季节性指数平滑法预测空调负荷分析 [J]. 同济大学学报（自然科学版），2005，1672-1676.

张卫中，尹光志，唐建新，等. 指数平滑技术在重庆市煤炭需求预测中的应用 [J]. 重庆大学学报（自然科学版），2006，29 (1)：110-116.

郭永龙，武强，王焰新，等. 中国的水安全及其对策探讨 [J]. 安全与环境工程，2004，11 (1)：42-46.

龚静怡. 水安全的研究进展及中国水安全问题 [J]. 江苏水利，2005 (1)：28-32.

成建国，杨小柳，魏传江，等. 论水安全 [J]. 中国水利，2004 (1)：21-23.

张翔，夏军，贾绍凤. 水安全定义及其评价指数的应用 [J]. 资源科学，2005，27 (3)：145-149.

陈绍金，施国庆，顾琦仪. 水安全系统的理论框架 [J]. 水资源保护，2005 (3)：9-11.

邱德华. 区域水安全战略的研究进展 [J]. 水科学进展，2005，16 (2)：306-312.

魏雅丽，王立国. 水资源对人类的负面影响 [J]. 北方环境，2005，30 (1)：42-44.

谢崔娜，许世远，王军，等. 城市水资源综合风险评价指标体系与模型构建 [J]. 环境科学与管理，2008，33 (5)：163-168.

王瑞芳，秦大庸，张占庞. 层次分析法在山西省水资源安全评价中的应用 [J]. 人民黄河，2008，30 (9)：40-42.

杨全明，王浩，赵先进. 贵州水资源安全问题初探 [J]. 生态学杂志，2005，24 (11)：1347-1350.

曾畅云，李贵宝，傅桦. 水环境安全的研究进展 [J]. 水利发展研究，2004 (4)：20-22.

畅明奇，黄强. 水资源安全理论与方法 [M]. 北京：中国水利水电出版社，2006.

Rijiberman，et al. Different Approaches to Assessment of Design and Management of Sustainable Urban Water System [J]. Environment in Pact Assessment Review，2000，129 (3)：333-345.

李滨勇，史正涛，董铭，等. 水资源承载力研究现状与发展趋势 [J]. 水利发展研究，2007 (1)：36-39.

张勇，王东宇，杨凯. 美国饮用水源突发污染事件应急管理及其借鉴 [J]. 中国给水排水，2006 (16)：7-11.

Martijnvanden Hurk，Ellen Mastenbroek，Sander Meijerink. Water safety and spatial development：an institutional comparison between the United Kingdom and the Netherlands [J]. Land Use Policy，2014，36 (1)：416-426.

F. Bassi，A. Crivellini，V. Dossena. Investigation of flow phenomena in air-water safety relief valves by means of a discontinuous Galerkin solver [J]. Computers&Fluids，2014，90 (10)：57-64.

A. N. Yakimenko. Estimation of water quality of the Kiev reservoir by indices of radiation safety [J]. Journal of Water Chemistry and Technology，2013，35 (4)：189-193.

Jishi Zhang，Yongqiu Zhang，Ruifeng Pu，et al. Safety analysis of water resources and eco - environment in Shiyang River Basin [J]. Chinese Geographical Science，2005，15 (3)：238 - 244.

V. N. Shchedrin，Y. M. Kosichenko. Safety problems of water - development works designed for land reclamation [J]. Power Technology and Engineering，2011，45 (4)：264 - 269.

Haifeng Jia，Shidong Liang，Yansong Zhang. Assessing the impact on groundwater safety of inter - basin water transfer using a coupled modeling approach [J]. Frontiers of Environmental Science & Engineering，2014，(7)：288 - 299.

龙祥瑜，赵剑，唐辉. 沈阳市水资源承载力研究 [J]. 沈阳农业大学学报，2004，35 (1)：48 - 51.

姚治君，刘宝勤，高迎春. 基于区域发展目标下的水资源承载能力研究 [J]. 水科学进展，2005，16 (1)：109 - 113.

夏军，张永勇，王中根，等. 城市化地区水资源承载力研究 [J]. 水利学报，2006，37 (12)：1482 - 1488.

王超，王沛芳. 城市水生态系统建设与管理 [M]. 北京：科学出版社，2004.

李万莲. 沿淮城市水环境演变与水生态安全的研究——以蚌埠为例 [D]. 上海：华东师范大学，2005.

曹琦，陈兴鹏，师满江. 基于 DPSIR 概念的城市水资源安全评价及调控 [J]. 资源科学，2012，34 (8)：1591 - 1599.

缪应祺. 水污染控制工程 [M]. 南京：东南大学出版社，2002.

Sun，Y.，Liu，N.，Shang，J.，Zhang，J. (2017) Sustainable utilization of water resources in China：a system dynamics model. Journal of Cleaner Production 142 (2)：613 - 625.

Qin，H. P.，Su，Q.，Khu，S. T. (2011) An integrated model for water management in a rapidly urbanizing catchment. Environmental Modelling & Software，26 (12)：1502 - 1514.

Wei，T.，Lou，inchio，Yang，Z. F.，Li，Y. X.，(2016) A system dynamics urban water management model for Macau，China. Journal of Environmental Sciences 50：117 - 126.

Li，T. H.，Yang，S. N.，(2017) Prediction of water resources supply and demand balance in Longhua district of shenzhen based on system dynamics. Journal of Basic Science and Engineering 25 (5)：917 - 931.

Cai，Y.，Cai，J.，Xu，L.，Tan，Q.，& Xu，Q. (2019). Integrated risk analysis of water - energy nexus systems based on systems dynamics，orthogonal design and copula analysis. Renewable and Sustainable Energy Reviews 99：125 - 137.

马力阳，罗其友，李同昇，等. 半干旱区水资源—乡村发展耦合协调评价与实证研究——以通辽市为例 [J]. 经济地理，2017，37 (9)：152 - 159.

范武迪，闫述乾. 甘肃农村水贫困与农村经济贫困协调性研究 [J]. 资源开发与市场，2016，32 (5)：578 - 582，598.

李欢，李景保，王凯. 湖南省水贫困与城市化水平测度及其时空耦合协调研究 [J]. 水资源与水工程学报，2019，30 (4)：105 - 112.

艾敏. 湖北省水贫困与经济贫困耦合研究 [D]. 武汉：中南财经政法大学，2019.

苟凯歌，蒋辉，刘兆阳. 2000—2017 年中国农村水资源贫困与经济贫困的耦合协调状态及其影响因素 [J]. 水土保持通报，2021，41 (05)：255 - 263.

吴丹，李昂，张陈俊. 双控行动下京津冀经济发展与水资源利用脱钩评价 [J]. 中国人口・资源与环境，2021，31 (3)：150 - 160.

孙才志，陈琳，赵良仕，邹玮. 中国农村水贫困和经济贫困的时空耦合关系研究 [J]. 资源科学，2013，35 (10)：1991 - 2002.

刘青利，崔思静. 河南省水贫困与城镇化耦合协调时空特征 [J]. 人民黄河，2020，42 (8)：62 - 66，72.

刘理臣，靳素芳，付春燕，等. 甘肃省水贫困时空分异及驱动因素研究 [J]. 兰州大学学报（自然科学版），2016，52（2）：205-210.

何超，李萌，李婷婷，等. 多目标综合评价中四种确定权重方法的比较与分析 [J]. 湖北大学学报（自然科学版），2016，38（2）：172-178.

李扬杰，张莉. 基于全局熵值法的长江上游地区产业生态化水平动态评价 [J]. 生态经济，2021，37（7）：44-48，56.

王可. 基于随机森林法和地理探测器的丝绸之路经济带甘肃段水贫困研究 [D]. 兰州：兰州大学，2020.

王劲峰，徐成东. 地理探测器：原理与展望 [J]. 地理学报，2017，72（1）：116-134.

李兆龙. 基于水贫困指数的水资源安全评价研究 [D]. 哈尔滨：黑龙江大学，2020.

孙冬营，刘新波，龙兴乐，张陈俊. 基于WPI模型的中国水贫困时空异质性研究 [J]. 南京工业大学学报（社会科学版），2020，19（5）：104-114，116.

王可. 基于随机森林法和地理探测器的丝绸之路经济带甘肃段水贫困研究 [D]. 兰州：兰州大学，2020.

王雪妮，孙才志，邹玮. 中国水贫困与经济贫困空间耦合关系研究 [J]. 中国软科学，2011（12）：180-192.

杨玉蓉，谭勇，皮灿，邹君. 湖南农村水贫困时空分异及其驱动机制 [J]. 地域研究与开发，2014，33（1）：23-27.

张华，王礼力. 中国农业水贫困评价及时空特征分析 [J]. 资源科学，2019，41（1）：75-86.

孙才志，吴永杰，刘文新. 基于DPSIR-PLS模型的中国水贫困评价 [J]. 干旱区地理，2017，40（5）：1079-1088.

孙才志，吴永杰，刘文新. 基于熵权TOPSIS法的大连市水贫困评价及障碍因子分析 [J]. 水资源保护，2017，33（4）：1-8.

王太祥，王腾. 西北干旱半干旱区水贫困测度及驱动因素分析 [J]. 江苏农业科学，2017，45（10）：238-241.

孙才志，陈琳，赵良仕，邹玮. 中国农村水贫困和经济贫困的时空耦合关系研究 [J]. 资源科学，2013，35（10）：1991-2002.

赵雪雁，高志玉，马艳艳，等. 2005—2014年中国农村水贫困与农业现代化的时空耦合研究 [J]. 地理科学，2018，38（5）：717-726.

周凯，王义民. 陕西省水贫困与经济贫困耦合分析 [J/OL]. 人民黄河：1-6 [2022-04-27].

刘晓敏，任印国，洪帅. 山东省水贫困与农业现代化耦合协调关系研究 [J]. 黑龙江农业科学，2021（8）：90-97.

吴永杰. 大连市水贫困评价与障碍因子分析 [D]. 大连：辽宁师范大学，2018.

第8章

市域尺度水安全综合评价与模拟

8.1 概述

水安全是政策和学术界普遍认为的一个重要且日益紧迫的挑战。尽管用水量明显增加，但对世界各地不同情况下如何概念化和应用水安全的全面理解是有限的。此外，明确认识到水安全包括数量、质量、与水有关的灾害和社会考虑，但讨论往往只集中在其中的一个或两个方面。这种做法掩盖了水质问题与水量问题以及许多水安全决策的社会因素交叉的关键方式。因此，为了更好地实现未来的水安全，有必要对水安全的起源、内涵与外延、演进进行重新梳理。同时，水安全是水量、水质、水灾害和经济社会因素的综合。随着中国城镇化的迅速推进，其所引发的水污染、空气质量恶化、生物多样性丧失及城乡发展之间的差异大等一系列问题已成为社会关注的焦点。与此同时，中国所处的城镇化进程阶段也表明，中国城镇化进程在今后的二三十年中仍将持续高速增长。目前，中国有2/3的城市都面临着严重的缺水问题，这是城市化过程中最突出的问题。水资源短缺已越来越成为制约城市发展的一个重要因素，在此背景下，如何实现城市的可持续发展，成为当前一个紧迫的问题。

8.1.1 城市水资源生态承载力

水资源生态承载力是一个国家或地区持续发展过程中各种自然资源承载力的重要组成部分，且往往是水资源紧缺和贫水地区制约人类社会发展的“瓶颈”因素，它对一个国家或地区综合发展和可持续发展有着至关重要的影响。作为可持续发展研究和水资源安全战略研究中的一个基础课题，水资源生态承载力研究已引起学术界高度关注并成为当前水资源科学中的一个重点和热点研究问题。对于区域水资源生态承载力的理论研究，国际上单项研究的成果较少，大多将其纳入可持续发展理论中。如美国的 URS 公司对佛罗里达 Keys 流域的承载力进行了研究；Joardo 等从供水的角度对城市水资源生态承载力进行了相关研究，并将其纳入城市发展规划当中；Rijiberman 等在研究城市水资源评价和管理体系中将承载力作为城市水资源保障的衡量标准；Harris 着重研究了农业生产区域水资源农业承载力，将此作为区域发展潜力的一项衡量标准。在国内这方面研究起步较晚，20 世纪 70 年代初，水资源定义被提出后，为了更具体和量化，同时随着水问题的日益突出，国内学者加强了对水资源管理的研究。施雅风等采用常规趋势法对新疆乌鲁木齐河流域的水资源生态承载力进行了研究；许有鹏等采用模糊分析方法对新疆和田河流域的水资源生态承载力进行了研究；徐中民等采用情景基础的多目标分析法研究了黑河流域水资源生态承载力。总体上看，我国大陆地区的水资源生态承载力研究一般偏重于应用和量化方法的研究，而对概念的系统探讨较少，目前对水资源生态承载力的评价方面，主要存在着评价指标体系的建立过于随意，指标的形成方法和具体的指标体系过于简单，没有给出分析和筛选框架，评价指标的选择没有针对性等问题。

本章以贵州省毕节市为例，基于研究区域特色和水文特征，选择与水资源生态承载力密切相关的指标，运用因子分析法对指标体系进行分析和筛选，去除重复性因子，建立一套能反映毕节地域特色的水资源生态承载力评价指标体系。同时，利用熵权法赋予指标权重，采用灰色系统理论提出的灰色关联度分析的方法，寻求系统中各子系统（或因素）之间的协调关系，对毕节市 2005—2010 年的水资源开发利用与社会经济之间的协调程度进行评价，为城市发展和水资源开发利用提供依据。

8.1.2 城市水生态足迹

为了满足区域用水需求，实现水资源的可持续利用，通常采用分析层次过程、数据包络分析等方法实现水资源的综合评价。除此之外，一些学者受“生态足迹”原理的启发，通过估计生态承载力和维持人类对自然资源的消耗、同化人类废物所需的生产空间（生态足迹）来衡量该地区的可持续发展。例如，Wiedmann 等根据投入和产出分析分配生态足迹；Jia 等将生态足迹与 ARIMA 模型相结合；Miao 等根据生态足迹对环境质量进行等级划分；Liu 等根据生命周期评估计算校园的生态足迹。根据不同的尺度，生态足迹模型的应用也非常广泛，Verhofstadt 等将其应用于个人消费评估、旅游活动，甚至家庭研究。通常，该方法主要被应用于城市的生态足迹评估，区域生态足迹研究，以及一个国家的生态足迹研究。此外，它还可以嵌入到混合多尺度分析中。在这种大环境影响下，水资源的研究方向逐渐从供水量的研究转换到需水量研究方向。水足迹模型最初是由 Hoekstra 提出的，他将其定义为居民消费的商品和服务所需生产的水量。大多数研究方向是对一个国家的水足迹进行定量分析，或者对一个具体的产品的含水量进行量化。由于该方法无法反映水资源的供给能力，故而对于水资源消费和贸易中的水足迹利用主要侧重于前者，因为无法评估后者的可持续性，不少学者对利用“水足迹”评估水资源承载力是否可行也提出质疑。

因此，水生态足迹不仅关注水的需求量，同时关注水的供应量。“水生态足迹模型”是由中国学者 Fan 提出的。水生态足迹评估的重点是在淡水资源有限的情况下分析淡水的使用，它显示了消费者和生产者何时、何地以及如何对这种有限的资源提出要求，是一个相对简洁的指标。水生态足迹评估是一个可以量化和定位水的消耗，评估水的利用是否可持续，并在必要时确定减少水生态足迹的方案的有效工具。在生态足迹模型中，生物生产用地被分为六类：耕地、草地、林地、水域、建筑用地和化石能源用地。而在水生态足迹模型中，生物生产性土地仅指水域面积类型。水生态足迹也是一个基于土地的指标，用于评估水的可持续性，通过比较确保特定人口或系统的供应所需的水面积（即水生态足迹）与该人口领土上可用的水面积（即水生态承载力）的数量。水生态足迹就是通过定量测量人类的需求（水面积），以及水面积对水资源的供应和吸收废水的能力分析和评估人类对水资源的依赖性和水资源的可用性之间的差距，当当地的水生态承载能力能够支持当地的水生态足迹时，称之为水生态盈余（WES）；否则，称之为水生态赤字（WED）。如上所述，水生态足迹（WEF）模型适用于当地水供应的可持续发展分析。目前，中国学术界主要集中在水生态足迹的基本理论、计算方法和模型改进方面，水生态足迹已被广泛应用于地方区域水资源可持续利用的评估中。在以往的研究中，模型的产量因子是一个常数，产量因子是由年平均总水资源量和区域面积决定的。且由于水资源总量随每年的降雨量而变化，产量因子也会逐年变化，会导致当地的水资源承载力被低估（当产量因子小于实际值时）或被高估（当产量因子大于实际值时）。造成水资源承载力的数值完全不准确。因此，本研究采用水生态足迹指标，尝试从需水和供水两方面将水足迹和生态足迹相结合。

为了保证计算过程中产量因子的准确性，本案例研究分别计算了各年的产量因子。此外，考虑到大多数研究都集中在单一案例的 WEF 问题上，或者忽略了富水地区和贫水地区的比较，本案例研究采用对照分析的方法，总结了三种典型的城市 WEF 发展类型，通过对照分析更容易发现不同发展背景下不同城市之间的关键差距，使不同地区的城市能够相互学习，避免不同地区的城市曾经经历过的不可持续的发展模式。本研究选择了中国的四个城市，即北京、上海、天津和重庆作为案例，对这些城市的 WEF 进行比较。直辖市是中国城市分类的最高级别。这些城市具有与省相同的级别，是中国一级行政区划的一部分。其中北京是中国的首都，是国家的政治、文化和教育中心；上海是全球金融中心和交通枢纽之一，拥有全球最繁忙的港口；天津是中国大陆北部沿海的一个大都市，是四个国家中心城市之一；重庆是唯一位于西南内陆、远离海岸的直辖市。通过四个具有不同鲜明特征的城市研究当地相应的水资源问题，分析城市之间的差异。

基于 WEF 模型和所获得的四个城市的水资源利用数据，本研究改进了产量因子的计算方法，通过对 2004—2015 年的水资源评价指标，进行 WEF 和 WEC 计算和分析，更好地解释这一系列评价指标，使评价指标更加可靠和准确。本研究比较了四个城市的相应指标，以进一步了解水资源的可持续利用。最后，利用平滑指数模型对 WEF 进行了预测，以确定这四个城市 WEF 的未来趋势。希望通过以上研究能促进这些城市之间的共同发展和合作，并为政策制定者提供有价值的见解，以便在考虑当地实际情况的基础上提出更多可持续的水资源利用政策。

8.1.3 城市水灾害安全

海洋、大气和陆地之间的相互作用可以导致各种水相关的危害和灾害，如洪水、干旱、飓风、海平面上升等。这些相互作用可以通过复杂的过程级联，对城市、生态系统和社会产生重大影响。由于全球变暖，洪灾和旱灾预计会增加。水灾影响和成本的增加可归因于事件频率和规模的增加、无计划的城市化、生态系统服务的退化、脆弱的生计以及公众对风险的不准确认识等因素。挑战在于如何在不断变化的环境中确定适当和及时的适应措施。近年来，由于气候变化背景下极端天气事件和气象灾害频发，城市水资源管理在全球范围内变得越来越重要。在这些自然灾害中，城市洪涝灾害发生频繁且严重，已成为中国亟须解决的问题。目前，由于城市化的快速发展和人为干扰，中国城市正面临着不同程度的缺水、水污染和水环境恶化问题。与此同时，湖泊和湿地等自然水体在过去十年中也在萎缩。近年来，洪涝灾害数量显著增加，人民群众的生命财产受到严重威胁。例如，2012 年 7 月北京城市洪水事件造成超过 100 亿元人民币的经济损失和 79 人死亡，而类似的洪水事件还发生在 2013 年 10 月的上海和 2013 年 5 月的广州和深圳。2015 年 6 月，南京的日平均降雨量为 63.95mm，即该市 1h 内的降水量高达 3.3 亿 t，造成了大量地区的内涝。此外，由于城市化进程中采用了灰色基础设施和基于硬工程的管理方法，城市雨水径流污染日益严重。雨水径流的污染已成为一个不容忽视的污染源。因此，城市洪水脆弱性评估已经成为目前中国的研究热点。

在此背景下，住房和城乡建设部于 2014 年提出了“海绵城市”的国家倡议。这意味着城市就像海绵一样，在适应环境变化和应对洪水灾害方面具有良好的灵活性。旨在通过充分利用自然的积累、渗透、净化，实施生态文明建设，修复城市水生态，改善城市水环境，实现城市水安全。目前，中国政府正在制定和发布海绵城市的目标和指导方针。第一批入选的 16 个试点城市和第二批入选的 14 个试点城市，已分别于 2015 年和 2016 年获得资助。目前的实践和行动效果远远超出预期，在海绵城市建设中出现了大量的麻烦和令人困惑的问题。由于前期调研工作不够充分，城市设计者忽视了现阶段的当地情况和突出问题。而且，没有考虑同一种建设模式是否适用于不同的海绵城市试点，这与海绵城市建设的初始目标背道而驰。海绵城市的国家指南只是一个轮廓，具体的建设流程图需要一步一步摸索。

众所周知，地域性是地理学的特点之一。在不同的海绵城市试点，其脆弱性和自然环境是不同的。此外，虽然海绵城市面临着类似的洪水风险，但造成城市积水的原因却有着本质的不同，这些差异是因地制宜设计和建设海绵城市的基础。如何设计，哪个部分应该是关注的重点，是海绵城市建设的精髓所在。目前还没有关于这个问题的研究。因此，迫切需要科学地探讨海绵城市的脆弱性以及城市脆弱性与洪水诱因（即降水）的空间分布关系，从而制定海绵城市的可持续发展战略。这对城市新区建设和旧区改造都是一个挑战和机遇。

近年来，脆弱性已经成为全球环境变化和可持续发展科学研究的一个核心焦点。脆弱性是一个表达灾害多面性的概念，集中在特定社会情境中各种关系的总体上，这些关系构成了与环境力量相结合而产生灾害的条件。脆弱性也可以表述为可能损害系统的程度，或社区可能受到危害的影响或暴露于被攻击或伤害的可能性的程度，是系统对危害的暴露程度、敏感性和适应能力的一个函数。本节基于脆弱性的概念和模糊综合评价法（FCE），首先提出了海绵城市脆弱性评价框架，包括指标体系的建立、暴露度、敏感性、适应能力和综合脆弱性的评价；其次，应用地理信息系统（GIS）来反映降水条件与城市脆弱性之间的空间分布关系；然后，根据降水条件和脆弱性之间的关系分析，将海绵城市分为四个不同的类别；最后，针对不同类别的海绵城市提出了相应适当的可持续发展战略。

8.1.4 城市湖泊水环境安全

目前国内关于水环境质量评价的方法有很多，主要有GIS评价法、层次分析法、物元分析法、单因子评价法、指数评价法、人工神经网络评价法、灰色评价法、密切值法等。李祥等应用层次分析法建立了上海淀山湖富营养化指标体系，对湖泊富营养化状况进行了评价，结果表明，湖泊水质总体处于中度富营养化状态。王清芬等利用灰色聚类关联分析法对渭河咸阳段兴平、南营、铁路桥、中隆4个监测断面2005年的水质监测结果进行评价，根据关联度判断出4个监测断面水质皆为Ⅴ类水质，水质优劣次序为：南营＞兴平＞中隆＞铁路桥，根据关联系数分析出每个断面污染较严重的因子，可为渭河咸阳段水污染治理和水环境保护提供参考依据。张晨等采用模糊数学法对2005年引滦沿线于桥水库和尔王庄水库水质进行综合评价，结果表明，于桥水库总体水质为Ⅳ类，尔王庄水库为Ⅱ类，可为引滦输水水质安全提供科学依据。刘潇等利用主成分分析法研究黄河口及邻近水域，相关分析表明：影响该水域水质的主要驱动因子为氮营养盐、盐度、$SiO_3^{2-}-Si$和砷，除此之外，黄河口及邻近水域2013年10月、7月、6月水质污染状况依次降低；空间上总体呈现出以黄河入海口为中心，向邻近海域递减，河口附近及南部水域污染较严重的格局，黄河径流污染物是主要污染源，应加强黄河口及其上游的水环境保护，从而改善黄河口及邻近水域水质状况。

Liu Yanlong等采用层次聚类分析、主成分分析等方法对黄河流域进行水质评价，结果可为黄河流域水污染控制和综合水质管理提供科学依据。Lee Saeromi等采用水体富营养化指数等方法评价了修建永州水利枢纽大坝后的那雄河流域，分析结果为广域内特定的水背景提供了充分的补充信息，为今后的管理提供了依据。Ren Shuangqing等采用物元分析法对温榆河进行水环境评价，其评价结果为水质管理和保护提供参考。Saraswat Ram Kumar等通过MPN方法对印度阿格拉哈里河pH、溶解氧、硝酸盐、总溶质、大肠菌群密度进行定量分析，结果表明哈里河污染状况属于轻度污染至中度污染。Saadali Badreddine等调查了伊尔卡拉湿地，采用IHE等方法，选取了总磷、溶解氧、化学需氧量等11个评价指标，结果表明水资源受到人为污染物和营养物质的污染。

本章节以贵阳市阿哈水库为研究区，阿哈水库是贵阳市近郊的人工湖及主要饮用水源地之一，于1960年完竣蓄水，水域面积4.5km²，平均水深19m。根据阿哈水库的气候水文特征，一般1—4月为枯水期，5—9月为丰水期，10—12月为平水期。水库大坝均用泥土堆砌而成，是黔中岩溶地区的河流筑坝拦截的人工高原深水型水库，具有底层滞水带季节性缺氧的特征。水库设计最大坝高37.5m，最长坝顶为133m，属亚热带湿润型季风气候，年平均气温为15.3℃，其总流域面积为190km²，平均水深13m，最大水深约25m。

阿哈水库主要有5条入库支流，分别是白岩河、金钟河、游鱼河、蔡冲沟、烂泥河。2015年1月阿哈湖湿地公园被推荐为全国湿地公园重点建设示范点，同年3月被评为国家AAAA级景区，同时入选首批“中国森林氧吧”。所以对阿哈水库做一个综合性的水质评价对推动阿哈湖国家湿地公园旅游开发具有重要意义。

8.2 城市水资源生态承载力评价

8.2.1 研究区概况

毕节市是典型的岩溶山区，其主要植被类型是亚热带常绿阔叶林，位于贵州省西北部。毕节市大部分属于北亚热带温凉湿润气候，年平均气温10.5～15℃，年平均降水量848.6～1394.4mm，地下水系十分发育，而地表水系却不完整，常干涸无水，分属长江流域和珠江流域两大水系，是乌江，赤水河，北盘江的重要发源地之一。区域内水运动及其变化规律特殊，水资源开发利用困难。随着毕节试验区工农业的结构调整和城镇化进程的加快，生产、生活、生态用水等各方面对水资源的需求日益加剧。对此，如何加强对水资源的开发利用、优化配置、节约保护和科学管理，实现以水资源的可持续利用支撑，成为当前迫切需要解决的问题。

8.2.2 水资源生态承载力评价指标体系构建

贵州省毕节市是典型的岩溶山区，岩溶生态环境脆弱，这种脆弱性首先表现在生态系统基础——土壤薄瘠，单位面积的绿色产量低，环境能提供的食物养活人口数量少，即环境承载力低。其次，在这贫瘠的土壤上，分布的植被较少，植被结构简单，一旦遭到破坏，环境随之迅急恶化，恢复比较困难。同时，岩溶地区因其特殊的地质地貌而具有独特的水资源形成与分布规律，不仅地表水资源贫乏，而且水资源的时空分布不均，岩溶干旱现象严重，当地百姓形容为“地表水贵如油，地下水哗哗流”便是其真实的写照。所以，岩溶的这种特殊生境，再加上人类对自然资源不合理的开发和利用，对岩溶地区水资源生态承载力的大小有着重要的影响，水资源系统对社会、经济的发展支撑能力的“阈值”相对较小。根据岩溶环境的特殊性，从水资源系统的供需方面和毕节市可持续发展规划，考虑社会、经济和环境等方面的因素，以及资料的连续性和可获得性，以地区社会稳定发展、经济可持续发展和环境质量的逐步改善等为综合目标，从以下几个方面出发：

(1) 水资源的数量、质量及开发利用程度。由于自然地理条件的不同，水资源在数量上都有其独特的时空分布规律，在质量上也有所差异，水资源的开发利用程度及方式也会影响可以用来进行社会生产的可利用水资源的数量。基于此选择水资源总量、年降水量、地表水量、地下水量、Ⅱ类水质、水资源利用率、公共供水综合生产能力、总供水量作为评价指标。

(2) 水资源利用水平。不同历史时期或同一历史时期不同地区都具有不同的生产力水平。在不同的生产力水平下利用单方水可生产不同数量及不同质量的工农业产品，在研究某一地区的水资源承载能力时必须估测现状与未来的利用水平。因此选择农业用水总量、工业用水总量、林牧渔畜用水量、城镇公共用水量、居民生活用水量、生态环境用水量、总用水量作为评价指标。

(3) 人口与劳动力。社会生产的主体是人，水资源承载能力的对象也是人，因此人口和劳动力与水资源承载能力具有互相影响的关系，从而选择人口、人均水资源占有量作为评价指标。

(4) 消费水平与结构。消费水平及结构层次将决定水资源承载能力的大小。因此选取国内生产总值、固定资产投资、农村居民平均消费、城镇居民平均消费、人均日生活用水量、耗水量作为评价指标。

据此，选择公共供水生产能力、蓄水总量、国内生产总值、固定资产投资、农业用水总量、工业用水总量、耗水量、农村居民平均消费、城镇居民平均消费、人均日生活用水量、生活用水总量、人口等指标（见图 8-1），作为毕节市水资源生态承载力评价指标体系。

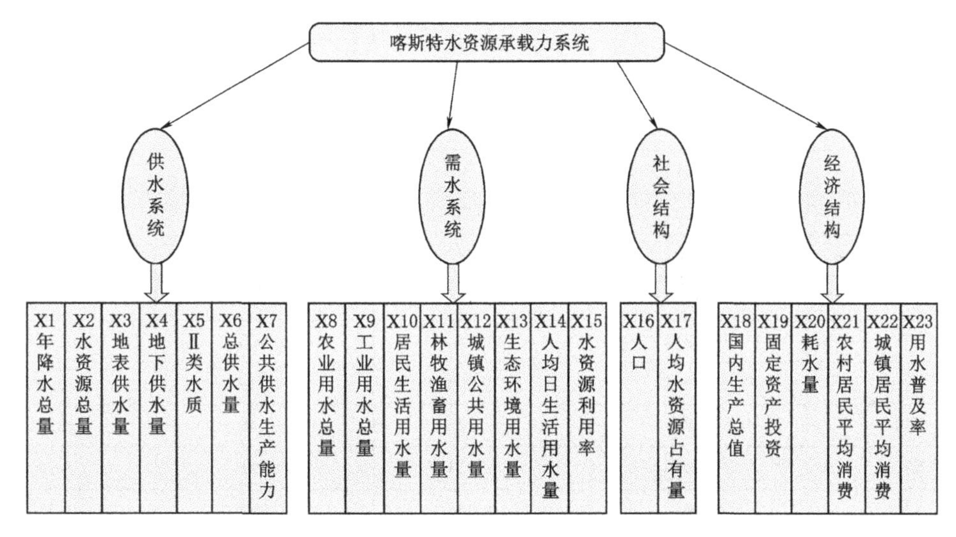

图 8-1　毕节市水资源生态承载力评价指标体系

因子分析法是一种揭示大样本、多变量数据中各个变量之间内在关系的一种方法，其主要作用是降低观测空间的维数，以获取主要的信息。对影响水资源生态承载力的多个指标，用因子分析法进行筛选、合并那些带有重复信息的指标，最终给出与水资源生态承载力有密切联系的评价指标。其步骤为：①对数据进行标准化处理；②求出样本的相关系数矩阵；③计算其特征值、主成分的贡献率及累积贡献率；④求出主成分荷载，确定主成分个数；⑤对因子载荷矩阵实行方差最大正交旋转。其具体操作可借助 SPSS 软件进行统计计算，选出能反映绝大部分信息（通常特征值大于 1）的前 t 个主因子（见表 8-1 和表 8-2）。

在公因子 1 中载荷较大的有：X8、X10、X11、X16、X18、X19、X20、X21、X22；

在公因子 2 中载荷较大的有：X1、X12、X13、X17；

在公因子 3 中载荷较大的有：X3、X6；

在公因子 4 中载荷较大的有：X7。

表8-1 总方差分解表

公因子序号	初始特征值		
	全部特征值	方差贡献率/%	累积贡献率/%
1	12.765	55.501	55.501
2	5.577	24.25	79.75
3	2.614	11.367	91.117
4	1.442	6.271	97.389
5	0.601	2.611	100

表8-2 旋转后的因子载荷矩阵

指标	公因子			
	公因子1	公因子2	公因子3	公因子4
X1	−0.306	0.899	0.261	0.174
X2	0.453	0.791	0.27	0.306
X3	0.457	−0.134	0.872	−0.108
X4	0.449	0.439	0.703	0.175
X5	−0.774	−0.583	0.101	−0.163
X6	0.429	0.093	0.897	0.01
X7	0.318	0.397	−0.143	0.828
X8	0.874	−0.145	0.41	−0.025
X9	−0.215	0.577	0.673	0.121
X10	−0.982	−0.001	0.18	−0.001
X11	−0.929	−0.225	−0.01	−0.264
X12	−0.058	−0.971	0.091	0.107
X13	0.095	−0.948	0.097	0.284
X14	0.281	−0.197	0.56	0.74
X15	−0.372	−0.793	0.163	−0.453
X16	0.838	0.1	0.497	0.201
X17	0.272	0.904	0.136	0.297
X18	0.861	0.167	0.413	0.244
X19	0.847	0.032	0.434	0.22
X20	0.838	0.249	0.463	0.092
X21	0.909	−0.071	0.288	0.269
X22	0.873	0.316	0.357	0.053
X23	−0.344	−0.83	−0.314	−0.044

从承载体（水资源系统）对被承载对象（社会经济系统）的客观承载力本身来考察，水资源系统代表了承载媒体的客观承载能力大小，其分值越大，表示水资源现实承载力越高；属于“效益型”指标；社会经济系统代表了被承载对象的压力大小，其分值越大，表

示水资源系统所受压力越大，水资源现实承载力越低，属于“成本型”指标。在上述筛选出的指标当中属于“效益型”指标的有：X1、X3、X6、X7、X17；属于“成本型”指标的有：X8、X10、X11、X12、X13、X16、X18、X19、X20、X21、X22，见表8-3。

表8-3　　毕节市水资源生态承载力评价指标

要　素		指标序号	具体指标	2005年	2006年	2007年	2008年	2009年	2010年
喀斯特水资源生态承载力系统	供水系统	X1	年降水总量/亿 m^3	229.65	218.38	278.62	317.50	211.14	238.60
		X3	地表供水量/亿 m^3	9.83	10.60	9.43	10.80	10.41	11.43
		X6	总供水量/亿 m^3	10.44	11.21	10.03	12.37	11.27	12.77
		X7	公共供水综合生产能力/%	14.90	12.00	14.90	14.90	14.90	14.90
	需水系统	X8	农业用水量/亿 m^3	3.15	3.76	2.87	4.22	5.59	5.56
		X10	居民生活用水量/亿 m^3	1.99	1.88	1.66	1.90	1.27	1.42
		X11	林牧渔畜用水量/亿 m^3	0.67	0.70	0.48	0.55	0.35	0.31
		X12	城镇公共用水量/亿 m^3	0.12	0.10	0.04	0.05	0.09	0.09
	社会结构系统	X13	生态环境用水量/亿 m^3	0.08	0.06	0.03	0.03	0.06	0.07
		X16	人口/万人	725.12	730.51	734.27	780.40	798.62	833.90
		X17	人均水资源占有量/(m^3/人)	1235.00	1100.00	1666.00	1824.00	1475.00	1541.00
		X18	国内生产总值/万元	588192.00	590939.00	709551.00	895940.00	1015017.00	1214268.00
	经济消费结构系统	X19	固定资产投资/万元	83594.00	151350.00	232894.00	362100.00	548360.00	942000.00
		X20	耗水量/亿 m^3	5.63	5.83	5.92	6.58	6.74	6.95
		X21	农村居民平均消费/元	1409.00	1335.00	1575.00	1716.00	2538.00	3092.00
		X22	城镇居民平均消费/元	5800.00	6846.00	7783.00	8705.00	9403.00	10407.00

注　数据来源于《贵州省水资源公报2005—2010》《毕节地区水资源公报2005—2010》和《毕节地区统计年鉴2005—2010》。

8.2.3　评价指标权重确定

在信息论中，熵是对不确定性的一种度量。信息量越大，不确定性就越小，熵也就越小；信息量越小，不确定性越大，熵也越大。采用熵权法可以较大程度地克服主观因素赋值所造成的偏差，使评价指标的权重确定更趋科学、合理。使用熵权法确定权重主要步骤如下：

(1) 原始数据矩阵进行标准化。设 m 个评价指标，n 个评价对象，得到的原始数据矩阵为

$$X=\begin{vmatrix} x_{11} & x_{12} & \cdots & x_{1n} \\ x_{21} & x_{22} & \cdots & x_{2n} \\ \vdots & \vdots & \cdots & \vdots \\ x_{m1} & x_{m2} & \cdots & x_{mn} \end{vmatrix} \tag{8-1}$$

对该矩阵标准化得到：

$$R=(r_{ij})_{mn} \tag{8-2}$$

式中：r_{ij} 为第 j 个评价对象在第 i 个评价指标上的标准值，$r_{ij} \in [0, 1]$。其中对收益性指标而言，有：

$$r_{ij} = \frac{x_{ij} - \min\{x_{ij}\}}{\max\{x_{ij}\} - \min\{x_{ij}\}} \tag{8-3}$$

而对成本性指标而言，有：

$$r_{ij} = \frac{\max\{x_{ij}\} - x_{ij}}{\max\{x_{ij}\} - \min\{x_{ij}\}} \tag{8-4}$$

（2）定义熵。在有 m 个指标，n 个评估对象的评估问题中，第 i 个指标的熵定义为

$$e_i = -k \sum_{i=1}^{m} p_{ij} \cdot \ln p_{ij} \tag{8-5}$$

其中，$k = 1/\ln n$，$i = 1, 2, \cdots, m$，$p_{ij} = r_{ij} / \sum_{i=1}^{m} r_{ij}$。

（3）定义熵权。定义了第 i 个指标的熵之后，可得到第 i 个指标的熵权定义，即

$$w_i = \frac{1 - e_i}{\sum_{i=1}^{n} (1 - e_i)} \tag{8-6}$$

其中 $0 \leqslant w_i \leqslant 1$，$\sum_{i=1}^{m} w_i = 1$，根据以上公式，将筛选出的指标值代入得到权重值，见表 8-4。

表 8-4　毕节市水资源生态承载力评价指标权重值

项　目	要素	指标	指标权重 w_i	要素权重
喀斯特水资源生态承载力系统	供水系统	X1	0.0568	0.2491
		X3	0.0635	
		X6	0.0621	
		X7	0.0667	
	需水系统	X8	0.0594	0.3034
		X10	0.0590	
		X11	0.0606	
		X12	0.0625	
	社会结构系统	X13	0.0618	0.1278
		X16	0.0644	
		X17	0.0634	
		X18	0.0644	
	经济结构系统	X19	0.0657	0.3197
		X20	0.0616	
		X21	0.0649	
		X22	0.0631	

8.2.4 毕节市水资源生态承载力评价

灰色关联法对于一个系统发展变化态势提供了量化的度量，非常适合动态(Dynamic)的历程分析。如果两个因素变化的态势是一致的，即同步变化程度较高，则可以认为两者关联较大；反之，则两者关联较小。因此，灰色关联法能够作为中长期城市规划限制规模的承载力的量化方法；能够给出短期的城市发展方案和水资源开发利用方案；能够用于对某一特定时期的水资源-社会经济系统对下一时期人口增长和经济发展的承载能力或水资源开发利用与社会经济之间的协调程度进行评价。

本案例基于灰色关联法对毕节喀斯特地区 2005—2010 年的水资源生态承载力进行评价建模，灰色关联法的综合评价具体步骤如下：

(1) 对评价指标序列进行数据处理。由于各个评价指标的含义和目的不同，导致其值的量纲和数量级也不一定相同。为了便于分析，保证各数据具有等效性和同序性，需要对原始数据进行处理，使之无量纲化和归一化。数据处理的方法很多，采用初值化的处理方法，即对一个数列所有数据均除以它的第一个数，从而得到一个新数列的方法。这个新数列表明原始数列中的不同时刻的值相对于第一个时刻值的倍数，该数列有共同起点，无量纲。

(2) 构造理想对象，确定理想指标序列。对不同指标而言，好坏的标准各不相同，有的以值大为好，有的则以值小为佳，将每种指标的最佳值作为理想对象的指标，便可构造理想对象，获得理想指标序列。

(3) 计算指标关联系数，其计算公式为

$$\xi_i(k)=\frac{\min\limits_i[\min\limits_k\Delta_i(k)]+\rho\max\limits_i[\max\limits_k\Delta_i(k)]}{\Delta_i(k)+\rho\max\limits_i[\max\limits_k\Delta_i(k)]} \tag{8-7}$$

$$\Delta_i(k)=|Z_0(k)-Z_i(k)| \tag{8-8}$$

式中：ρ 为分辨系数，其作用在于提高关联系数之间的差异显著性，$\rho\in(0,1)$，一般情况取 0.1～0.5，通常取 0.5；$i=1,2,\cdots,m$，$k=1,2,\cdots,n$；m 为评价对象个数；n 为评价对象的指标个数；$\xi_i(k)$ 为第 i 个对象的第 k 个指标对理想对象同一个指标的关联系数；$Z_0(k)$ 为理想对象的第 k 个指标值；$Z_i(k)$ 为第 i 个对象的第 k 个指标值；$\Delta_i(k)=|Z_0(k)-Z_i(k)|$ 为第 i 个评价对象的第 k 个指标值与理想对象的第 k 个指标值的绝对差，对一个评价对象而言，共有 n 个这样的值，其中最小值为 $\min\limits_k\Delta_i(k)$，对于 m 个评价对象而言，则共有 m 个 $\min\limits_k\Delta_i(k)$ 值 ($i=1,2,\cdots,m$)，其中的最小值即为 $\min\limits_i[\min\limits_k\Delta_i(k)]$，而 $\max\limits_i[\max\limits_k\Delta_i(k)]$ 的意义同 $\min\limits_i[\min\limits_k\Delta_i(k)]$ 相似。

(4) 计算关联度。比较序列 $Z_i(k)$ 与参考序列 $Z_0(k)$ 的关联程度是通过 N 个关联系数来反映的，与各个指标的权重加权就可得到 $Z_i(k)$ 与 $Z_0(k)$ 的关联度，计算公式为

$$\gamma_i=\sum_{k=1}^{n}\xi_i(k)w_i \tag{8-9}$$

将表 8-3 中的指标数据代入灰色关联法步骤 (1)～(4)，得到表 8-5 和表 8-6。

表8-5　　毕节市水资源生态承载力评价指标标准化值

年份	X1	X3	X6	X7	X8	X10	X11	X12	X13	X16	X17	X18	X19	X20	X21	X22
2005	1	1	1	1	1	1	1	1	1	1	1	1	1	1	1	1
2006	0.95	1.08	1.07	0.81	1.19	0.94	1.04	0.83	0.75	1.01	0.89	1.00	1.81	1.04	0.95	1.18
2007	1.21	0.96	0.96	1.00	0.91	0.83	0.72	0.33	0.38	1.01	1.35	1.21	2.79	1.05	1.12	1.34
2008	1.38	1.10	1.18	1.00	1.34	0.95	0.82	0.42	0.38	1.08	1.48	1.52	4.33	1.17	1.22	1.50
2009	0.92	1.06	1.08	1.00	1.77	0.64	0.52	0.75	0.75	1.10	1.19	1.73	6.56	1.20	1.80	1.62
2010	1.04	1.16	1.22	1.00	1.77	0.71	0.46	0.75	0.88	1.15	1.25	2.06	11.27	1.23	2.19	1.79

表8-6　　毕节市水资源生态承载力评价指标关联系数 ξ 值（$\rho=0.5$）

年份	ξ_i	X1	X3	X6	X7	X8	X10	X11	X12	X13	X16	X17	X18	X19	X20	X21	X22
2005	ξ_{05}	0.93	0.97	0.96	1.00	0.98	0.93	0.90	0.88	0.89	1.00	0.91	1.00	1.00	1.00	0.99	1.00
2006	ξ_{06}	0.92	0.98	0.97	0.96	0.95	0.94	0.90	0.91	0.93	1.00	0.90	1.00	0.86	0.99	1.00	0.97
2007	ξ_{07}	0.97	0.96	0.95	1.00	1.00	0.96	0.95	1.00	1.00	1.00	0.98	0.96	0.74	0.99	1.00	0.97
2008	ξ_{08}	1.00	0.99	0.99	1.00	0.92	0.94	0.93	0.98	1.00	0.98	1.00	0.91	0.61	0.97	0.95	0.91
2009	ξ_{09}	0.92	0.98	0.97	1.00	0.86	1.00	0.99	0.92	0.93	0.98	0.95	0.88	0.48	0.96	0.86	0.89
2010	ξ_{10}	0.94	1.00	1.00	1.00	0.86	0.99	1.00	0.92	0.91	0.97	0.96	0.83	0.33	0.96	0.81	0.87

水资源生态承载力的好坏是相对的，没有绝对的标准。在2005—2010年，与水资源生态承载力相关的评价指标的最佳理想序列为 $Z_0(k)=\{1.38,1.16,1.22,1.00,0.91,0.64,0.46,0.33,0.38,1.00,1.48,1.00,1.00,1.00,0.95,1.00\}$。

从表8-6的评价指标关联系数 ξ 值可以很明显地看出：在经济结构系统指标方面（X18～X22），从2007年以后关联系数 ξ 值都在降低，到2010年降至最低。说明经济发展速度越来越快，对水资源承载力已经构成了很大的压力；而社会结构系统指标方面（X16～X17），从2005年到2010年间关联系数 ξ 值并没有发生很大的波动，对水资源承载力的影响不是很大；需水结构系统方面（X8～X13），农业用水逐年增加，居民生活用水有所减少，说明对于农业节水技术的投入有待加强，水价的调控起了一定的积极作用；从供水系统方面来看（X1～X7），供水关联系数 ξ 值在逐渐升高，水资源的来源有逐步转好的趋势，说明在水资源开源方面工作做得比较充分。但是我们也应该看到虽然供水环境有所好转，但是水资源承载力的整体趋势是下降的，见图8-2。

由图8-2可知，2007年的关联度最高，也就是说在2005—2010年这六年的时间里，2007年的相对水资源生态承载力与六年里水资源生态承载力的最佳水平最相近。此后从2008年开始，水资源生态承载力水平逐渐降低并低于2005年、2006年的水平。主要原因是：一方面从2008年以后，随着毕节试验区经济的飞速发展，国内生产总值、固定资产投资、耗水量、农村居民平均消费、城镇居民平均消费都在迅速升高，同时由于毕节人口基数比较大，加之近年人口的流动性比较强，乡镇人口大量涌入毕节市区，导致市区人口数量进一步膨胀。而这些指标都属于“成本型”指标类型，属于经济结构系统要素，对水资源系统构成压力，即指标的数值越大，水资源生态承载力越低；相反，从2008年开始年降水总量、地表供水量、总供水量、公共供水综合生产能力，基本维持不变或有所下

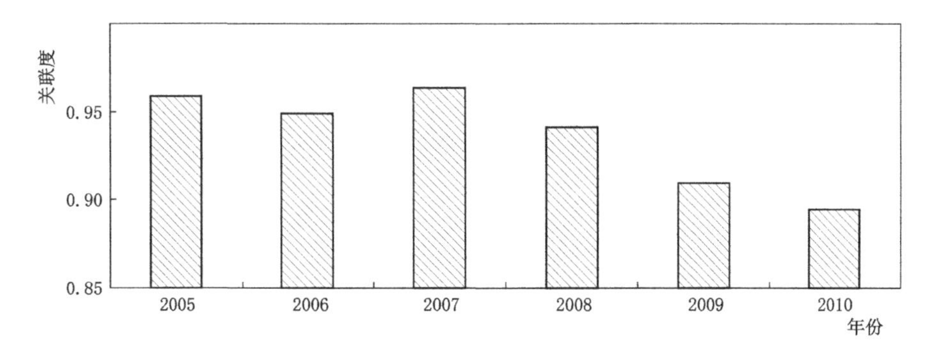

图 8-2　毕节市 2005—2010 年水资源生态承载力与理想水资源生态承载力的关联度

降，这些属于“效益型”的指标，对水资源系统提供支撑力，即指标的数值越大，水资源生态承载力越高；另一方面，在喀斯特水资源生态承载力系统中，经济结构系统在四个子系统当中占据的权重比例最大，对水资源生态承载力影响的强度也最大。

8.2.5　小结

本节综合考虑了自然、社会、经济和环境因素对水资源生态承载力的影响，运用因子分析法提取能够比较完整反映地区特色的水资源生态承载力指标体系，然后用熵权法确定了评价指标的客观权重，避免了人为赋权的主观随意性，采用与水资源生态承载力动态变化相适应的灰色关联系统对贵州省毕节市水资源生态承载力进行了综合分析和评价，得出了毕节市水资源生态承载力的动态变化趋势，为今后的水资源利用提供一定的科学依据。

（1）从贵州省毕节市 2005—2010 年的水资源生态承载力逐年动态变化趋势来看，水资源承载能力从 2007 年开始逐年减弱，但整体水资源承载能力依然较强，与这六年当中的最佳水资源生态承载力水平都有较高的关联度，都保持在 0.85 以上。

（2）毕节市水资源总量比较丰富，水资源来源环境较好，但是对农业工业的节水技术投入较少，随着经济的快速发展，以致水资源供需关系方面逐渐转变为供不应求。

（3）经济发展和未来人口数量是毕节市水资源生态承载力变化的最主要两大压力因素，随着社会经济的发展，这两大因素对水资源生态承载力的压力也逐年增大，如果不加大水资源的合理调配和水资源的循环利用，提高水资源的利用率，那么未来毕节市水资源状况不容乐观。

（4）为了应对水资源生态承载力的进一步降低，应当合理调整用水结构，大力发展节水农业，改变工业布局，采用新的技术和设备，减少污染浪费，同时合理地调控水价。

本节所讨论的水资源生态承载力是基于喀斯特地区区域特征的角度出发的，评价指标体系是根据区域特色和毕节市实际情况确定的。在对其他区域和县市进行研究时，应根据具体的区域和研究对象的规模和发展进行调整。通过因子分析法筛选出毕节市水资源生态承载力变化的影响指标，在所选定的载荷较大的指标当中包括了经济、水资源量和需水用水的变化情况，能够较全面地反映水资源生态承载力的变化状况。但是，对于较大载荷指标选择依据的标准可进一步进行研究。

8.3 城市水生态足迹评价

8.3.1 研究区概况

北京位于华北平原的北端。年降雨量分布非常不均匀，大约3/4的总降雨量集中在6—8月，主要以雷阵雨和暴雨形式出现，年平均降水量约为483.9mm。2015年，全市总供水量为3.82Gm^3，而北京的总水资源量为2.68Gm^3。因此，北京的用水需求无法得到满足，急需从外部地区供水。值得一提的是，在过去的10年里，南水北调工程已经建成，可从长江流域引水以解燃眉之急。天津位于半干旱地区，年平均总降水量为600mm，其中近3/5的总降雨量集中在7月和8月。为了缓解水资源短缺，已经实施了从滦河到天津市的引水工程，该工程每年可引入1Gm^{3}水资源。上海市是长江三角洲的核心城市，位于华东沿海中部的长江河口南部。年平均降雨量为1173.4mm，其中60%以上的降雨量集中在5—9月的汛期。2015年，每万元GDP的耗水量为31m^3，每万元工业增加值的耗水量为53m^3。重庆市位于亚热带湿润地区。其年均总水量约为50Gm^3，每平方公里产水量为中国之最，年均降水量较为充沛，大部分地区的降水量在1000～1350mm之间。2015年，重庆市人均用水量为262m^3，比2014年下降2.67%；每万元GDP的用水量为50m^3，比2014年下降了10.93%；每万元工业增加值用水量为59m^3，比2014年下降了7.0%。城市的面积和人口数据均来自统计年鉴。与水有关的数据，水资源的总消耗量、部门账户的用水量和水资源总量均来自各城市的水资源公报。

8.3.2 城市水生态足迹分析

8.3.2.1 水生态足迹分析模型的应用

根据生态足迹理论，用水资源的生物生产能力来衡量水生态承载力，即水资源所能承载的相应生物生存面积。水生态足迹（*WEF*）可定义为：任何特定人口（一个人、一个城市、一个地区或全球）的水足迹是生产这些人消耗的所有资源（包括直接消耗的水资源和人类生活提供生态系统服务和功能的环境资源）所需的水量。

水生态承载力的计算模型如下：

$$WEC=N\cdot wec=(1-0.12)\psi_w r_w(Q/p_w) \tag{8-10}$$

式中：WEC为水资源的总生态承载力，gha；N为人口；wec为人均WEC，gha/cap；ψ_w为该地区水资源的土地生产因子；r_w为全球水资源的平衡因子；Q为区域水资源总量，m^3；p_w为全球水资源的平均生产能力，m^3/hm^2。将12%的可用供应土地用于保护当地生物多样性。

水资源生态足迹的计算模型如下：

$$WEF=N\cdot wef=r_w(W/p_w) \tag{8-11}$$

式中：WEF为水资源的总生态足迹，gha；wef为人均WEF，gha/cap；W为各类水资源的消耗量，m^3。

根据黄林楠对WEF的补充，主要包括WEF的三个二级账户：生产用水、生活用水、生态用水。生产用水包括第一产业用水、第二产业用水和第三产业用水；生活用水包括城市生活用水和农村生活用水（除居民生活必需用水需求外，均包括饮用水）；生态用水包括城市绿地用水和区域内超出水污染容量的稀释污染物用水（包括城市环境用水和农村生态用水），计算方法如下：

$$WEF_p = r_w(W_p / p_w) \tag{8-12}$$

$$WEF_h = r_w(W_h / p_w) \tag{8-13}$$

$$WEF_e = r_w(W_e / p_w) \tag{8-14}$$

式中：WEF_p 为生产用水的生态足迹，gha；W_p 为生产用水，m^3；WEF_h 指生活用水的生态足迹，gha；W_h 为生活用水，m^3；WEF_e 为生态用水的生态足迹，gha；W_e 为环保生产用水，m^3。

$$WEF_{pi} = r_w(W_{pi} / p_w) \tag{8-15}$$

$$WEF_{si} = r_w(W_{si} / p_w) \tag{8-16}$$

$$WEF_{ti} = r_w(W_{ti} / p_w) \tag{8-17}$$

式中：WEF_{pi} 为一级工业用水的生态足迹，gha；W_{pi} 为一级工业用水量，m^3；WEF_{si} 为二级工业用水的生态足迹，gha；W_{si} 为二级工业用水量，m^3；WEF_{ti} 为三级工业用水的生态足迹，gha；W_{ti} 为三级工业用水量，m^3。

8.3.2.2 水生态足迹参数确定

（1）水资源的生产能力：水文学中的水系数是用来描述水资源的生产能力的，根据文献记载，世界上水资源的平均生产能力为 $3140m^3/hm^2$。

（2）水资源全球平衡系数：水资源全球平衡系数等于水资源生物生产区的平均生态生产力除以世界各种生物质生产区的平均生态生产力。为便于比较，本研究选择 WWF2002 确定水资源平衡系数为 5.19。

（3）水资源产出系数：为确定不同区域的水资源产出系数，假定世界水资源产出系数为 1，区域水资源产出系数为区域内水资源平均生产能力与世界水资源平均生产能力之比。区域水资源的平均生产能力是区域总水量与区域面积之比。由于区域总水量每年都在变化，区域水资源产出系数也在变化。2004—2015 年四市的区域水资源产出系数见表 8-7。

表 8-7　2004—2015 年四市的区域水资源产出系数

年份	北京	上海	天津	重庆
2004	0.41	1.33	0.38	1.08
2005	0.45	1.30	0.28	0.99
2006	0.43	1.43	0.27	0.73
2007	0.46	1.44	0.30	1.28
2008	0.66	1.53	0.49	1.11
2009	0.42	1.76	0.41	0.88
2010	0.45	1.57	0.25	0.90
2011	0.52	1.05	0.41	0.99
2012	0.77	1.71	0.88	0.92

续表

年份	北京	上海	天津	重庆
2013	0.48	1.42	0.39	0.92
2014	0.39	2.38	0.30	1.24
2015	0.52	3.24	0.34	0.88

8.3.2.3 水生态总足迹和水生态承载力

水生态足迹和水生态承载力之间的差异决定了当前者较大时是赤字，前者较小时是盈余，以此来确定当地的水供应量，能在多大程度上支持当地的水消费。表 8-8 显示了 2004 年至 2015 年这四个城市的水生态足迹总量（*WEF*）、水生态承载力（*WEC*）、水生态赤字（*WED*）及水生态盈余（*WES*）。2004 年，北京的水生态环境总量为 572 万 ha，直至 2015 年增加到 633 万 ha。同时，*WEC* 从 129 万 gha 增加到 203 万 gha，导致 2004 年的 *WED* 为 443 万 gha，2015 年为 430 万 gha。北京出现不同的 *WEF* 容量的主要原因是，在研究期间，水资源总量发生了变化。这表明，2004 年和 2015 年，北京不得不从外部进口价值 443 万 gha 和 430 万 gha 的水资源来满足本地需求。天津的水资源总量相比 2015 年增长了 16.16%，从 2004 年的 365 万 ha 增加到 2015 年的 424 万 ha。然而，其世界经济总量从 80 万 ha 下降到 64 万 ha，下降了 20%，与此同时，其世界经济总量从 2004 年的 285 万 ha 增加到 2015 年的 360 万 ha。这些数据表明，天津从其他地区引入了大量的水资源供其使用。2014 年之前，上海的 *WEF* 总量大于 *WEC*，而从 2014 年开始，*WEF* 小于 *WEC*。2014 年，上海的 *WEC* 为 1635 万 ha，2015 年增加到 3016 万 ha。同时，*WEF* 为 1302 万 ha 和 1267 万 ha，导致 *WED* 转变为 *WES*，分别为 333 万 ha 和 1749 万 ha。因此，自 2014 年起，上海由进口水资源转变为出口水资源。重庆市 2004 年的水资源总量为 1115 万 ha，2015 年增加到 1305 万 ha。同时，*WEC* 从 43.88Mgha 下降到 29.24Mgha，导致 2004 年的 *WES* 为 32.73Mgha，2015 年为 16.19Mgha。总之，由于城市的快速发展和对水资源的更大负担，北京和天津需要更大的水生态承载力来支持他们的城市用水活动。尽管在 2014 年之前，上海的水生态承载力比北京和天津大，但它的突然下降，变成了水生态承载力。相对来说，重庆的自来水公司规模很大，不仅能满足自给自足，还能以制水或跨流域调水的方式向其他地区输出。

表 8-8 城市的 *WEF*、*WEC*、*WED* 或 *WES* 总量 单位：100 万 gha

年份	北京			天津			上海			重庆		
	WEC	*WEF*	*WED*	*WEC*	*WEF*	*WED*	*WEC*	*WEF*	*WED*	*WEC*	*WEF*	*WES*
2004	1.29	5.72	4.43	0.80	3.65	2.85	5.05	18.41	13.36	43.88	11.15	32.73
2005	1.52	5.70	4.18	0.44	3.82	3.38	4.86	18.94	14.08	36.52	11.76	24.76
2006	1.38	5.67	4.29	0.40	3.79	3.39	5.90	18.44	12.54	20.33	12.10	8.23
2007	1.60	5.75	4.15	0.50	3.86	3.36	5.98	19.87	13.89	61.77	12.80	48.97
2008	3.31	5.80	2.49	1.30	3.69	2.39	6.78	19.80	13.02	46.78	13.68	33.10
2009	1.35	5.87	4.52	0.90	3.86	2.96	8.95	20.69	11.74	29.21	14.10	15.11
2010	1.50	5.82	4.32	0.33	3.71	3.38	7.10	20.87	13.77	30.30	14.28	16.02

续表

年份	北 京			天 津			上 海			重 庆		
	WEC	*WEF*	*WED*	*WEC*	*WEF*	*WED*	*WEC*	*WEF*	*WED*	*WEC*	*WEF*	*WES*
2011	2.03	5.96	3.93	0.92	3.82	2.90	3.15	16.11	12.96	37.21	14.35	22.86
2012	4.41	5.93	1.52	4.22	3.82	−0.40	8.45	14.38	5.93	31.96	13.71	18.25
2013	1.74	6.02	4.28	0.83	3.93	3.10	5.78	14.71	8.93	31.62	13.87	17.75
2014	1.16	6.20	5.04	0.50	4.33	3.83	16.35	13.02	−3.33	58.03	13.30	44.73
2015	2.03	6.33	4.30	0.64	4.24	3.60	30.16	12.67	−17.49	29.24	13.05	16.19

从城市总 *WEF* 的角度来看，北京的总 *WEF* 有缓慢上升的趋势。生产性 *WEF* 呈下降趋势，而生态性 *WEF* 自 2005 年以来有明显的增长。家庭 *WEF* 每年都有波动，但波动幅度不大（见图 8-3）。2010 年的总 *WEF* 为 2087 万 ha，是 2004—2015 年上海的最高值。上海总 *WEF* 的变化趋势是先增后减，主要是由于生产性 *WEF* 的变化。天津的总 *WEF* 从 2004 年的 365 万 ha 到 2015 年的 424 万 ha，变化不大。在天津，生产性 *WEF* 和家庭 *WEF* 基本稳定。重庆市的总 *WEF* 为 1115 万 ha，是 2004 年的最低值，2011 年的最高值

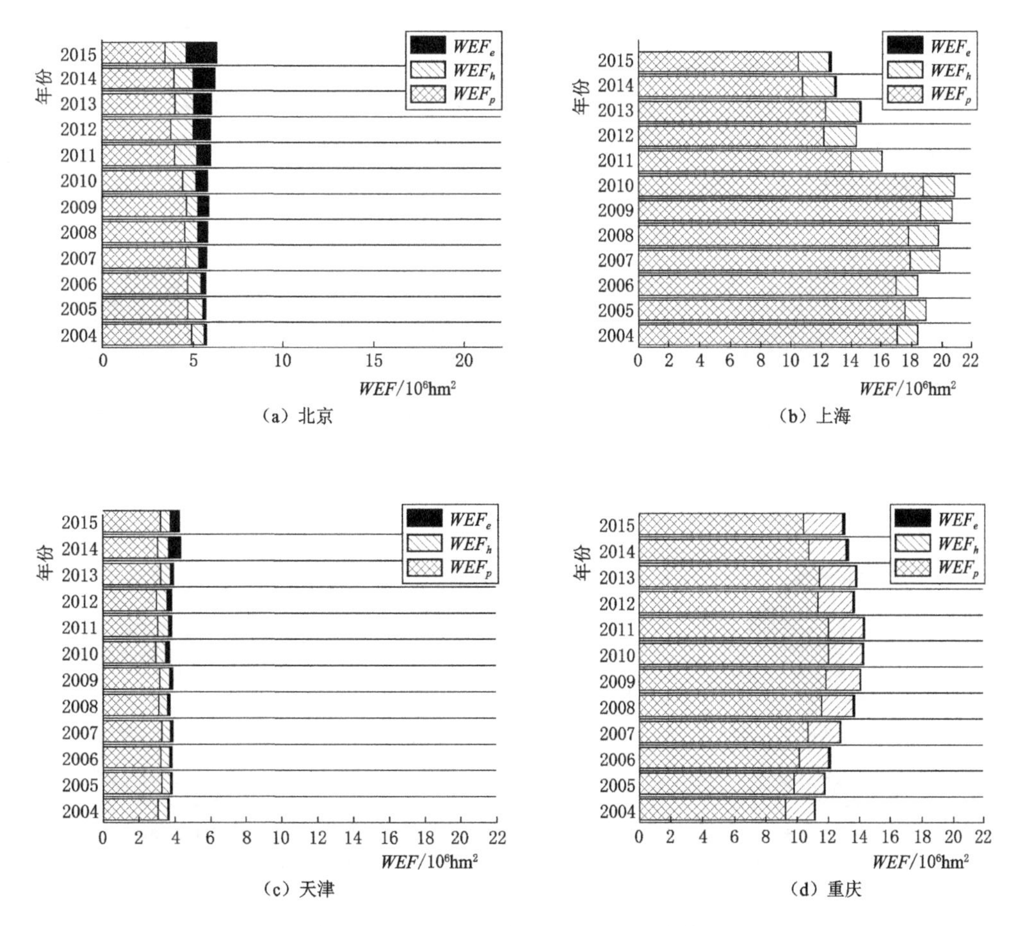

图 8-3 城市三大类账户 WEF 变化特征

为1435万ha。2004年，重庆市生产性*WEF*的比例为83.18%，家庭*WEF*占16.34%。2015年，重庆市生产性*WEF*的比例下降到80.03%，而家庭*WEF*的比例则上升到18.74%。生态环境*WEF*的比例从2004年的0.48%逐渐增加到2015年的1.23%。

由于生产性*WEF*是最大的账户，它在整个*WEF*中发挥着重要作用。对生产性*WEF*进行分析是非常重要的，这样就可以对淡水的使用提出适当的措施。从图8-4可以看出，生产性*WEF*包括第一产业*WEF*、第二产业*WEF*和第三产业*WEF*。在北京，三个生产性*WEF*中的第一产业*WEF*从2005年到2010年下降了3.85%，而在2010—2015年期间则下降了11.43%。显然，后五年的下降率是前五年的三倍左右。2005年至2010年，第二产业*WEF*下降了4.83%，而2010年至2015年则下降了0.4%。第二产业*WEF*在前五年的下降速度比后五年的下降速度快。第三产业*WEF*从2005年的140万ha增加到2015年的173万ha，增长率为23.5%。在上海，第一产业*WEF*从2005年的310万gha下降到2015年的235万gha。同时，第二产业*WEF*首先从2005年的1312万ha增加到2010年的1402万ha，然后从2010年的1402万ha下降到2015年的619万ha。第三产业*WEF*从2005年的138万gha增加到2015年的192万gha，增长率为39.1%。因此，上海的第三产业*WEF*增长幅度大于北京。与此不同的是，天津的第一产业*WEF*在2005—2010年期间减少，然后在2010—2015年期间增加。第二产业*WEF*一直从2005年的77万ha增加到2015年的93万ha。第三产业*WEF*从2005年的19万ha增加到2010年的25万ha，这主要是由于城市发展的控制，导致天津的第三产业*WEF*从2010年的25万ha下降到2015年的19万ha。在重庆，第一产业*WEF*先减后增，与天津的情况类似。第二产业*WEF*先增后减，与第一产业*WEF*相反。第三产业的*WEF*也从2005年的30万ha持续增加到2015年的62万ha。

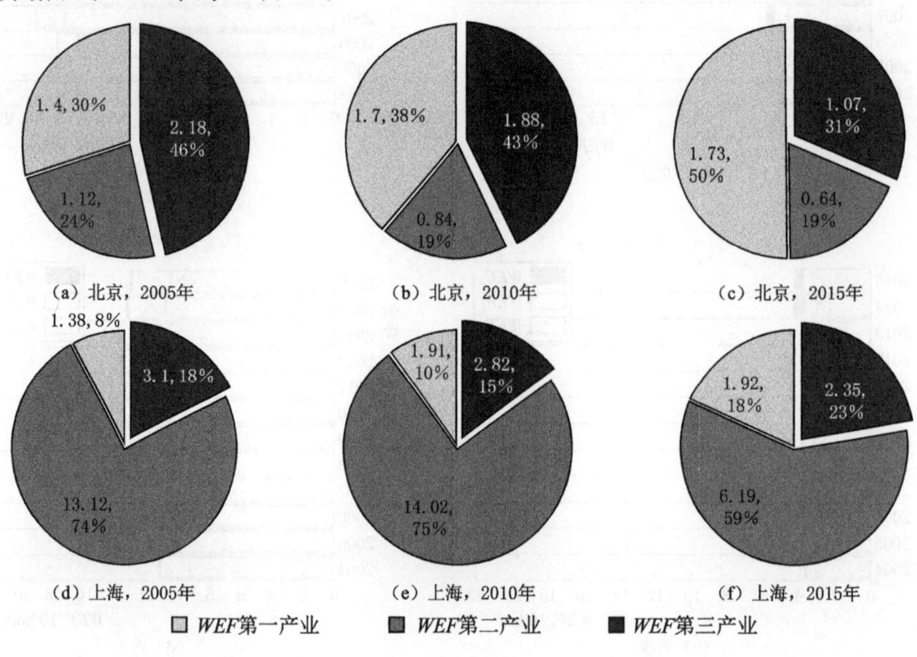

图8-4（一） *WEF*生产账户（单位：100万ha）

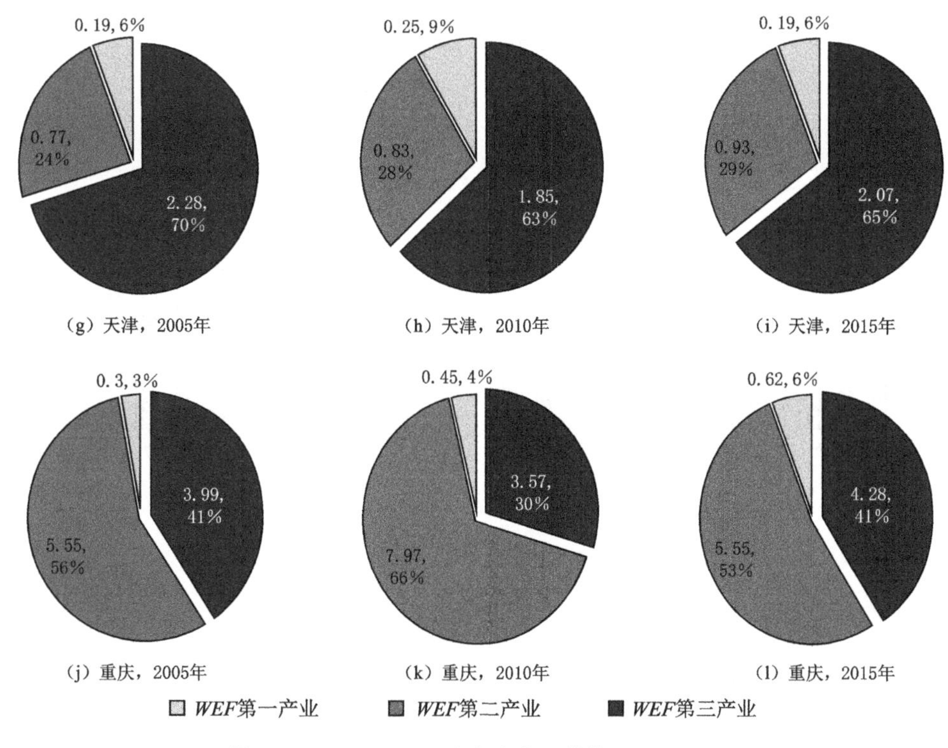

(g) 天津，2005年　(h) 天津，2010年　(i) 天津，2015年

(j) 重庆，2005年　(k) 重庆，2010年　(l) 重庆，2015年

图 8-4（二） *WEF* 生产账户（单位：100 万 ha）

总的来说，除上海外，总 *WEF* 呈逐渐增加的趋势。这意味着经济发展导致了总耗水量的增加。由于水资源禀赋的不同，总 *WEF* 是波动的。生产性 *WEF* 在 *WEF* 账户中占比最大，对总 *WEF* 影响明显。

8.3.2.4 人均水生态足迹和水生态承载力

图 8-5 显示了 2004 年至 2015 年期间北京、上海、天津和重庆的人均 *WEF* 和 *WEC*。北京的人均 *WEF* 从 2004 年的 0.38gha 下降到 2015 年的 0.29gha。在同一时期，上海的人均 *WEF* 在过去 12 年中几乎减少了一半，从 2004 年的 1.00gha 减少到 2015 年的 0.52gha，分别是 2004 年和 2015 年北京的 2.60 和 1.79 倍。天津的人均 *WEF* 从 2004 年的 0.36gha 变为 2015 年的 0.27gha。在过去的 12 年里，重庆的人均 *WEF* 保持稳定，从 2004 年的 0.40gha 到 2015 年的 0.43gha。上海的人均 *WEC* 从 2004 年的 0.28gha 增加至 2015 年的 1.25gha，增长率为 77.6%；与此同时，天津的这一数值从 2004 年的 0.08gha 减少至 2015 年的 0.04gha，下降率达 50%。重庆的这一数值也从 2004 年的 1.57gha 减少至 2015 年的 0.97gha，而北京在这段时间内保持 0.09gha 的稳定数值。相应的，北京的人均水生态赤字从 2004 年的 0.30gha 减少至 2015 年的 0.20gha，而天津的人均水生态赤字从 2004 年的 0.28gha 减少至 2015 年的 0.23gha，表明平均一个生活在北京的人对水生态承载能力的需求与一个生活在天津的人相同。这也反映了北京和天津作为中国北方的代表性城市，生活水平、城市化率和工业发展水平的水消耗是基本相似的。从 2014 年开始，上海的人均水生态赤字变为水生态盈余，盈余值为 0.14gha。2015 年，盈余值增加到 0.72gha。在重庆，从 2004 年到 2015 年，人均水生态足迹一直是盈余的，尽管盈余值有

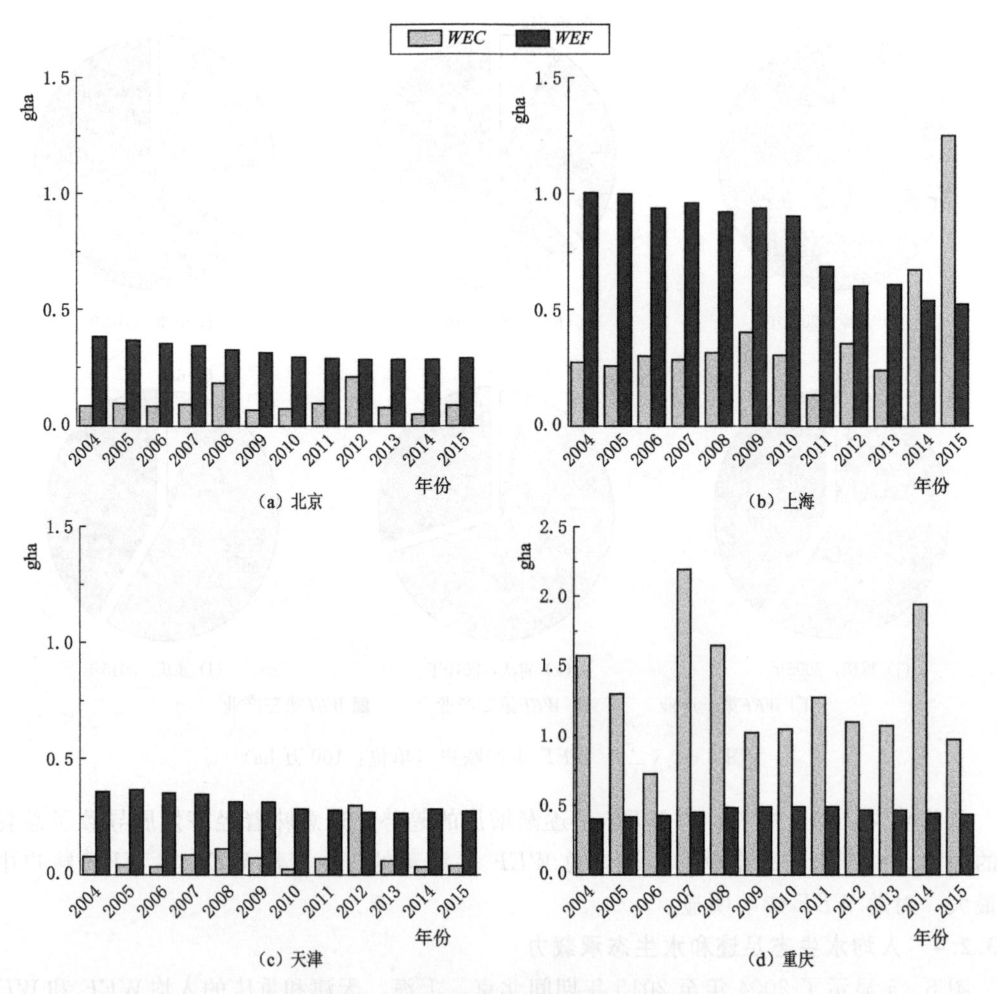

图 8-5 不同城市的人均 *WEF* 和 *WEC*

下降的趋势。

为了进一步比较四个城市之间由第一产业、第二产业、第三产业、家庭和生态组成的 *WEF* 人均账户，对这五种类型进行了更详细的研究。图 8-6 显示了这些城市之间不同的 *WEF* 人均账户。就北京而言，从 2004 年到 2015 年，第一产业人均 *WEF*、第二产业人均 *WEF* 和第三产业人均 *WEF* 都有所下降，下降率分别为 66.7%、66.7%和 11.1%。在此期间，人均家庭 *WEF* 保持在 0.05ha，人均生态 *WEF* 从 2004 年的 0.01ha 增加到 2015 年的 0.08ha。就上海而言，第一产业和第二产业的人均 *WEF* 分别下降了 41.2%和 62.3%。然而，第三产业的人均 *WEF* 和家庭人均 *WEF* 在同一时期分别以 14.2%和 28.4%的速度增长。生态环境的人均 *WEF* 保持不变。就天津而言，第一产业、第二产业、第三产业和家庭的 *WEF* 从 2004 年到 2015 年也都有所下降。第一产业的人均 *WEF* 下降，下降率为 35%。同期，生态环境的人均 *WEF* 净值从 0.01gha 上升到 0.03gha。在重庆，第一和第二产业的人均 *WEF* 保持稳定，第三产业、家庭和生态的人均 *WEF* 分别增加了 0.01gha。

总之，从 2004 年到 2015 年，北京、上海和天津的人均 *WEF* 都在下降，它意味着单

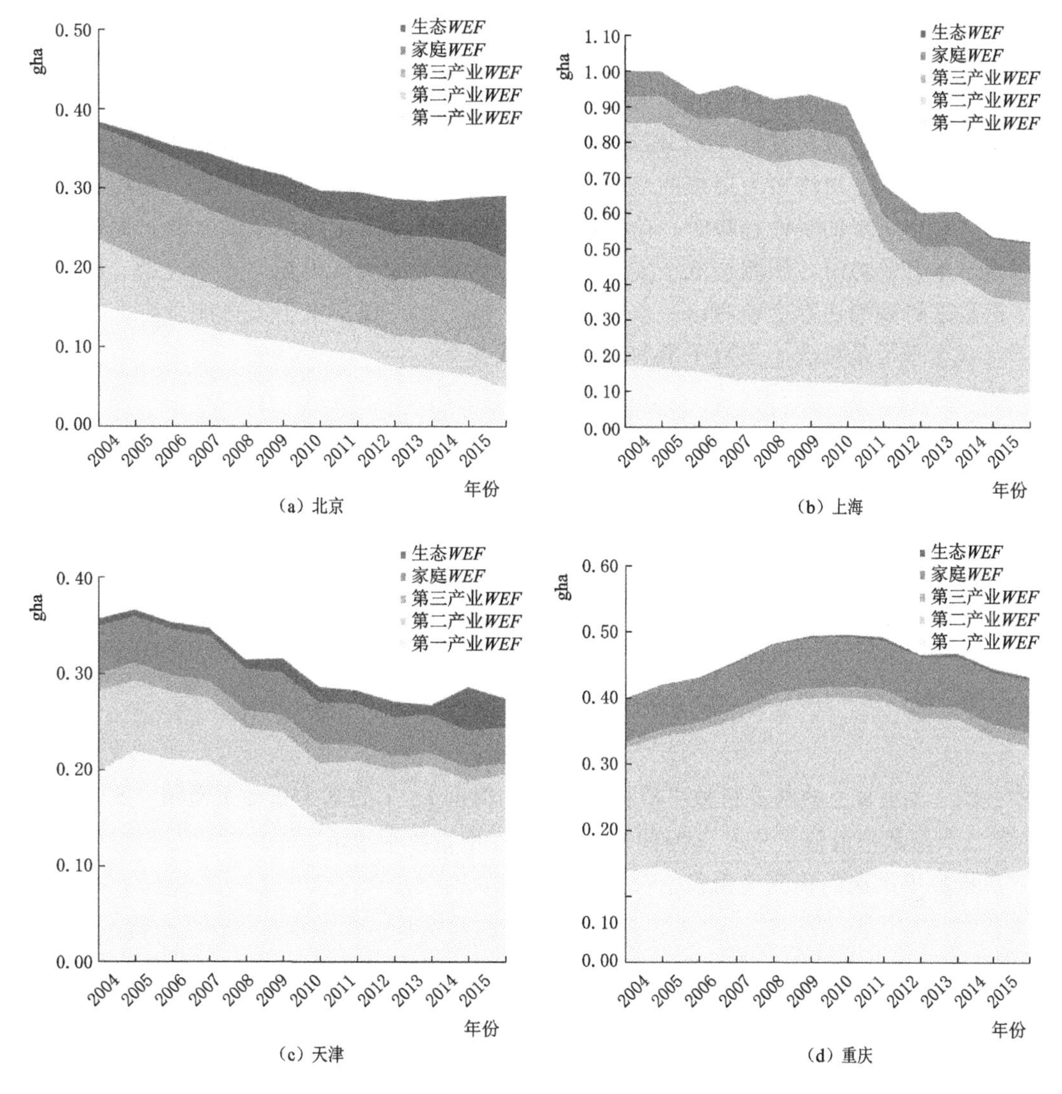

图 8-6 人均 *WEF* 账户

位资本的耗水量在下降。这些结果由这些城市的水资源管理政策构成。近年来，由于水资源供需矛盾比较严重，这些城市的地方政府都制定了严格的用水政策，控制人均用水量。由于地方政府没有采取严格的措施，重庆市的人均 *WEF* 是稳定的。由于总水量的波动，这四个城市的人均用水量随着时间的增加而不规则变化，总水量与降水和地下水补给有关。

8.3.3 城市水生态足迹预测

8.3.3.1 指数平滑模型的基本信息

指数平滑法是移动平均法的一种，是由 Robert Goodell Brown 在 1957 年首次在统计文献中提出，然后由 Charles C. Holt 在 2004 年做了进一步的发展。使用指数平滑法进行的预测是过去观测值的加权平均数，随着观测值的变旧，权重呈指数型衰减。换句话说，在预测中，新的观测值比旧的观测值的权重相对较大，预测值是观察值的加权和。时间序列的趋势是稳定的或有规律的，而且时间序列的趋势可以合理地推迟。过去的最新趋势将持续到未来，这就是平滑模型的基本思想。它适用于短期和中期的预测，具有较好的准确性。因此，选择该方法预测人均 *WEF* 的未来趋势。当时间序列没有季节性或趋势性成分时，采用单指数平滑法较为理想的，可以展示平滑方程由于滞后而容易错过的模式。当时间序列表现出下降的线性趋势时，单指数平滑法会生成超出实际结果的预测，而当时间序列表现出上升趋势时，预测会低于实际结果。双指数平滑法可以克服这个问题。此外，用单平滑法进行预测通常会预测出一条笔直的水平线，这在现实中不太可能发生。在这种情况下，双重平滑是首选。指数平滑的最简单形式如下：

$$S_t=\alpha y_t+(1-\alpha)S_{t-1} \tag{8-18}$$

$$\hat{y}_{t+1}=\alpha y_t+(1-\alpha)\hat{y}_t \tag{8-19}$$

式中：S_t 为时间 t 的平滑值；α 为平滑系数，$0<\alpha<1$；yt 为时间 t 的观察值；S_{t-1} 为时间 $t-1$ 的平滑值；$\hat{y}_{t+1}$ 为时间 $t+1$ 的基本指数平滑的预测值；$\hat{y}_t$ 为时间 t 的基本指数平滑的预测值。

基本的指数平滑法不能实现决策者想要获得跨时预测的目标。在这种情况下，该方法被设计成“双指数平滑”或“二阶指数平滑”。

$$S_t^{(1)}=\alpha y_t+(1-\alpha)S_{t-1}^{(1)} \tag{8-20}$$

$$S_t^{(2)}=\alpha S_t^{(1)}+(1-\alpha)S_{t-1}^{(2)} \tag{8-21}$$

式中：$S_t^{(1)}$ 为时间 t 的基本指数平滑值；$S_{t-1}^{(1)}$ 为时间 $t-1$ 的基本指数平滑值；$S_t^{(2)}$ 为时间 t 的第二个指数平滑值；$S_{t-1}^{(2)}$ 为时间 $t-1$ 的第二个指数平滑值。

双指数平滑法的预测值由以下公式计算：

$$\hat{y}_{t+k}=a_t+b_t k \tag{8-22}$$

$$a_t=2S_t^{(1)}-S_t^{(2)} \tag{8-23}$$

$$b_t=\frac{\alpha}{1-\alpha}(S_t^{(1)}-S_t^{(2)}) \tag{8-24}$$

式中：$\hat{y}_{t+k}$ 为第二次指数平滑在时间 $t+k$ 的预测值；a_t，b_t 为时间 t 的系数；k 为周期数。

8.3.3.2 平滑系数和初始值

预测值的准确性主要取决于平滑系数 α 的值。为了使平滑系数的误差影响最小化，采用成熟的试错法来选择平滑因子 α 的最佳值，这是一个迭代过程，开始时 α 的范围在 0.1 和 0.9 之间。根据以前的经验，选择 0.1、0.3、0.6 和 0.8 作为试验值。选择最佳的 α 值，以赋予最小的平方误差之和（*SSE*）和误差标准偏差（*SDE*）。以北京为例说明了这一原则，考虑以下数据集，其中包括北京的 12 个人均水生态足迹观测值，随着时间的推移，根据计算，当平滑系数 α 为 0.3 时，*SSE* 和 *SDE* 最小，见表 8-9。根据经验，如果原始序列中的项目数少于 15 个，则选择原始序列的平均值（通常是前三个）作为初始值，在其他城市也采用这种选择程序，如图 8-7 所示。

表 8-9　　不同平滑系数下北京人均水生态足迹的预测精度　　单位：gha

年　份	观察	α=0.1		α=0.3		α=0.6		α=0.8	
		预测	误差	预测	误差	预测	误差	预测	误差
2004	0.3829								
2005	0.3706	0.3693	0.0013	0.3693	0.0013	0.3693	0.0013	0.3693	0.0013
2006	0.3543	0.3694	−0.0151	0.3697	−0.0153	0.3775	−0.0232	0.3802	−0.0259
2007	0.3433	0.3679	−0.0246	0.3651	−0.0218	0.3733	−0.03	0.3725	−0.0292
2008	0.3276	0.3654	−0.0378	0.3585	−0.0309	0.3619	−0.0343	0.358	−0.0304
2009	0.3155	0.3616	−0.0462	0.3492	−0.0338	0.3507	−0.0353	0.3462	−0.0308
2010	0.2965	0.357	−0.0605	0.3391	−0.0426	0.3369	−0.0403	0.3313	−0.0348
2011	0.2952	0.351	−0.0558	0.3063	−0.0111	0.324	−0.0288	0.3186	−0.0234
2012	0.2868	0.3454	−0.0586	0.307	−0.0202	0.3075	−0.0207	0.301	−0.0142
2013	0.2845	0.3395	−0.0551	0.2979	−0.0135	0.3001	−0.0157	0.2964	−0.0119
2014	0.288	0.334	−0.046	0.2909	−0.0029	0.2921	−0.0041	0.2887	−0.0007
2015	0.2916	0.3294	−0.0378	0.297	−0.0054	0.2875	0.0041	0.2853	0.0063
误差平方之和			0.0212		0.0053		0.007		0.0055
误差的标准偏差			0.0243		0.0163		0.0176		0.0166

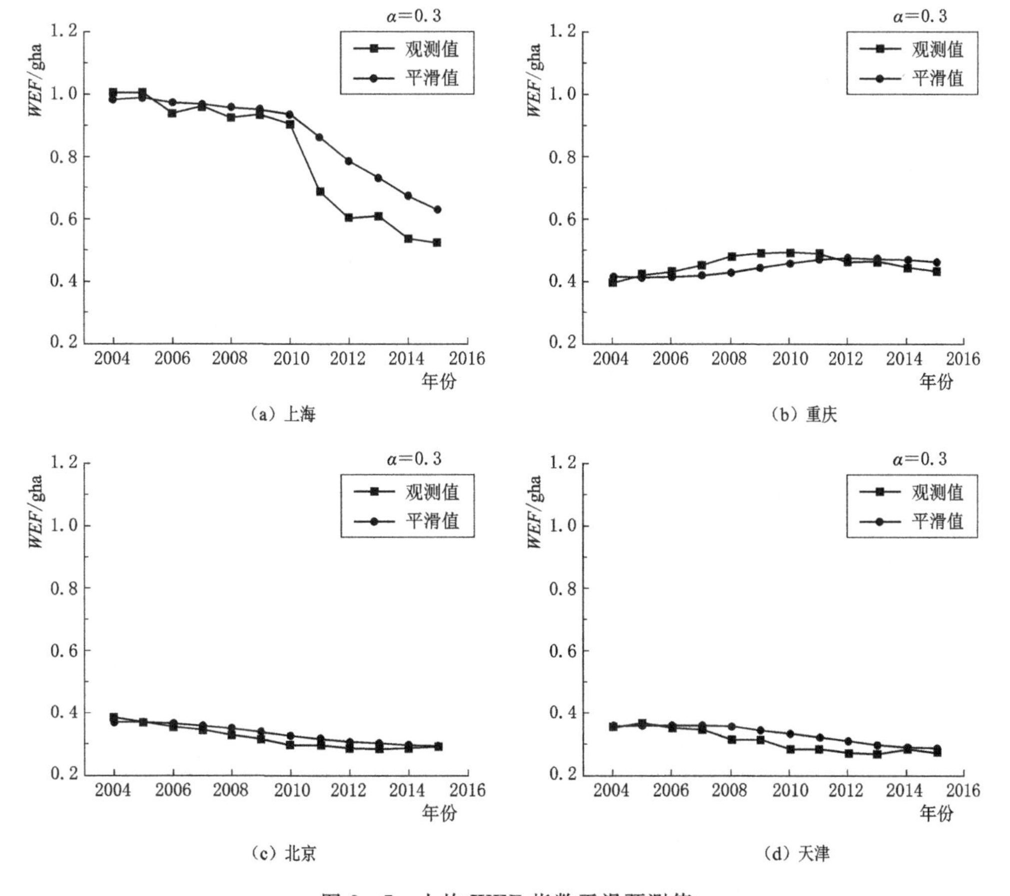

图 8-7　人均 *WEF* 指数平滑预测值

8.3.3.3 人均水生态足迹预测

根据式（8-18）～式（8-24），计算基本指数平滑值、第二指数平滑值、系数 a_t 和 b_t（见表8-10、表8-11、表8-12、表8-13），以及2020年和2025年四个城市的人均 *WEF*（见表9-14）。人均 *WEF* 主要受 *WEF* 总额和人口的影响。从表8-10可以看出，2025年，北京的人均 *WEF* 将增加到0.4193，增长率为43.8%。人均 *WEF* 的增长意味着未来10年用水量的快速增长，对供水系统构成威胁，北京将需要更多的水资源来维持社会的可持续发展。对于上海来说，以目前的耗水模式，在未来10年内，人均的 *WEF* 将下降到2025年的0.0344。原因是上海调整了水资源消耗的结构，而且人口在增长。对天津来说，有缓慢下降的趋势；水资源管理政策仍然发挥着积极作用。对重庆来说，由于人口稳定，经济发展缓慢，人均 *WEF* 将保持稳定的趋势。因此，水的需求增长缓慢。

表8-10　北京人均 *WEF* 的指数平滑值（α=0.3）

年份	t	*WEF*/gha	$S^{(1)}$	$S^{(2)}$	a_t	b_t
2004	1	0.3829	0.3693	0.3693	0.3693	0.0000
2005	2	0.3706	0.3694	0.3694	0.3694	0.0000
2006	3	0.3543	0.3679	0.3681	0.3677	−0.0001
2007	4	0.3433	0.3654	0.3652	0.3656	0.0001
2008	5	0.3276	0.3616	0.3604	0.3628	0.0005
2009	6	0.3155	0.3570	0.3540	0.3600	0.0013
2010	7	0.2965	0.3510	0.3457	0.3563	0.0023
2011	8	0.2952	0.3454	0.3371	0.3537	0.0036
2012	9	0.2868	0.3395	0.3284	0.3506	0.0048
2013	10	0.2845	0.3340	0.3201	0.3479	0.0060
2014	11	0.2880	0.3294	0.3132	0.3456	0.0069
2015	12	0.2916	0.3256	0.3079	0.3433	0.0076

表8-11　上海人均 *WEF* 的指数平滑值（α=0.3）

年份	t	*WEF*/gha	$S^{(1)}$	$S^{(2)}$	a_t	b_t
2004	1	1.0035	0.9815	0.9815	0.9815	0.0000
2005	2	1.0020	0.9876	0.9833	0.9920	0.0019
2006	3	0.9389	0.9730	0.9802	0.9658	−0.0031
2007	4	0.9625	0.9699	0.9771	0.9626	−0.0031
2008	5	0.9246	0.9563	0.9709	0.9417	−0.0062
2009	6	0.9364	0.9503	0.9647	0.9359	−0.0062
2010	7	0.9064	0.9371	0.9564	0.9178	−0.0083
2011	8	0.6866	0.8620	0.9281	0.7958	−0.0283
2012	9	0.6043	0.7847	0.8851	0.6843	−0.0430
2013	10	0.6092	0.7320	0.8392	0.6249	−0.0459

续表

年份	t	WEF/gha	$S^{(1)}$	$S^{(2)}$	a_t	b_t
2014	11	0.5367	0.6734	0.7894	0.5574	−0.0497
2015	12	0.5245	0.6288	0.7412	0.5163	−0.0482

表 8-12　天津市人均 *WEF* 的指数平滑值（α=0.3）

年份	t	WEF/gha	$S^{(1)}$	$S^{(2)}$	a_t	b_t
2004	1	0.3561	0.3584	0.3584	0.3584	0.0000
2005	2	0.3661	0.3577	0.3582	0.3572	−0.0002
2006	3	0.3530	0.3602	0.3588	0.3616	0.0006
2007	4	0.3464	0.3581	0.3586	0.3575	−0.0002
2008	5	0.3138	0.3546	0.3574	0.3518	−0.0012
2009	6	0.3146	0.3424	0.3529	0.3318	−0.0045
2010	7	0.2853	0.3340	0.3472	0.3208	−0.0057
2011	8	0.2818	0.3194	0.3389	0.2999	−0.0083
2012	9	0.2705	0.3081	0.3296	0.2866	−0.0092
2013	10	0.2667	0.2968	0.3198	0.2739	−0.0098
2014	11	0.2853	0.2878	0.3102	0.2654	−0.0096
2015	12	0.2743	0.2870	0.3033	0.2708	−0.0069

表 8-13　重庆市人均 *WEF* 的指数平滑值（α=0.3）

年份	t	WEF/gha	$S^{(1)}$	$S^{(2)}$	a_t	b_t
2004	1	0.3992	0.4168	0.4168	0.4168	0.0000
2005	2	0.4203	0.4115	0.4152	0.4078	−0.0016
2006	3	0.4309	0.4142	0.4149	0.4134	−0.0003
2007	4	0.4545	0.4192	0.4162	0.4222	0.0013
2008	5	0.4819	0.4298	0.4203	0.4393	0.0041
2009	6	0.4932	0.4454	0.4278	0.4630	0.0075
2010	7	0.4949	0.4597	0.4374	0.4821	0.0096
2011	8	0.4915	0.4703	0.4473	0.4933	0.0099
2012	9	0.4655	0.4766	0.4561	0.4972	0.0088
2013	10	0.4670	0.4733	0.4612	0.4854	0.0052
2014	11	0.4447	0.4714	0.4643	0.4785	0.0030
2015	12	0.4327	0.4634	0.4640	0.4627	−0.0003

根据公式 $a_t=2S_t^{(1)}-S_t^{(2)}$ 和 $b_t=\frac{\alpha}{1-\alpha}(S_t^{(1)}-S_t^{(2)})$，计算这四个城市的预测公式如下。

对于北京：

$$\hat{y}_{12+k}=0.3433+0.0076k \tag{8-25}$$

对于上海：

$$\hat{y}_{12+k}=0.5164-0.0482k \tag{8-26}$$

对于天津：

$$\hat{y}_{12+k}=0.2707-0.0069k \tag{8-27}$$

对于重庆：

$$\hat{y}_{12+k}=0.4628-0.0003k \tag{8-28}$$

表 8-14　　人均 *WEF* 的预测值

城市名	*WEF*/gha		
	2015 年	2020 年	2025 年
北京	0.2916	0.3813	0.4193
上海	0.5245	0.2754	0.0344
天津	0.2743	0.2362	0.2017
重庆	0.4327	0.4613	0.4598

8.3.4 小结

本案例对四个城市的水资源安全进行了研究，探讨了水资源的动态特征和用水量预测。基于水生态足迹模型，分别分析了 2004—2015 年北京、上海、天津和重庆的总 *WEF*、*WEF* 和人均 *WEF*、*WEC*。这使我们对不同类型城市的水资源利用情况有了整体的了解，便于分析 *WEF* 和 *WEC* 的驱动因素。通过分析 *WEF* 账户，可以了解到哪部分为最大的耗水账户，不同部门的耗水结构和用水效率。然后运用指数平滑法对未来的人均 *WEF* 进行预测，该预测序列可以为未来的水资源效用提供科学依据。最后，根据分析和预测结果对城市水资源可持续发展的主要对策和建议提供参考，并总结了城市 *WEF* 发展的三种典型类型：

类型一：*WEF* 高于 *WEC*。随着城市人口和经济的发展，城市规模迅速扩大，*WEF* 总量不断增加。如北京和天津，从 2004 年到 2015 年，*WEF* 始终超过 *WEC*。这些城市处于 *WED* 的状态。从水资源利用结构的特点可以看出，北京和天津的水资源可持续利用的压力在逐渐增大，主要的需求压力来自于工业和农业的发展。因此，调整产业结构，降低水资源消耗强度是关键。为了实现经济发展和社会稳定，管理者也需要寻求新的水源或从其他地方引水。但不能只依靠南水北调工程，因为该工程对日益增长的用水需求供给有限。同时，北京和天津未来也应该采取严格的水资源管理。对于天津来说，第一产业 *WEF* 占最大比例。建议该市通过从水资源丰富的地区引入高耗水的农产品或进口先进的节水设备来提高农业用水效率来实现节水。

类型二：起初同类型一 *WEF* 增长速率一样。但通过一系列的措施，*WEF* 正在变得比 *WEC* 低。城市处于 *WES* 的状态。没有必要从其他地区调水，城市依靠自我调节从 *WED* 状态转变为 *WES* 状态。例如，上海的 *WEF* 从 2004 年到 2010 年有所增加，然后从 2010 年开始下降，直到 2014 年出现 *WES*。上海人均 *WEF* 是最大的，所以建议提高市民的水资源保护意识，改变生产和生活的消费方式，建立节水的社会生产和消费体系。

类型三：*WEF* 低于 *WEC*。城市总是处于 *WES* 的状态。重庆位于一个富水地区。从2004年到2015年，*WEC* 始终高于 *WEF*，重庆仍然处于 *WES* 的状态。根据对重庆市 *WEF* 核算的分析，需要将工业生产从高耗水的工业产品转移到节水的清洁产品。因为第二产业的 *WEF* 是最大的用水部门。用水密集的工业部门，如火电、纺织、造纸、钢铁等高耗水工业都具有节水潜力。

根据该研究的预测，北京的人均 *WEF* 将上升，上海和天津将呈下降趋势。在重庆，基本保持稳定，没有变化。因此，对北京和天津来说，节水应遵循统一规划、总量控制、计划用水、综合利用、注重效益的原则。对上海来说，要坚持当前的对策，改变生活用水的方式。对重庆来说，需要在调整产业结构上稍加注意。本案例主要从水资源需求方面和供水方面进行管理并进行水资源安全分析。在计算 *WEF* 时，只考虑生产性 *WEF*（包括灌溉用水、林业、畜牧业、工业用水和服务业用水）、家庭 *WEF* 和生态 *WEF*。污染水 *WEF* 没有考虑在 *WEF* 账户中。随着城市化的发展，水污染将成为水生态足迹账户的一个重要组成部分。

8.4 城市水灾害安全评价

8.4.1 研究对象与数据来源

海绵城市是指城市以生态友好的方式被动地吸收、清洁和利用降雨，减少具有危险和污染的径流。相关技术包括透水道路、屋顶花园、雨水收集、雨水花园、绿地和蓝色空间，如池塘和湖泊。正确实施海绵城市可以减少洪水的频率和严重程度，改善水质，并使城市的人均用水量减少。绿色空间等相关策略也可以提高生活质量，改善空气质量，减少城市热岛。本节对中国30个“海绵城市”试点城市进行了分析。

统计数据来自：①中国统计年鉴，2013，中华人民共和国国家统计局；②中国城市建设统计年鉴，2013，中华人民共和国住房和城乡建设部；③降水数据来源于中国国际站点交换中心的中国气象科学数据共享服务。GIS矢量数据来自中国国家地理信息中心，包括中国地图、中国省级行政中心以及世界国家地图和河流地图的shp格式文件。

8.4.2 城市水灾害安全评价指标体系建立

建立一个科学合理的指标体系，有助于为海绵城市的准确脆弱性评估提供依据。海绵城市的目标是解决城市积水问题。基于这些考虑，选定的评价指标不仅包括满足脆弱性的定义，还包括与水因素相关的指标。在本研究中，从脆弱性的三个相互作用的因素（暴露、敏感性和适应能力）建立了指标体系。脆弱性的具体评价指标体系如图8-8所示。

（1）暴露指标。暴露指系统接触或受到扰动的性质、程度、持续时间或范围。暴露指标表达了所研究的来自自然、社会和经济的与水有关的压力的特征。水资源开采率和人均水资源均呈现水资源短缺的局面。经济结构反映了海绵城市的经济实力，因此选取了第三产业占GDP的比重。

（2）敏感性指标。敏感性指系统被一个或一组干扰（不利或有利，直接或间接）改变

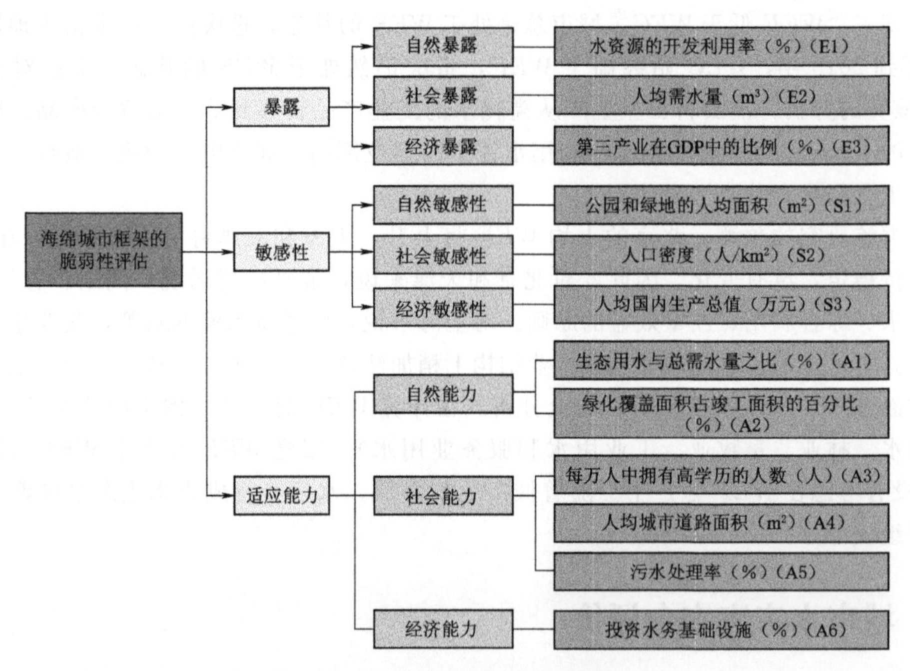

图 8-8　脆弱性评价指标体系

或影响的程度。在这里，敏感性指标表达了与用水有关的普遍的社会经济条件。敏感性指标一般包括自然敏感性和社会经济敏感性。鉴于本研究的重点是城市水土流失，在建立敏感性指标体系时，强调了人均公园和绿地面积、人口密度和人均 GDP。

（3）适应能力指标。适应能力是指系统适应干扰、缓和潜在损害、利用机会或应对发生变化的后果的能力。适应能力指标表示系统适应变化的潜力。经济能力揭示了海绵城市利用项目保证用水的能力，所以选择了水利基础设施投资作为评价指标。社会能力主要表达了人们对洪水风险的认识和参与，以及整体的便利性。社会结构指标被确定为每万人拥有高学历、人均城市道路面积和污水处理率。在自然能力方面，挑选了绿化覆盖面积占建成区面积的百分比和生态用水占总需水量的比例。

8.4.3　城市水灾害安全评价

将模糊理论引入综合评价过程，建立模糊理论与数学模型相结合的模糊综合评价模型。模糊集合理论允许对集合中元素的成员资格进行逐步评估；这是在实际单位区间［0，1］中估值的成员函数的帮助下描述的。它的优点是可以自然地解决不确定性和模糊性问题，从而克服传统数学方法的结果的统一性。在本研究中，模糊综合评价模型被用来评估海绵城市的暴露度、敏感性、适应能力和综合脆弱性。模糊综合评价模型可以概括为一系列的步骤，这里以一个海绵城市的暴露为例介绍。

步骤 1　建立评价指标集。

根据评价指标体系的性质特点，评价关系中的因素设置如下：

$$U=(u_i)_{1\times n}=\{u_1,u_2,\cdots,u_n\} \tag{8-29}$$

式中：n 为评价指标的数量；u_i 为第 i 个评价指标，$i=1, 2, \cdots, n$。

步骤 2　建立评估标准集。

评估标准集是一个由法规或专家的标准组成的集合。

$$S=(s_{i,j})_{n\times 5}=\begin{Bmatrix} s_{1,1} & s_{1,2} & \cdots & s_{1,5} \\ s_{2,1} & s_{2,2} & \cdots & s_{2,5} \\ \vdots & \vdots & \vdots & \vdots \\ s_{n,1} & s_{n,2} & \cdots & s_{n,5} \end{Bmatrix} \tag{8-30}$$

其中，列数 $j=(1,\cdots,5)$ 代表评估标准类别的数量，对应于不同的标准等级。行数 $i=(1,\cdots,n)$，指的是评估指标的数量。因此，矩阵 S 的每个元素 $s_{i,j}$ 表示第 i 个指标对第 j 类的标准值。

目前，还没有关于脆弱性评估的标准。本节采用以往研究的建议值作为“高-高”－5级阈值，采用国际最低值作为“低-低”－1 级状态的阈值。5 级和 1 级两个阈值之间的三分点的值为“低-高”－2 级、“中等”－3 级和“高-低”－4 级的阈值。与五个等级对应的代表性标准值见表 8－15。

表 8－15　评估指标的标准

指标	1 级	2 级	3 级	4 级	5 级
E1	110	102.5	95	87.5	80
E2	100	262.5	425	587.5	750
E3	1.5	2.375	3.25	4.125	5
S1	50	61.25	72.5	83.75	95
S2	7	10.25	13.5	16.75	20
S3	10	14.5	19	23.5	28
A1	30	42.5	55	67.5	80
A2	0.70	2.53	4.35	6.18	8.00
A3	100	325	550	775	1000
A4	1000	500	400	200	50
A5	20	27.5	35	42.5	50
A6	2	2.75	3.5	4.25	5

步骤 3　隶属度矩阵计算。

在计算隶属度之前，需要定义隶属度函数。在各种情况下，可以使用不同的模糊隶属函数，如三角形、梯形、片状线性、高斯和单子。梯形隶属函数是最可靠和最广泛使用的。因此，下半梯形分布函数被应用于研究，根据以前的文献标准定义：

$$R_{i,1}=\begin{cases} 1, & u_i\leqslant s_{i,1} \\ \left|\dfrac{u_i-s_{i,2}}{s_{i,2}-s_{i,1}}\right|, & s_{i,1}<u_i<s_{i,2} \\ 0, & u_i\geqslant s_{i,2} \end{cases} \tag{8-31}$$

$$R_{i,z}=\begin{cases}\left|\dfrac{u_i-s_{i,z-1}}{s_{i,z}-s_{i,z-1}}\right|, & s_{i,z-1}<u_i<s_{i,z}\\0, & u_i\leqslant s_{i,z-1},u_i\geqslant s_{i,z+1}\\\left|\dfrac{u_i-s_{i,z+1}}{s_{i,z+1}-s_{i,z}}\right|, & s_{i,z}<u_i<s_{i,z+1}\end{cases}\tag{8-32}$$

$$R_{i,5}=\begin{cases}1, & u_i\geqslant s_{i,5}\\\left|\dfrac{u_i-s_{i,4}}{s_{i,5}-s_{i,4}}\right|, & s_{i,4}<u_i<s_{i,5}\\0, & u_i\leqslant s_{i,4}\end{cases}\tag{8-33}$$

式中：$R_{i,1}$ 指的是第 i 个指标属于第 1 类的隶属度；$R_{i,5}$ 表示第 i 个指标属于第 5 类的隶属度；$R_{i,z}$ 表示第 i 个指标属于第 z 类的隶属度，$1<z<5$，其中 5 是最高级别。同时，$s_{i,1}$ 指的是第 i 个指标属于第 1 类的标准值，$s_{i,5}$ 指的是第 i 个指标属于第 5 类的标准值，$s_{i,z}$ 表示第 i 个指标属于第 z 类的标准值。然后，根据公式（8-34）可以得到各指标的模糊矩阵 R，即

$$R=(r_{ij})_{n\times5}=\begin{bmatrix}r_{11} & r_{12} & \cdots & r_{15}\\r_{21} & r_{22} & \cdots & r_{25}\\\vdots & \vdots & \vdots & \vdots\\r_{n1} & r_{n2} & \cdots & r_{n5}\end{bmatrix}\tag{8-34}$$

式中：$r_{i,j}$ 代表第 j 类的第 i 个指标成员度，$i=1,2,\cdots,n$，$j=1,2,\cdots,5$。

步骤 4　确定指标权重。

权重是指基于相对重要性的每个评价因素在评价指标体系中的比例。如果对某一要素赋予权重，则权重分布集 W 可以看成是集合 U 的模糊集，如何确定各因素的权重是评价体系的核心任务。这里，采用熵权法（EWM）来确定评价指标体系中的指标权重。它的计算方式如下：

$$E_i=-k\sum_{i=1}^{m}p_i\ln p_i,p_i=\frac{u_i}{\sum_{i=1}^{m}u_i},i=1,2,\cdots,n\tag{8-35}$$

$$w_i=(1-E_i)/\sum_{i=1}^{n}(1-E_i),0\leqslant w_i\leqslant1,\sum_{i=1}^{n}w_i=1\tag{8-36}$$

$$W=\{w_1,w_2,w_3,\cdots,w_n\}$$

式中：E_i 为第 i 个指标熵；$k=1/\ln n$；当 $p_i=0$ 时，$p_i\ln p_i=0$；W_i 为第 i 个评估指标的权重；W 为权重集。

根据以上公式，得到海绵城市的评估指标权重，见表 8-16。

表 8-16　评价指标的权重

指标	E1	E2	E3	S1	S2	S3
权重	0.03	0.10	0.07	0.04	0.04	0.14
指标	A1	A2	A3	A4	A5	A6
权重	0.22	0.08	0.05	0.06	0.03	0.15

步骤 5　评估系数集计算。

模糊综合算子对最终结果很重要。作为一个以关键指标为主的综合评价数学模型，(·，⊕) 算子常用于环境系统的模糊综合评价中。这是一个乘法-求和算子。B 是模糊评价结果集，定义为

$$B=W(\cdot,\oplus)R=(b_j)_{1\times 5} \tag{8-37}$$

式中：b_j 代表评价对象对第 j 类的评估系数，$b_j=\sum_{i=1}^{5}w_i r_{ij}$；符号（·，⊕）表示乘法-求和运算。

步骤 6　评价结果处理。

为了得到被评价对象的相对位置，采用加权平均法来处理模糊的综合暴露评价结果：

$$EX=\frac{\sum_{j=1}^{5}b_j^2\cdot j}{\sum_{j=1}^{5}b_j^2} \tag{8-38}$$

式中：EX 为被评价海绵城市的暴露度。

同样，根据上述公式可以得到海绵城市的敏感性（SE）、适应能力（AC）和综合脆弱性（CV）的模糊合成评价结果。根据加权平均原则，最终的模糊综合评价结果讨论如下：低-低，$EX<1.5$；低-高，$1.5\leqslant EX<2.5$；中等，$2.5\leqslant EX<3.5$；高-低，$3.5\leqslant EX<4.5$；高-高，$EX\geqslant 4.5$。

分析不同城市的暴露情况，如图 8-9（a）所示。三亚、深圳和南宁的最高暴露值为 2.5～3.5，属于 3 级。暴露值适中意味着供水基本可以满足用水需求，第三产业经济比重高，导致服务业发达。相反，西县、贵安、遂宁、鹤壁、萍乡、庆阳、玉溪、池州、重庆和珠海的风险值最低。它们都属于 1 级，其值小于 1.5。因为这些城市的水资源开发量小于可用水量，所以缺水对这些海绵城市来说不是一个问题。迁安、白城和上海的暴露值也小于 1.5，因为社会经济暴露较低。其余城市的暴露值为 2 级，没有一个海绵城市拥有 4 级或 5 级。因此，30 个海绵城市的暴露值都小于 3.5，这是很乐观的。

如图 8-9（b）所示，遂宁、固原、庆阳、南宁、重庆、常德和西宁的敏感度最低，为 2 级。这意味着它们不容易受到外部干扰的影响。有 13 个海绵城市拥有 5 级的最高敏感度值，但原因是不同的。珠海、迁安、济南、镇江、大连、武汉和三亚是敏感城市，因为这 30 个城市的人均公园和绿地面积指标最低。天津、青岛、嘉兴、宁波、深圳和厦门因人口密度高而敏感。其余城市的敏感度为 3 级或 4 级。因此，除了 7 个城市属于 2 级，其他城市都是敏感的。

这些城市的适应能力从低到高排列如下：贵安、庆阳、西宁、三亚、珠海、上海和北京［见图 8-9（c）］，拥有最低的适应能力值，即 1 级。然而，导致这 7 个城市适应能力最低的原因是不同的。上海和北京在人均城市道路面积和绿化覆盖面积方面表现较差，这与交通拥堵的情况相符。原因是随着经济的快速发展和城市化进程，大量人口从农村地区涌入城市，导致汽车保有量大幅增加。其余 5 个城市主要是由于水务基础设施投资不足，污水处理率低。适应能力 5 级的最高值包括青岛、嘉兴和玉溪，因为它们在自然、社会和经济方面的适应能力都很先进。此外，除最高和最低等级外，其他城市属于 2、3、4 级。

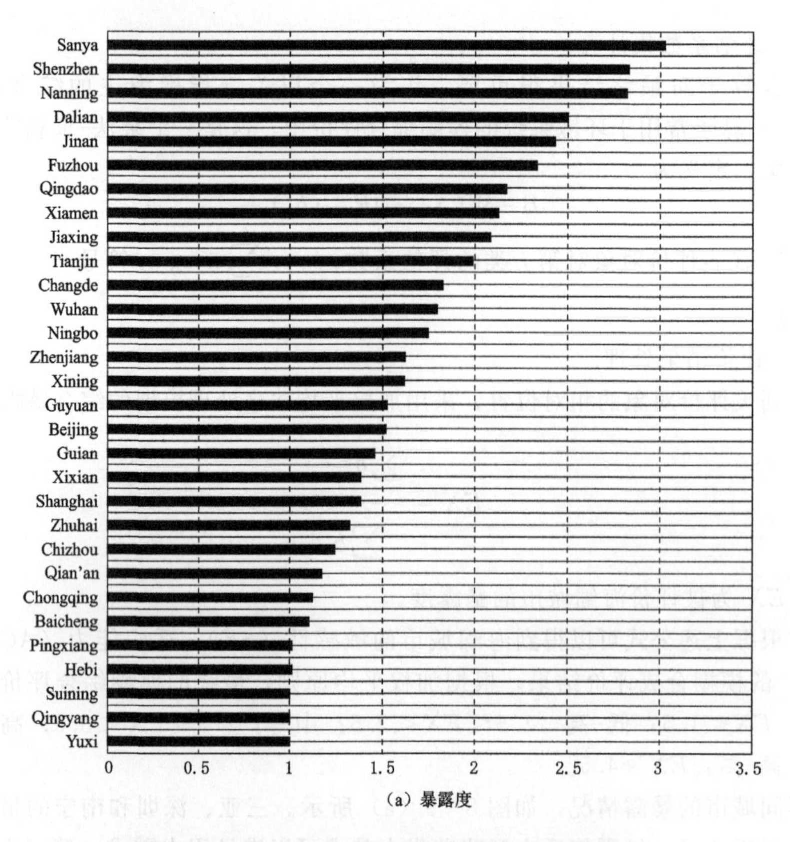

(a) 暴露度

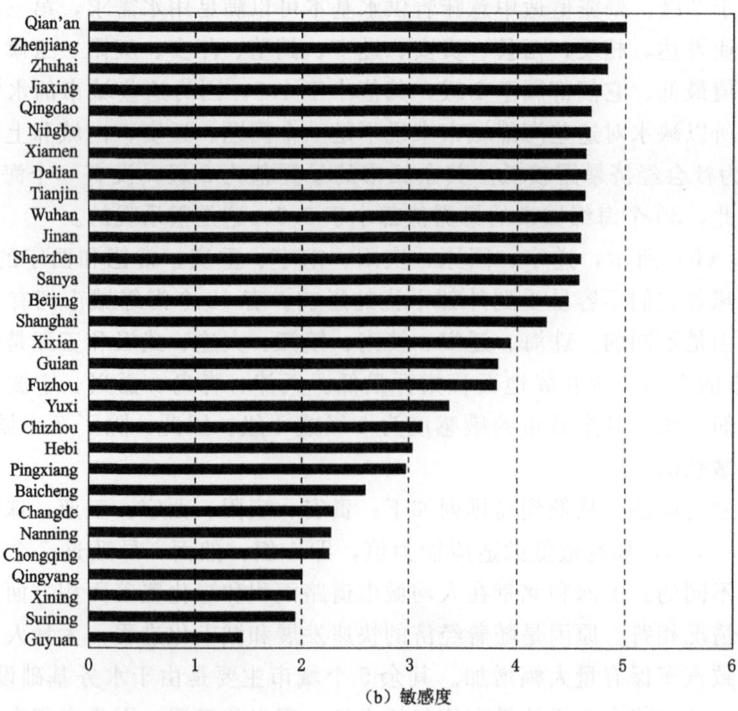

(b) 敏感度

图 8-9（一） 不同城市模糊综合评价模型评价结果

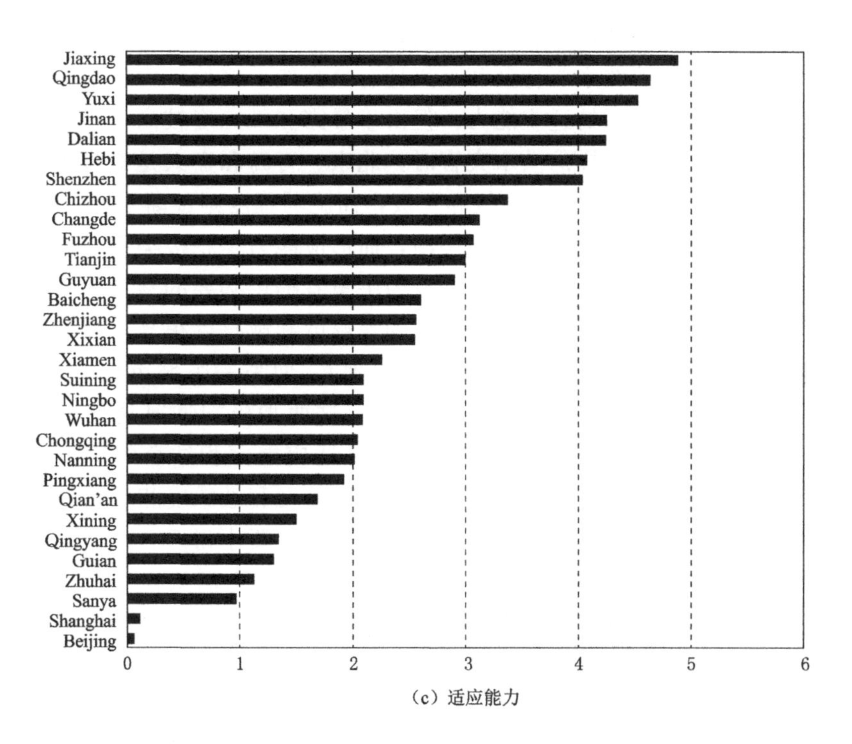

(c) 适应能力

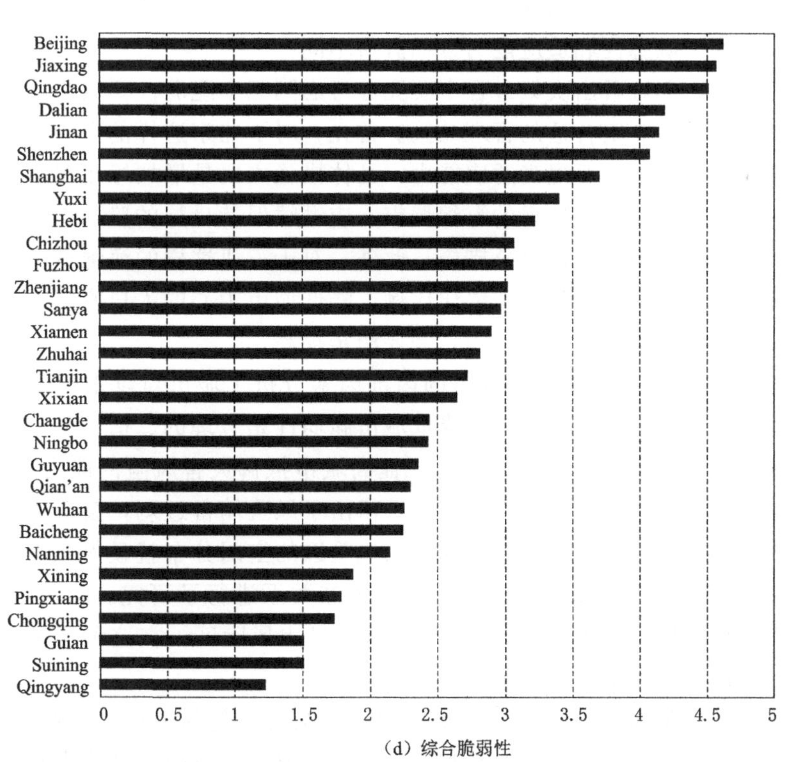

(d) 综合脆弱性

图 8-9（二） 不同城市模糊综合评价模型评价结果

综合脆弱性是暴露、敏感性和适应能力的结合。正如图 8-9 (d) 所示，这是一个综合考虑这三个方面的要点。北京、青岛和嘉兴拥有最高的 5 级值，而庆阳拥有最低的 1 级值。尽管青岛和嘉兴拥有最高的适应能力，但由于暴露和敏感度较高，其“整体”脆弱性值也很高。这意味着在面对同样的洪水灾害时，北京、青岛和嘉兴是最脆弱的，而庆阳则不脆弱。其余的海绵城市属于 2 级、3 级和 4 级，而脆弱程度则逐渐增加。

就脆弱性而言，暴露和敏感性是消极类型，而适应能力是积极类型。积极和消极类型的不同组合会造成不同程度的脆弱性，这可以为决策者提供必要的参考，以确定需要优先援助的地区。一个城市一定是脆弱的，因为它的暴露度和敏感度很高，应对能力和降低脆弱性的措施不足（如糟糕的基础设施、糟糕的治理），而另一个城市也一定是不脆弱的，因为它的暴露度和敏感度很低，但适应能力很强。这两种极端情况是很容易区分和控制的。北京就是一个相对较高的暴露度和敏感性与低适应能力相结合的例子。在这种情况下，当面临洪水风险时，它是非常脆弱的。另一个暴露度和敏感度相对较低而适应能力较高的例子是遂宁。当面临同样的洪水风险时，它的脆弱性要小得多。然而，其他两种情况很难区分和调节，因为它们具有类似的整体“脆弱性”，但它们从根本上是不同的。在一种情况下，一个具有相对较高风险和敏感性的城市可能仍然具有适度的脆弱性。在另一种情况下，一个适应能力相对较差的城市可能仍然有适度的脆弱性，因为它有相当好的暴露和敏感性。例如，高暴露度、敏感性和高适应能力的组合可能对三亚有效，而低暴露度、敏感性和低适应能力的组合则出现在白城。这两种情况可能会导致类似的“整体”脆弱程度，但在暴露程度、敏感性和适应能力方面有所不同。

通过以上分析，不难看出决策过程中要充分考虑到三个脆弱性要素之间的关系，从而为不同类型的海绵城市制定合适的管理政策。首先，对于北京这样的海绵城市，在降低城市暴露度和敏感性的同时，要提高适应能力。具体措施主要是增加绿化覆盖面积和投资水利基础设施。其次，对于遂宁这样的海绵城市，应继续保持良好的脆弱态势。同时，要保持对洪涝灾害的监测，随时做好应急措施。此外，对于三亚这样的海绵城市，应更加关注其暴露度和敏感性，特别是建议增加绿化比例，降低城市中心的人口密度。最后，对于白城这样的海绵城市，适应能力相对较弱，需要稳步提高。

本研究基于 FCE 方法，从海绵城市的内部因素分析了城市对洪水灾害的脆弱性。在应对洪涝灾害时，提高城市适应能力，降低城市脆弱性是合理的、适当的方式。但是，如果一个城市处在洪水发生概率较低的地区，提高城市抵御灾害风险的能力，降低脆弱性，虽然有利于进一步加强城市应对风险的储备，但由于风险储备过剩，会造成巨大的人力和物力浪费。因此，探讨城市脆弱性和潜在洪水风险区的空间分布就显得尤为必要。本研究利用 GIS 软件对降水与海绵城市脆弱性之间的分布关系进行了研究。降水量大于 800mm 的地区为高洪水风险区，低于 800mm 的地区为低洪水风险区。在这种情况下，海绵城市和洪水风险区之间有四种组合类型。

第一类海绵城市是高脆弱性和高洪水风险区的结合，包括玉溪、三亚、深圳、珠海、厦门、福州、嘉兴、镇江、上海、池州和青岛。这类海绵城市的防洪能力较低，且位于洪水易发区。在面临洪水灾害时，它们最容易受到损害。为了实现海绵城市的可持续发展和社会稳定，管理者需要加强城市内部适应能力和外部洪水预警能力。在最基本的层面上，建议第一类海绵城市制定防洪安全规划，在平衡可预见的风险和占用洪灾区的利益的前提下，寻求高价值用途的高地。在容易发生城市洪水的地区，一个解决方案是修复和扩大人造下水道系统和雨水基础设施。另一个策略是通过自然排水渠道、多孔铺装和湿地，减少街道、停车场和建筑物的不透水表面。

第二类海绵城市是指低脆弱性和高洪水风险区的结合（如遂宁、重庆、贵安、南宁、武汉、常德、宁波和萍乡）。这类海绵城市在面对洪水灾害时具有较高的适应能力，所以这些城市没有必要投入大量的资金和资源来降低城市的脆弱性。尽管如此，这些城市都位于洪水易发区，最重要的是做好洪水预报。在洪灾发生前预测洪灾，可以采取预防措施，并向人们发出警告，使他们能提前做好应对洪灾状况的准备。建议提高公民的防洪意识，应投入资金建设洪水预报系统。

第三类海绵城市位于低洪水风险区，具有高脆弱性。这种组合出现在北京、天津、大连、鹤壁、息县和济南。虽然这样的海绵城市发生洪水的概率很小，但一旦遇到洪水灾害，就会受到很大的破坏。适当降低城市的脆弱性是合理的，但不应该像第一类海绵城市那样投入那么多。

第四类海绵城市位于低洪水风险区，脆弱性低，如白城、固原、庆阳、迁安等地。这类海绵城市在遇到洪水灾害时的脆弱性要小得多。此外，它们位于低洪水概率的地区。从洪水灾害威胁的角度看，这是一个相当好的条件。在这种情况下，只要采取了防御措施，投入到城市脆弱性的资金是有限的。

8.4.4 小结

本节分析了中国海绵城市的脆弱性，以便为进一步研究海绵城市建设和洪水管理提供基本政策。采用 FCE 方法计算每个城市的脆弱性隶属度，以便将不同的脆弱性因素汇总起来。本研究制定的海绵城市三要素脆弱性评估方法，更有利于有限资源的合理配置。此外，指标体系和权重确定技术可以根据实际情况进行更新，而 FCE 方法仍然可以应用。首先，以 30 个海绵城市为研究对象，从暴露度、敏感性、适应性三个方面建立脆弱性评估的指标体系。其次，对不同试点城市的暴露度、敏感性和适应性进行比较。在暴露度方面，三亚排名第一。在敏感性方面，迁安位居第一。在适应能力方面，嘉兴拥有最高水平。接下来，分析综合脆弱性，并提出了四种不同的脆弱情况。最后，重点分析了综合脆弱性和洪水风险区之间的空间关系，分为四种类型。提出了相应的可持续对策和战略。

8.5 城市湖泊水环境评价

8.5.1 贵阳市阿哈水库水环境质量变化特征

8.5.1.1 阿哈水库水体采样指标变化特征

2019 年枯水期、平水期、丰水期阿哈水库水体总有机碳、浊度、pH、氨态氮、高锰酸盐指数、溶解氧、透明度、叶绿素 a、总氮、总磷变化特征和统计分析如图 8-10 和图 8-11 所示。评价指标平均值随时间变化趋势：总有机碳随时间略微减小；浊度随时间大幅减小；pH 先略微增大，再大幅减小；氨态氮大幅减小再略微减小；对总有机碳来说，只有金钟河入湖口下层超过标准限值，需对输入总量进行控制，因为少量总有机碳就能让浮游植物疯长，导致流域污染。对浊度来说，在 4 月、7 月，除游鱼河外，其他采样点均超过标准限值。对 pH 来说，总体处于标准范围内。4 月，除游鱼河和烂泥河外，其他样点均处于弱碱性，而 7 月有所上升，平均值均超过 8，到 10 月又均下降到 8 以下。对氨氮来说，4 月上层水质无采样点达到Ⅲ类标准，中层水质仅有游鱼河达到Ⅲ类标准，下层水质仅有南郊和白岩河入湖口达到Ⅲ类标准；在 7 月，仅有金钟河入湖口下层水质没达到Ⅲ类标准；在 10 月，所有采样点均达到Ⅲ类标准。

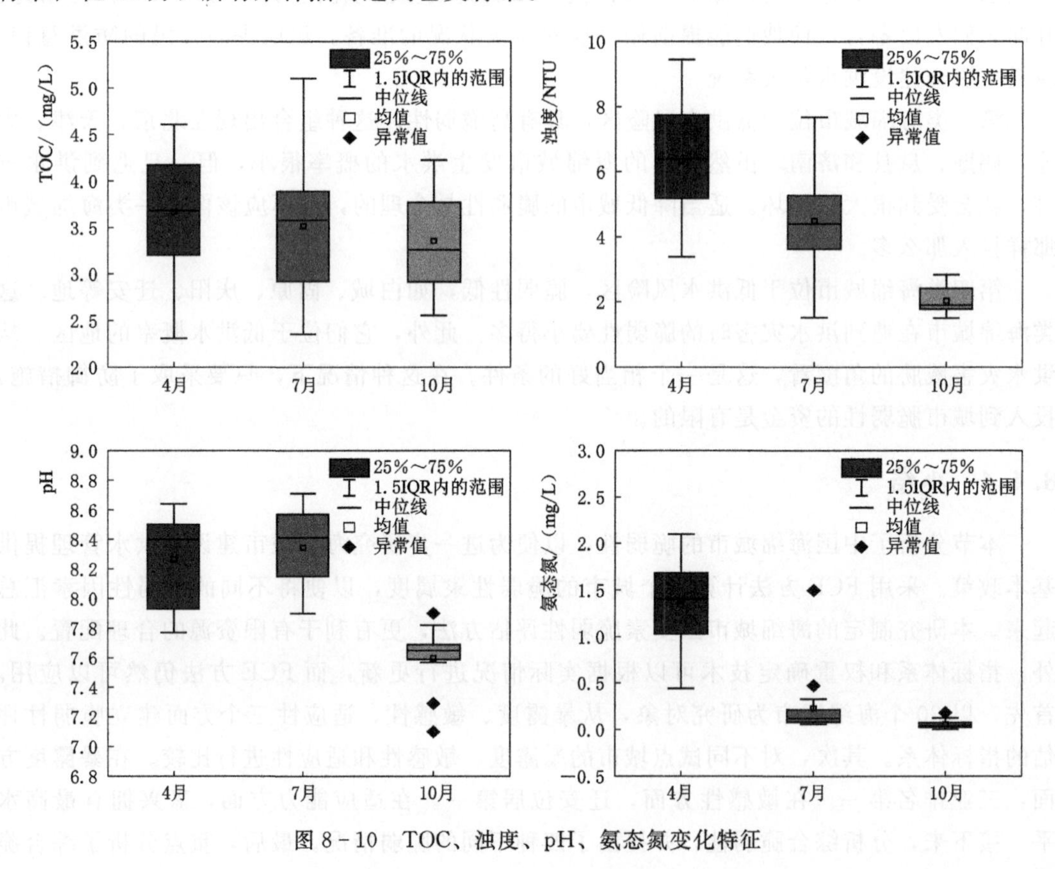

图 8-10 TOC、浊度、pH、氨态氮变化特征

高锰酸盐指数略微减小再略微升高；溶解氧大幅减小；透明度略微减小再大幅增大；叶绿素 a 略微减小再大幅减小；总氮略微升高再大幅减小；总磷略微升高再略微减小。对高锰酸盐指数来说，所有采样点均达到Ⅲ类水质标准。在枯水期、丰水期上中下层水质中，对溶解氧来说，所有采样点均达到国家地表水水质分类标准Ⅲ类水质标准，而在平水期，仅有库心、金钟河入湖口下层水质未达到Ⅲ类标准。在 4 月，所有样点上中下层氨氮平均值仅有白岩河入湖口达到Ⅲ标准。对总磷来说，4 月上层水质中南郊、白岩河入湖口、金钟河入湖口未达到Ⅲ类标准，中下层仅有金钟河入湖口未达到Ⅲ类准；在 7 月上中下层水质中，南郊、金钟河入湖口未达到Ⅲ类标准，烂泥河氨氮含量升高；在 10 月，南郊上中层水质未达Ⅲ类标准，金钟河入湖口上层水质未达Ⅲ标准，上中下层氨氮平均值金

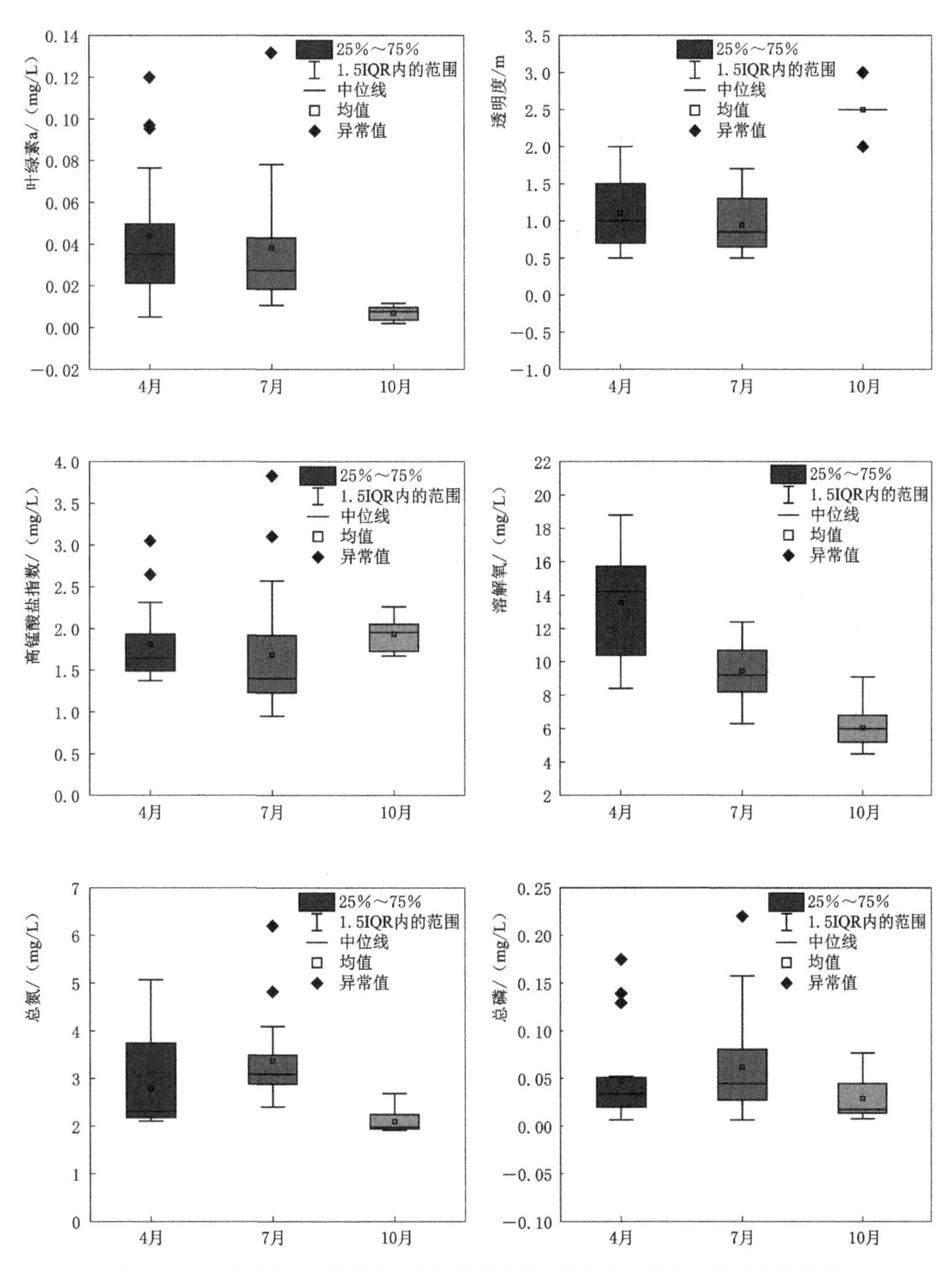

图 8-11　叶绿素 a、透明度、高锰酸盐指数、溶解氧、总氮、总磷变化特征

钟河入湖口未达Ⅲ类标准，南郊 7 月、10 月也未达Ⅲ类标准。对总氮来说，所有样点均未达Ⅲ类标准。对叶绿素 a 来说，在 4 月，南郊和金钟河入湖口上中下层均未达到控制标准，库心上中层未达控制标准；在 7 月，情况和 4 月几乎相同，说明，在枯水期和丰水期叶绿素 a 较高是导致采样点受污染的原因之一。在 10 月，采样点叶绿素 a 质量浓度均在

控制标准以下，水质得到略微改善。对透明度来说，除 10 月外，均在控制标准以下，由于平水期温度变低，导致较多浮游生物死亡，引起透明度升高。

从表 8－17 和表 8－18 可以看出，总磷在 4 月、7 月和氨态氮在 7 月的变异系数分别为 1.00 和 1.39，这表明总磷、氨态氮质量浓度在空间上的变化比较大。4 月、7 月水体 pH 分别为 8.26、8.34（见表 8－17 和表 8－18），这表明在枯水期、丰水期水体处于弱碱性，这可能与较多碱性重金属输入有关。

表 8－17　　阿哈水库水环境指标描述性统计（2019 年 4 月）

项　目	最大值	最小值	平均值	标准差	变异系数
TOC/(mg/L)	4.61	2.31	3.67	0.62	0.17
浊度/NTU	9.44	3.38	6.31	1.68	0.27
pH	8.64	7.77	8.26	0.31	0.04
氨态氮/(mg/L)	2.09	0.44	1.38	0.44	0.32
高锰酸盐指数/(mg/L)	3.05	1.37	1.81	0.44	0.24
溶解氧/(mg/L)	18.80	8.10	13.54	3.20	0.24
透明度/m	2	0.5	1.10	0.47	0.42
叶绿素 a/(mg/L)	0.12	0.005	0.04	0.03	0.75
总氮/(mg/L)	5.07	2.12	2.79	0.90	0.32
总磷/(mg/L)	0.17	0.006	0.05	0.05	1.00

表 8－18　　阿哈水库水环境指标描述性统计（2019 年 7 月）

项　目	最大值	最小值	平均值	标准差	变异系数
TOC/(mg/L)	5.10	2.35	3.52	0.71	0.20
浊度/NTU	7.68	1.52	4.50	1.38	0.31
pH	8.71	7.90	8.34	0.25	0.03
氨态氮/(mg/L)	1.50	0.06	0.23	0.32	1.39
高锰酸盐指数/(mg/L)	3.83	0.95	1.68	0.76	0.45
溶解氧/(mg/L)	12.40	6.30	9.45	1.67	0.18
透明度/m	1.70	0.50	0.94	0.39	0.41
叶绿素 a/(mg/L)	0.13	0.01	0.04	0.03	0.75
总氮/(mg/L)	6.19	2.40	3.36	0.86	0.26
总磷/(mg/L)	0.22	0.006	0.06	0.06	1.00

4 月、7 月溶解氧是地表水环境质量Ⅲ类标准的 0.21～1.71 倍，其广泛参与湖泊的氮磷营养物质循环过程，调控底泥氮磷释放过程，从而影响底层水体中氮磷物质浓度。4 月浊度、氨氮、总氮超标，超标倍数分别为 0.26 倍、0.38 倍和 1.79 倍（见表 8－14）；7 月总氮、总磷超标，超标倍数分别为 2.36 倍及 0.2 倍（见表 8－18）；10 月总氮超标，超标倍数为 1.09 倍（见表 8－19）。

表 8-19　　阿哈水库水环境指标描述性统计（2019 年 10 月）

项　目	最大值	最小值	平均值	标准差	变异系数
TOC/(mg/L)	4.22	2.55	3.36	0.45	0.13
浊度/NTU	2.83	1.50	2.03	0.39	0.19
pH	7.90	7.10	7.60	0.21	0.03
氨态氮/(mg/L)	0.18	0.004	0.06	0.04	0.67
高锰酸盐指数/(mg/L)	2.26	1.67	1.94	0.17	0.09
溶解氧/(mg/L)	9.10	4.50	6.05	1.10	0.18
透明度/m	3.00	2.00	2.50	0.27	0.11
叶绿素 a/(mg/L)	0.01	0.002	0.01	0.003	0.30
总氮/(mg/L)	2.67	1.91	2.09	0.21	0.10
总磷/(mg/L)	0.45	0.008	0.03	0.02	0.67

8.5.1.2　阿哈水库水环境质量指数时空变化

对于水环境质量指数 *EQI*，在 2019 年的监测数据中分析表明（见表 8-20），在 4 月，7 个监测点的大小排序是：金钟河入湖口＞南郊＞蔡冲沟＞库心＞白岩河入湖口＞烂泥河＞游鱼河；在 7 月，大小有所变化，为：金钟河入湖口＞烂泥河＞南郊＞库心＞白岩河入湖口＞蔡冲沟＞游鱼河；在 10 月，变化情况依然不稳定，为：金钟河入湖口＞南郊＞库心＞白岩河入湖口＞烂泥河＞蔡冲沟＞游鱼河。相对而言，在总体上，游鱼河水环境质量最好，金钟河入湖口水环境质量最差。从时间的变化情况上看，除烂泥河外，整体上呈下降趋势，烂泥河是先增后减。其中，游鱼河下降趋势缓慢，库心和白岩河入湖口几乎呈线性下降趋势，蔡冲沟、南郊、金钟河下降幅度较大。对游鱼河来说，上中层指数大小随时间先增后减，下层随时间持续递减；对蔡冲沟来说，上中层随时间几乎线性递减；对烂泥河来说，上中层随时间先增后减，且上层增减幅度较大；对南郊来说，上中下层随时间呈线性递减，递减幅度大小依次是：上层＞中层＞下层；对库心来说，上中下也是随时间逐渐递减，上中递减幅度大小接近，下层呈线性递减；对白岩河来说，同样上中下随时间递减，但上层呈线性递减，中下呈非线性；对金钟河入湖口来说，情况同白岩河相差不大，且都是上层呈线性递减，中下层呈非线性递减。

表 8-20　　阿哈水库水环境质量分级

时　间	采样点	*EQI*	水环境质量分级
2019 年 4 月	游鱼河	63.79	中度污染
	蔡冲沟	99.67	重度污染
	烂泥河	78.19	中度污染
	南郊	89.95	重度污染
	库心	93.72	重度污染
	白岩河入湖口	91.13	重度污染
	金钟河入湖口	159.06	重度污染

续表

时间	采样点	*EQI*	水环境质量分级
2019 年 7 月	游鱼河	62.32	中度污染
	蔡冲沟	69.68	重度污染
	烂泥河	90.38	重度污染
	南郊	89.95	中度污染
	库心	76.74	中度污染
	白岩河入湖口	72.95	中度污染
	金钟河入湖口	139.32	重度污染
2019 年 10 月	游鱼河	52.32	轻度污染
	蔡冲沟	53.59	轻度污染
	烂泥河	55.70	轻度污染
	南郊	61.49	中度污染
	库心	58.22	轻度污染
	白岩河入湖口	57.84	轻度污染
	金钟河入湖口	67.99	中度污染

从空间变化趋势看（见表 8－21），由于蔡冲沟、烂泥河两条入库河流较浅，没有下层的采样数据。在 4 月，上层中各监测点的大小排序为：金钟河入湖口＞南郊＞白岩河入湖口＞蔡冲沟＞库心＞烂泥河＞游鱼河；中层指数有所变化，为：金钟河入湖口＞南郊＞库心＞蔡冲沟＞烂泥河＞白岩河入湖口＞游鱼河；下层为：金钟河入湖口＞库心＞南郊＞白岩河＞游鱼河，整体上金钟河入湖口上中下层水质最差，游鱼河上中下层水质最好。整体上，水质状况处于中度污染至重度污染之间。

表 8－21　阿哈水库 2019 年 4 月水环境质量空间分级

采样点		*EQI*	水环境质量分级
游鱼河	上层	61.10	中度污染
	中层	66.72	中度污染
	下层	65.37	中度污染
蔡冲沟	上层	104.97	重度污染
	中层	100.68	重度污染
烂泥河	上层	79.21	中度污染
	中层	88.99	重度污染
南郊	上层	126.81	重度污染
	中层	109.41	重度污染
	下层	92.25	重度污染
库心	上层	103.61	重度污染
	中层	105.43	重度污染
	下层	92.82	重度污染

续表

采样点		EQI	水环境质量分级
白岩河入湖口	上层	107.58	重度污染
	中层	81.12	重度污染
	下层	82.25	重度污染
金钟河入湖口	上层	171.80	重度污染
	中层	151.71	重度污染
	下层	150.90	重度污染

在7月（见表8-22），上层大小为：金钟河入湖口＞南郊＞烂泥河＞库心＞白岩河＞游鱼河＞蔡冲沟；中层为：金钟河入湖口＞烂泥河＞南郊＞库心＞蔡冲沟＞白岩河入湖口＞游鱼河；下层为：金钟河入湖口＞南郊＞库心＞白岩河入湖口＞游鱼河；下层为：金钟河入湖口＞南郊＞游鱼河＞库心＞白岩河，相比较而言，整体上金钟河上中下层水质依然最差，而蔡冲沟上层水质有所改善，游鱼河上中下层水质仍然较好。水质状况处于轻度污染至重度污染之间。

表8-22 阿哈水库水2019年7月水环境质量空间分级

采样点		EQI	水环境质量分级
游鱼河	上层	73.24	中度污染
	中层	69.50	中度污染
	下层	59.69	轻度污染
蔡冲沟	上层	71.37	中度污染
	中层	73.38	中度污染
烂泥河	上层	97.59	重度污染
	中层	94.87	重度污染
南郊	上层	100.13	重度污染
	中层	90.04	重度污染
	下层	79.70	中度污染
库心	上层	88.60	重度污染
	中层	88.46	重度污染
	下层	74.78	中度污染
白岩河入湖口	上层	77.45	中度污染
	中层	71.94	中度污染
	下层	68.58	中度污染
金钟河入湖口	上层	135.05	重度污染
	中层	130.25	重度污染
	下层	151.76	重度污染

在10月，整体上在减小，但情况不容乐观（见表8-23）。上层为：南郊＞金钟河入湖口＞库心＞烂泥河＞蔡冲沟＞游鱼河＞白岩河入湖口；中层为：南郊＞金钟河入湖口＞库

心>烂泥河>蔡冲沟>游鱼河>白岩河入湖口；下层为：金钟河入湖口>南郊>游鱼河>库心>白岩河入湖口。金钟河入湖口上中层水质有所改善，但情况不容乐观，下层水质情况依然严峻，南郊上中层水质也有所改善，但效果甚微，下层不稳定，时好时坏。游鱼河水质情况也出现不好的征兆，白岩河入湖口上中下层水质情况好转。水质状况处于轻度污染至中度污染。

表 8-23 阿哈水库水 2019 年 10 月水环境质量空间分级

采样点		*EQI*	水环境质量分级
游鱼河	上层	45.97	轻度污染
	中层	52.35	轻度污染
	下层	57.75	轻度污染
蔡冲沟	上层	51.15	轻度污染
	中层	53.96	轻度污染
烂泥河	上层	54.13	轻度污染
	中层	57.86	轻度污染
南郊	上层	72.29	中度污染
	中层	72.34	中度污染
	下层	66.84	中度污染
库心	上层	57.20	轻度污染
	中层	59.17	轻度污染
	下层	57.45	轻度污染
白岩河入湖口	上层	43.50	轻度污染
	中层	40.55	轻度污染
	下层	44.48	轻度污染
金钟河入湖口	上层	69.86	中度污染
	中层	66.13	中度污染
	下层	67.99	中度污染

8.5.1.3 阿哈水库水质综合状况指数时空变化

对于水质综合状况指数 *WQI*，在 2019 年的平水期、丰水期、枯水期三个时期的采样数据研究表明（见表 8-24），在平水期，指数大小关系为：金钟河入湖口>南郊>蔡冲沟>烂泥河>库心>白岩河入湖口>游鱼河；在丰水期、枯水期的大小关系排序同水环境质量指数相似，金钟河入湖口水质综合状况最差，游鱼河水质综合状况最好。其在空间和时间上的变化规律和水环境质量指数基本一致。这表明用水质综合状况指数来描述水体污染程度是可取的，而且选择范围广，分析更全面，研究更科学。

8.5.1.4 阿哈水库水体综合营养状态指数时空变化

对于水体综合营养状态指数 *TLI*（见表 8-25），在 4 月，七个采样点排序为：金钟河入湖口>南郊>白岩河入湖口>库心>烂泥河>蔡冲沟>游鱼河；7 月变化情况与 4 月相似，结果表明金钟河入湖口富营养程度最大，而游鱼河最小。10 月与前两个时期情况有

表 8-24　阿哈水库水质状况分级

时　间	采样点	*WQI*	水质状况分级
2019 年 4 月	游鱼河	69	轻度污染
	蔡冲沟	108	重度污染
	烂泥河	84	中度污染
	南郊	111	重度污染
	库心	101	重度污染
	白岩河入湖口	98	中度污染
	金钟河入湖口	172	重度污染
2019 年 7 月	游鱼河	67	轻度污染
	蔡冲沟	75	中度污染
	烂泥河	97	中度污染
	南郊	96	中度污染
	库心	82	中度污染
	白岩河入湖口	78	中度污染
	金钟河入湖口	150	重度污染
2019 年 10 月	游鱼河	56	轻度污染
	蔡冲沟	56	中度污染
	烂泥河	60	中度污染
	南郊	66	中度污染
	库心	63	中度污染
	白岩河入湖口	62	中度污染
	金钟河入湖口	73	重度污染

所变化，依次是：蔡冲沟>金钟河入湖口>南郊>白岩河入湖口>游鱼河>烂泥河>库心，研究结果显示，库心富营养程度有所降低，其他几条入库支流富营养程度有所升高。对于游鱼河、烂泥河、南郊、库心、金钟河入湖口，其在时间上的变化趋势为先增后减，其中游鱼河增幅大于减幅，烂泥河、南郊、库心、金钟河入湖口增幅小于减幅。而蔡冲沟是先减后增，减幅小于增幅。白岩河持续减小，说明其水体综合营养状态得到改善。在空间上，其在上层的大小为：南郊>金钟河入湖口>库心>烂泥河>蔡冲沟>白岩河入湖口>游鱼河，中下层与上层大小关系相似，结果均说明南郊、金钟河入湖口水体综合营养状态最差，游鱼河、烂泥河、白岩河入湖口三条入库河流水体综合营养状态较好，七月、十月情况与四月变化差异不大，表明库心水体综合营养状态有所改善，其他几条河流出现指数升高的情况，值得反思和注意。

阿哈水库在 2019 年的采样数据中营养状态介于贫营养和中营养之间，而水质状况和水环境质量却介于轻度污染和重度污染之间，说明用水体综合营养状态指数评价水体富营养程度并不能够完全准确反应水体的污染程度。相对而言，游鱼河水环境质量和水质状况

表8-25 阿哈水库营养状态分级

时 间	采样点	TLI	营养状态分级
2019年4月	游鱼河	16.94	贫营养
	蔡冲沟	24.74	贫营养
	烂泥河	25.92	贫营养
	南郊	32.84	中营养
	库心	28.16	贫营养
	白岩河入湖口	29.32	贫营养
	金钟河入湖口	42.57	中营养
2019年7月	游鱼河	20.20	贫营养
	蔡冲沟	21.75	贫营养
	烂泥河	30.82	中营养
	南郊	35.54	中营养
	库心	29.43	贫营养
	白岩河入湖口	27.53	贫营养
	金钟河入湖口	43.16	中营养
2019年10月	游鱼河	19.22	贫营养
	蔡冲沟	31.85	贫营养
	烂泥河	16.97	中营养
	南郊	20.85	中营养
	库心	15.16	贫营养
	白岩河入湖口	20.42	贫营养
	金钟河入湖口	22.93	中营养

较好，而金钟河入湖口水环境质量和水质状况最差。从时间上看，在枯水期、丰水期、平水期，大部分采样点的 *EQI*、*WQI* 在减小，除烂泥河外，上升原因可能与种植业施肥有关；游鱼河、烂泥河、南郊、库心、金钟河入湖口 *TLI* 指数先增后减，蔡冲沟先减后增，而白岩河入湖口持续减少。从空间上分析，七个采样点的 *EQI* 指数、*WQI* 指数呈现不均一变化，而 *TLI* 指数除蔡冲沟和白岩河入湖口外，均是不均一变化。蔡冲沟持续增大，白岩河入湖口先减后增。其中，除游鱼河和烂泥河外，*EQI*、*WQI* 指数上中下层变化趋势随时间逐渐降低，游鱼河上中层先增后减，下层持续减少；烂泥河先增后减。分析表明，在2019年采样数据中，枯水期的主要污染物之一是氨态氮，且主要集中在上中层水质。总磷是金钟河入湖口主要污染物之一，4月集中污染上中下层，7月集中污染上中层，10月集中污染上层。南郊总磷含量随时间升高，也是其污染物，集中污染上中层。总氮是水库主要污染物之一。溶解氧过高会让底泥氮磷释放，从而造成内源污染。水体呈弱碱性表明水库可能流入较多碱金属。

8.5.2 结论与建议

8.5.2.1 结论

阿哈水库总体营养状态虽介于贫营养和中营养之间，这与水体自净有关，但水环境状况不容乐观，处于轻度污染和重度污染之间，这需要引起人们的重视和政府的关注。氨氮污染主要集中在4月，总氮污染集中在一整年。金钟河入湖口是治理重点，其主要污染物有总磷、总氮、氨氮。阿哈水库之所以出现如此局面，原因有：烂泥河上游种植药材和苗木，产生较多的氮、磷，不仅如此，居民生活污水也是其污染来源之一。游鱼河上游也有部分生活污水流入，而且由于长年累月的汽车穿过其水面上方，汽车排放的尾气中含有碳氢化物、氮氧化物、铅化合物等结合空气中的尘埃产生的气溶胶落入水中，也是其污染来源之一。而蔡冲沟附近有果园，也会产生较多氮、磷，更进一步加剧了氮磷总量输入。白岩河入湖口则有大量植被，植被掉落也会带来短暂污染。金钟河入湖口除了种植苗木花卉，还有大量烧烤摊点，且居民区数量比起其他则多出很多，这是其水质状况最差的原因。南郊之所以水质状况也较差，原因是其附近进行的渣土处理产生大量的钙离子，导致某些浮游植物疯长，造成污染。除此之外，水库内源污染也是其处于轻度污染和重度污染的重要因素。

8.5.2.2 建议

（1）金钟河入湖口是治理重点，结合当地情况，针对氨氮的治理，可以加入适量培养成本低且脱氮能力较强的具有良好应用前景的浅黄色假单胞菌，同时应减少氮磷物质的使用，除此之外，减少农业面源污染也是一种重要举措，以有机肥替代部分化肥及配方施肥，推广农药减量技术。

（2）政府出面，联系工程进行底泥疏浚，可有效降低水库内源污染负荷，改善工程区水质和底栖环境、促进水生生态系统恢复。

（3）加强监管，定期巡查，防止大量未经任何处理的生活污水排入河流。坚决取缔烧烤摊点，减少污染。

（4）针对南郊附近的渣土处理站，尽可能迁移，同时在河道推广种植吸收重金属的植物，如芦苇，菖蒲，水白菜等。

（5）阿哈水库总氮来源广泛，应加强流域总氮浓度演变趋势及影响因素解析工作，建立源头—传输途径—汇水末端全链条控制对策体系。结合贵州实施大生态战略的相关文件精神，加强人们环境保护，人人有责的思想观念，转变种植企业发展理念，强化企业绿色发展思想。

参考文献

朱一中，夏军，谈戈．关于水资源生态承载力理论与方法的研究［J］．地理科学进展，2002，21（2）：180－188.

汤奇成，张捷斌．西北干旱地区水资源与生态环境保护［J］．地理科学进展，2001，20（3）：227－233.

Daily G C，Ehrlich P R. Socio economic equity sustainability and earth'carrying capacity［J］．Ecological Application，1996，6（4）：991－1001.

Sagoff M. Carrying capacity and ecological economics［J］．BioScience，45（9）：610－619.

张保成，国锋. 国内外水资源生态承载力研究综述［J］. 上海经济研究，2006，10：39-43.

Harris Jonathan M, Carrying capacity in Agriculture：Globe and regional issue［J］. Ecological Economics，1999，29：443-461.

Rijisberman. Different approaches to assessment of design and management of sustainable urban water system［J］. Environment Impact Assessment Review，2000，129（3）：333-345.

Munther J，Haddadin，Water issue in Hashemite Jordan，Arab Study Quarterly［J］. Belmount，Spring 2000，22（5）：54-67.

Hrlich，Anne H. Looking for the ceiling：estimates of the earth scarrying capacity［J］. American Scientist，Research Friangle Park. 1996，84（5）：494-499.

施雅风，曲耀光. 乌鲁木齐河流域水资源生态承载力及其合理利用［M］. 北京：科学出版社，1992：210-220.

许有鹏. 干旱地区水资源承栽能力综合评价［J］. 自然资源学报，1993，8（3）：229-237.

徐中民. 情景基础的水资源生态承载力多日标分析理论与应用［J］. 冰川冻土，1999，21（2）：99-106.

邹波，安和平. 贵州省水资源安全问题及战略性对策研究［J］. 农业现代化研究，2012，33（5）：529-534.

王在高，梁虹. 岩溶地区水资源生态承载力指标体系及理论模型初探［J］. 中国岩溶，2001，20（2）：144-148.

惠泱河，蒋晓辉，黄强，等. 水资源生态承载力评价指标体系研究［J］. 水土保持通报，2001，21（1）：30-34.

龙腾锐，姜文超. 水资源（环境）承载力的研究进展［J］. 水科学进展，2003，14（2）：249-253.

陈鲁莉，胡铁松，尹正杰. 区域水资源生态承载力研究综述［J］. 中国农村水利水电，2006，（3）：25-28.

楼成君，陈有才，吕有名. 熵权多目标决策法在水资源系统决策分析中的应用［J］. 浙江水利科技，2005，1（1）：20-22.

孟宪萌，胡和平. 基于熵权的集对分析模型在水质综合评价中的应用［J］. 水利学报，2009，40（3）：257-262.

李国梁，付强，孙勇，等. 基于熵权的灰色关联分析模型及其应用［J］. 水资源与水工程学报，2006，17（6）：15-18.

刘莉娜，曲建升，曾静静，等. 灰色关联分析在中国农村家庭碳排放影响因素分析中的应用［J］. 生态环境学报，2013，22（3）：498-505.

Jia，J. -s.，Zhao，J. -z.，Deng，H. -b.，Duan，J.，2010. Ecological footprint simulation and prediction by ARIMA model—A case study in Henan Province of China. Ecological Indicators 10：538-544.

Miao，C. -l.，Sun，L. -y.，Yang，L.，2016. The studies of ecological environmental quality assessment in Anhui Province based on ecological footprint. Ecological Indicators 60：879-883.

Liu，H.，Wang，X.，Yang，J.，Zhou，X.，Liu，Y.，2017. The ecological footprint evaluation of low carbon campuses based on life cycle assessment：A case study of Tianjin，China. Journal of Cleaner Production 144：266-278.

Verhofstadt，E.，Van Ootegem，L.，Defloor，B.，Bleys，B.，2016. Linking individuals' ecological footprint to their subjective well-being. Ecological Economics 127：80-89.

Castellani，V.，Sala，S.，2012. Ecological Footprint and Life Cycle Assessment in the sustainability assessment of tourism activities. Ecological Indicators 16：135-147.

Song，G.，Li，M.，Semakula，H. M.，Zhang，S.，2015. Food consumption and waste and the embedded carbon，water and ecological footprints of households in China. The Science of the total environment 529：191-197.

Moore，J.，Kissinger，M.，Rees，W. E.，2013. An urban metabolism and ecological footprint assessment of Metro Vancouver. Journal of environmental management 124：51－61.

Hopton，M. E.，White，D.，2012. A simplified ecological footprint at a regional scale. Journal of environmental management 111：279－286.

Galli，A.，Kitzes，J.，Niccolucci，V.，Wackernagel，M.，Wada，Y.，Marchettini，N.，2012. Assessing the global environmental consequences of economic growth through the Ecological Footprint：A focus on China and India. Ecological Indicators 17：99－107.

Wang，S.，Yang，F.－L.，Xu，L.，Du，J.，2013. Multi－scale analysis of the water resources carrying capacity of the Liaohe Basin based on ecological footprints. Journal of Cleaner Production 53：158－166.

Chapagain，A. K.，Orr，S. 2009. An improved water footprint methodology linking global consumption to local water resources：A case of Spanish tomatoes. Journal of Environmental Management 90：1219－1228.

Stoeglehner，G.，Edwards，P.，Daniels，P.，Narodoslawsky，M.，2011. The water supply footprint（WSF）：a strategic planning tool for sustainable regional and local water supplies. Journal of Cleaner Production 19：1677－1686.

Statistical yearbook of Beijing editorial board，Beijing Statistical yearbook（2004－2015）[M]. Beijing：China Statistics Press，2004－2015.（In Chinese）

Statistical yearbook of Shanghai editorial board，Shanghai Statistical yearbook（2004－2015）[M]. Shanghai：China Statistics Press，2004－2015.（In Chinese）

Statistical yearbook of Tianjin editorial board，Tianjin Statistical yearbook（2004－2015）[M]. Tianjin：China Statistics Press，2004－2015.（In Chinese）

Statistical yearbook of Chongqing editorial board，Chongqing Statistical yearbook（2004－2015）[M]. Chongqing：China Statistics Press，2004－2015.（In Chinese）

Water Resources Bureau of Beijing，Beijing water resources bulletin 2004－2015 [R]. Beijing：Beijing Water Authority，2004－2015（In Chinese）

Water Resources Bureau of Shanghai，Shanghai water resources bulletin 2004－2015 [R]. Shanghai：Shanghai Municipal Oceanic Bureau，2004－2015（In Chinese）

Water Resources Bureau of Tianjin，Tianjin water resources bulletin 2004－2015 [R]. Tianjin：Water Conservancy Bureau of Tianjin，2004－2015（In Chinese）

Water Resources Bureau of Chongqing，Chongqing water resources bulletin 2004－2015 [R]. Chongqing：Chongqing Water Resources Bureau，2004－2015（In Chinese）

Brown R. G.，1957. Exponential smoothing for predicting demand. Operations research：inst operations research management sciences 901 elkridge landing rd，Ste 400，Linthicum Hts，MD 21090－2909：145－145.

Holt，C. C.，2004. Forecasting seasonals and trends by exponentially weighted moving averages. International Journal of Forecasting 20：5－10.

Natrella，M. 2010. NIST/SEMATECH e－handbook of statistical methods.

Kalekar，P. S. 2004. Time series forecasting using holt－winters exponential smoothing. Kanwal Rekhi School of Information Technology 4329008：1－13.

Strayer，D. L.，Dudgeon，D. Freshwater biodiversity conservation：recent progress and future challenges. Journal of the North American Benthological Society 2010，29：344－358.

Christ，K. L.，Burritt，R. L. Water management accounting：A framework for corporate practice. Journal of cleaner production 2017，152：379－386.

Chapagain，A. K.，Tickner，D. Water footprint：help or hindrance? Water Alternatives 2012，5：563.

Zarch，M. A. A.，Sivakumar，B.，Sharma，A. Droughts in a warming climate：A global assessment of

Standardized precipitation index (SPI) and Reconnaissance drought index (RDI). Journal of Hydrology 2015, 526: 183-195.

Balaguru, K., Foltz, G. R., Leung, L. R., Emanuel, K. A. Global warming-induced upper-ocean freshening and the intensification of super typhoons. Nature communications 2016, 7: 13670.

Metson, G. S., Iwaniec, D. M., Baker, L. A., et al. Urban phosphorus sustainability: Systemically incorporating social, ecological, and technological factors into phosphorus flow analysis. Environmental Science & Policy 2015, 47: 1-11.

Yu, Z., Ji, C., Xu, J., et al. Numerical simulation and analysis of the Yangtze River Delta Rainstorm on 8 October 2013 caused by binary typhoons. Atmospheric Research 2015, 166: 33-48.

Yang, L., Scheffran, J., Qin, H., et al. Climate-related flood risks and urban responses in the Pearl River Delta, China. Regional Environmental Change 2015, 15: 379-391.

Francesch-Huidobro, M., Dabrowski, M., Tai, Y., et al. Governance challenges of flood-prone delta cities: Integrating flood risk management and climate change in spatial planning. Progress in Planning 2017, 114: 1-27.

Pyke, C., Warren, M. P., Johnson, T., et al. Assessment of low impact development for managing stormwater with changing precipitation due to climate change. Landscape and Urban Planning 2011, 103: 166-173.

Yang, W., Xu, K., Lian, J., et al. Multiple flood vulnerability assessment approach based on fuzzy comprehensive evaluation method and coordinated development degree model. Journal of environmental management 2018, 213: 440-450.

Bankoff, G., Frerks, G. Mapping Vulnerability: "Disasters, Development and People"; Routledge: 2013.

Stathatou, P.-M., Kampragou, E., Grigoropoulou, H., et al. Vulnerability of water systems: a comprehensive framework for its assessment and identification of adaptation strategies. Desalination and Water Treatment 2016, 57: 2243-2255.

Wei, J., Zhao, Y., Xu, H., et al. A framework for selecting indicators to assess the sustainable development of the natural heritage site. Journal of Mountain Science 2007, 4: 321-330.

Maxim, L., Spangenberg, J. H., O'Connor, M. An analysis of risks for biodiversity under the DPSIR framework. Ecological Economics 2009, 69: 12-23.

Adger, W. N. Vulnerability. Global environmental change 2006, 16: 268-281.

Gallopín, G. C. Linkages between vulnerability, resilience, and adaptive capacity. Global environmental change 2006, 16: 293-303.

Chang, L.-F., Huang, S.-L. Assessing urban flooding vulnerability with an emergy approach. Landscape and Urban Planning 2015, 143: 11-24.

Chiu, R.-H., Lin, L.-H., Ting, S.-C. Evaluation of green port factors and performance: a fuzzy AHP analysis. Mathematical Problems in Engineering 2014.

Zeng, Y., Shen, G., Huang, S., Wang, M. Assessment of urban ecosystem health in Shanghai. Resources and Environment in the Yangtze Basin 2005, 14: 208-212.

Lu, M., Li, Y. Theory frame and characteristic standard of ecological city. Journal of ShanDong Youth Administrative Cadres College 2005, 1: 117-120.

Hu, T., Yang, Z., He, M., Zhao, Y. An urban ecosystem health assessment method and its application. Acta Scientiae Circumstantiae 2005, 25: 269-274.

Xuan, W., Quan, C., Shuyi, L. An optimal water allocation model based on water resources security assessment and its application in Zhangjiakou Region, northern China. Resources, Conservation and Recycling 2012, 69: 57-65.

Wang, C. , Matthies, H. G. , Qiu, Z. Optimization – based inverse analysis for membership function identification in fuzzy steady – state heat transfer problem. Structural and Multidisciplinary Optimization 2017: 1 – 11.

Li, Z. , Yang, T. , Huang, C. – S. , et al. An improved approach for water quality evaluation: TOPSIS – based informative weighting and ranking (TIWR) approach. Ecological indicators 2018, 89: 356 – 364.

Dahiya, S. , Singh, B. , Gaur, S. , et al. Analysis of groundwater quality using fuzzy synthetic evaluation. Journal of Hazardous Materials 2007, 147: 938 – 946.

Wang, X. , Zou, Z. , Zou, H. Water quality evaluation of Haihe River with fuzzy similarity measure methods. Journal of Environmental Sciences 2013, 25: 2041 – 2046.

Feng, Y. , Ling, L. Water quality assessment of the Li Canal using a functional fuzzy synthetic evaluation model. Environmental Science: Processes & Impacts 2014, 16: 1764 – 1771.

Liu, L. , Zhou, J. , An, X. , et al. Using fuzzy theory and information entropy for water quality assessment in Three Gorges region, China. Expert Systems with Applications 2010, 37: 2517 – 2521.

Yin, S. , Dongjie, G. , Weici, S. , Weijun, G. Integrated assessment and scenarios simulation of urban water security system in the southwest of China with system dynamics analysis. Water Science and Technology 2017, 76: 2255 – 2267.

China Statistical Yearbook, 2013, National Bureau of Statistics of the People's Republic of China.

China urban construction statistical yearbook, 2013, Ministry of Housing and Urban – Rural Development, People's Republic of China.

第9章

县域尺度水安全综合评价

9.1　概述

目前，在水资源生态足迹模型和水资源利用与经济发展脱钩之间的关系研究中，大多数的研究人员只研究整个省份或是一个城市/地区，区域较广，但省份与城市中的各个县域城镇中经济发展情况与水资源情况略有差异，其研究忽略了整体之间的差异。本章的水资源生态足迹模型选取产量因子基于黔南布依族苗族自治州（以下简称黔南州）水资源基础数据计算而得，减小水资源承载力与实际情况的误差。与此同时对贵州省黔南州的整体进行分析的同时也对其行政区域内的各个县（市）进行分析，考虑了地区之间的差异，研究结果更为可靠。

本章目的在于分析黔南州水资源利用情况，探寻黔南州水资源利用率与其生态足迹的时空变化，为保障水资源可持续利用和管理提供依据。基于生态足迹与脱钩模型，探究黔南州水资源利用和经济增长之间的关系，为该地区产业结构调整升级提供依据。水资源关系到经济社会的发展，缓解水资源与经济发展之间的矛盾，关系到黔南州的可持续发展。本章根据贵州省黔南州各县（市）的水资源基础数据和社会经济指标计算黔南州的水资源生态足迹以及水资源生态承载力，并根据计算结果利用 ArcGIS 软件制作水资源生态足迹时空分布图，从时空两个角度评价黔南州各县（市）的水资源环境安全。同时根据计算出的黔南州水资源生态足迹以及各个方面的用水生态足迹，并结合黔南州水资源利用与经济增长脱钩的关系对黔南州经济发展过程中对水资源的依赖程度进行分析，为黔南州水资源可持续利用和管理以及产业结构调整升级提供参考依据。

9.1.1 水资源生态足迹

范晓秋等提出的水资源生态足迹是源于生态足迹的概念，即用生产性土地面积来衡量一个地区人口或经济对水资源的消费和污水吸收水平。这个概念可以用来判断一个地区的水资源生态生产面积是否在该区域的生态承载能力范围内。该理论的提出，弥补了水资源在生态足迹中的利用缺口，并且其能较为全面地从各个角度综合分析水资源的利用效率，常用以评价某一区域的水安全情况（即水资源承载力或水资源利用情况）。如张羽、左其亭等通过水资源生态足迹模型计算沁蟒河流域涉及的5个地级行政区的水资源生态足迹，并用泰尔指数分析该区域水资源生态足迹与农作物播种面积、第二产业上升值、常住人口之间的均衡性，并计算了影响水资源生态足迹均衡性的组内与组间差异。李雨欣等利用生态足迹模型计算中国2003—2018年人均水资源承载力与水资源生态足迹，以水资源生态盈亏来评估各地区水资源的供需平衡情况，并运用ARIMA模型预测未来人均水资源生态盈亏变化趋势，评价各地区水资源利用的可持续性。韩丽红、潘玉君等运用水资源生态足迹模型分析云南省2008—2018年水资源的时空演变和利用状况。Ersilia D'Ambrosio等通过水足迹评估流域尺度上的用水可持续性，将水足迹网络提出的方法与水文水质模型和河流监测数据相结合，评估意大利东南部Canale D'Aiedda流域的水足迹。Elfetyany Mohamed等利用生态足迹过程与现有的水资源进行比较，研究和评价埃及水资源利用情况。

9.1.2 脱钩理论

脱钩（Decoupling）最开始是代表2个物理量发展态势的差异。经济合作发展组织（OECD）探讨经济增长与环境污染的相关关系，并将脱钩指数作为衡量经济可持续发展的重要指标。Petri Tapio在2005年提出了脱钩的理论框架，界定了脱钩、耦合和负脱钩的区别，进一步分解为弱脱钩、强脱钩和扩张性/隐性脱钩，强调变量的绝对增减，完善了脱钩模型。前些年，学者们对脱钩理论的应用比较集中于碳排放、能源消费等领域，如冯博、王雪青利用Tapio脱钩模型分析了各省建筑业碳排放的脱钩状态，并运用LMDI方法对碳排放的影响因素进行分解分析。王凤婷等利用Tapio脱钩模型探讨北京、天津与河北地区经济发展与二氧化碳排放的同步关系，利用LMDI分解法确定1996—2017年北京、天津与河北地区全产业能源碳排放的驱动因素。

9.1.3 水资源利用与经济发展的脱钩关系

在近几年，关于水资源利用与经济发展的关系受到越来越多的学者研究。张杏梅、翟琴琴以水资源生态足迹理论作为基础，分别从水量和水质的生态足迹的角度出发，分析了陕西省水资源利用与经济增长之间的脱钩关系并预测了其脱钩状态。杨志远等运用匹配度、水资源生态足迹、"P-E-R"区域匹配模型和LMDI指数分解模型，分析揭示铜仁市水资源利用和经济发展的主要因素之间的定量关系。杨振华等采用"水生态足迹"与"脱复钩"理论，从水量（用水量）和水质（污染物排放量）的综合视角，采用Tapio弹性指数评价贵阳市水生态足迹与经济发展的脱钩状态。杨天通等以生态足迹和脱钩理论为基础，用水资源生态足迹和水资源生态承载力模型以及经济发展与水资源消耗的脱钩模型来分析长春市水资源的可持续利用与经济发展的之间的脱钩情况。杨裕恒等通过计算山东省不同受纳水体的年水量与水质生态足迹，构建宏观协调发展脱钩评价模型与微观协调度理论，评价了水资源消耗与经济增长之间的协调关系。Le，Nguyen Truc，Thinh，Nguyen An 等利用社会经济子系统中的 WRUE 分析了水资源利用与社会经济发展的关系。Simonis 等利用脱钩模型探索了自然资源利用与经济增长的关系。

9.1.4 研究区概况

9.1.4.1 研究区自然地理概况

黔南州的总面积为 $2.62 \times 10^4 km^2$，位于贵州省中南部，地势北高南低。行政辖区内有 12 个县（市），分别为都匀市（市级县）、福泉市（市级县）、瓮安县、龙里县、贵定县、三都水族自治县、长顺县、惠水县、平塘县、独山县、荔波县以及罗甸县。其中荔波县是贵州省距离海岸线最近的地方，距离海岸（广西防城港）390km。

黔南州处于东亚季风区，因为距离海洋比较近，每年大部分时间都受到海洋暖湿气流的影响，具有明显的亚热带季风性湿润气候的特征，黔南州在季风的影响下雨热同季，夏季降水量是全年总降水量的 75%以上。境内大气降水比较多，年均降水量在 1300mm 左右，其东南方向的降水量较多。

黔南州全州河流水系以苗岭山脉为分水岭，岭北属长江流域的乌江水系和沅江（洞庭湖）水系，岭南属珠江流域的红水河水系和柳江水系，水资源分区有乌江—思南以上、洞庭湖—沅江浦市镇以上、红柳江—红水河、红柳江—柳江 4 个水资源三级区。

9.1.4.2 研究区经济社会概况

在研究年份 2009—2019 年，黔南州总体经济增速在 2014 年以前呈现波动的状态，2014 年以后增速下降，往后几年虽有回暖，但增幅暂时未回到 20%以上。2022 年《黔南统计年鉴》数据显示 2021 年黔南州生产总值为 1747.41 亿元，增率为 8.3%，表明黔南州的经济发展总体速度在下降，黔南州各县（市）的经济情况见表 9-1、表 9-2 和表 9-3。

表 9-1 黔南州 2009—2019 年 GDP 情况

年 份	2009	2010	2011	2012	2013	2014	2015	2016	2017	2018	2019
GDP/亿元	302.63	356.68	443.59	533.34	645.54	801.75	902.91	1023.39	1160.60	1313.21	1518.04
GDP 增长率/%		17.86	24.37	20.23	21.04	24.20	12.62	13.34	13.41	13.15	15.60

表 9-2 黔南州各县（市）2009—2019 年 GDP 情况

县 市	年 份										
	2009	2010	2011	2012	2013	2014	2015	2016	2017	2018	2019
荔波	13.0	17.7	20.9	25.4	32.7	41.5	45.3	50.5	56.3	61.7	70.3
都匀	66.1	75.5	93.5	110.2	126.8	151.7	171.7	190.6	213.0	236.8	213.6
福泉	43.8	53.9	66.1	79.6	92.2	112.0	124.4	138.3	155.5	176.2	183.3
贵定	29.9	28.7	34.8	41.6	50.9	62.4	69.8	79.1	88.8	99.9	117.5

续表

县市	年份										
	2009	2010	2011	2012	2013	2014	2015	2016	2017	2018	2019
瓮安	30.4	40.9	49.7	60.6	70.4	86.9	97.2	115.1	129.9	144.6	146.4
独山	20.9	24.6	29.2	34.6	42.9	55.0	62.1	73.1	82.6	94.3	125.7
平塘	14.0	15.1	18.3	21.6	31.8	42.4	47.6	56.6	64.2	72.4	86.1
罗甸	20.1	23.4	27.8	33.0	40.4	50.8	57.0	65.0	73.7	82.4	75.7
长顺	13.7	16.0	19.2	23.4	32.0	41.4	46.0	53.0	59.9	67.7	79.7
龙里	25.8	30.6	37.4	44.8	53.9	64.3	71.5	79.8	89.4	101.2	201.3
惠水	25.2	28.5	34.4	41.0	51.0	63.5	70.7	84.4	98.7	113.1	134.3
三都	14.1	15.9	19.0	22.5	33.3	43.7	48.9	58.5	67.3	76.3	84.2

表 9-3　　黔南州 2010—2019 年各县（市）GDP 变化表

黔南州各县市 GDP 变化													
2010 年	排名	荔波	瓮安	福泉	龙里	独山	长顺	罗甸	都匀	惠水	三都	平塘	贵定
	GDP 增长率	35.8%	34.8%	23.2%	18.6%	17.5%	17.1%	16.3%	14.2%	12.9%	12.3%	8.0%	−3.8%
2011 年	排名	都匀	福泉	龙里	瓮安	平塘	贵定	惠水	长顺	三都	罗甸	独山	荔波
	GDP 增长率	23.8%	22.7%	22.1%	21.4%	21.3%	21.2%	20.7%	19.8%	19.7%	19.1%	19.1%	17.9%
2012 年	排名	长顺	瓮安	荔波	福泉	龙里	贵定	惠水	罗甸	三都	独山	平塘	都匀
	GDP 增长率	22.0%	22.0%	21.4%	20.4%	20.1%	19.4%	19.4%	18.7%	18.5%	18.4%	18.4%	17.8%
2013 年	排名	三都	平塘	长顺	荔波	惠水	独山	贵定	罗甸	龙里	瓮安	福泉	都匀
	GDP 增长率	48.0%	47.1%	36.5%	29.2%	24.3%	23.8%	22.5%	22.4%	20.2%	16.2%	15.8%	15.1%
2014 年	排名	平塘	三都	长顺	独山	荔波	罗甸	惠水	瓮安	贵定	福泉	都匀	龙里
	GDP 增长率	33.2%	31.3%	29.3%	28.3%	26.7%	25.9%	24.5%	23.4%	22.6%	21.5%	19.6%	19.3%
2015 年	排名	都匀	独山	罗甸	平塘	瓮安	三都	贵定	惠水	长顺	龙里	福泉	荔波
	GDP 增长率	13.2%	12.8%	12.2%	12.1%	11.9%	11.9%	11.8%	11.4%	11.2%	11.1%	11.1%	9.2%
2016 年	排名	三都	惠水	平塘	瓮安	独山	长顺	罗甸	贵定	龙里	荔波	福泉	都匀
	GDP 增长率	19.6%	19.4%	18.9%	18.4%	17.8%	15.1%	14.1%	13.4%	11.6%	11.4%	11.2%	11.0%
2017 年	排名	惠水	三都	平塘	罗甸	长顺	独山	瓮安	福泉	贵定	龙里	都匀	荔波
	GDP 增长率	17.0%	14.9%	13.5%	13.4%	13.1%	13.1%	12.9%	12.4%	12.2%	12.1%	11.8%	11.6%
2018 年	排名	惠水	独山	三都	福泉	龙里	长顺	平塘	贵定	罗甸	瓮安	都匀	荔波
	GDP 增长率	14.6%	14.2%	13.4%	13.3%	13.2%	13.0%	12.8%	12.6%	11.7%	11.3%	11.2%	9.6%
2019 年	排名	龙里	独山	平塘	惠水	长顺	贵定	荔波	三都	福泉	瓮安	罗甸	都匀
	GDP 增长率	98.9%	33.3%	18.9%	18.7%	17.8%	17.6%	13.8%	10.3%	4.0%	1.3%	−8.1%	−9.8%

9.2 黔南州总体水资源生态足迹评价

9.2.1 水资源生态足迹

水资源生态足迹以人们在生产、生活与维持自然生态发展中的用水量转化成的土地面积来表示。本节将用水账户划分为农业、工业、城镇公共、生活和生态五个类型，计算模型如下：

$$EF_w = \gamma(W/P_w) \tag{9-1}$$

式中：EF_w 为水资源生态足迹，万 hm^2；γ 为全球均衡因子，取 5.19，无量纲；W 为用水量；P_w 为水资源全球平均生产能力，取 $3140m^3/hm^2$。

如图 9-1 所示，黔南州 2009—2019 年水资源生态足迹变化总体趋势呈现出上升的状态，水资源生态足迹平均值为 186.74 万 hm^2，总体在 160.00 万～206.00 万 hm^2 的范围内波动。这 11 年来水资源生态足迹的平均值占比为：农业用水 64.67%、工业用水 21.82%、生活用水 9.33%、生态用水 0.47%、城镇公共用水 3.71%。从该数据中可以看出，黔南州的水资源生态足迹主要以农业用水为主，工业用水在 2009 年到 2012 年期间一直呈现上涨的趋势。2013 年因黔南州常住人口总数由原来 400 多万递减到 300 多万，随着人口总数的下降，农业用水也随之下降。但随着经济的发展，因发展需要，从 2014 年开始，农业用水生态足迹又开始呈现上升的趋势。工业用水与生活用水生态足迹基本保持稳定，城镇公共用水生态足迹在增长，这表明乡村人口正在向城镇迁移。从 2009 年生态用水生态足迹下降再到 2012 年持续上升，这表明了随着时代的发展，黔南州对于生态环境的保护意识正在逐步上升。

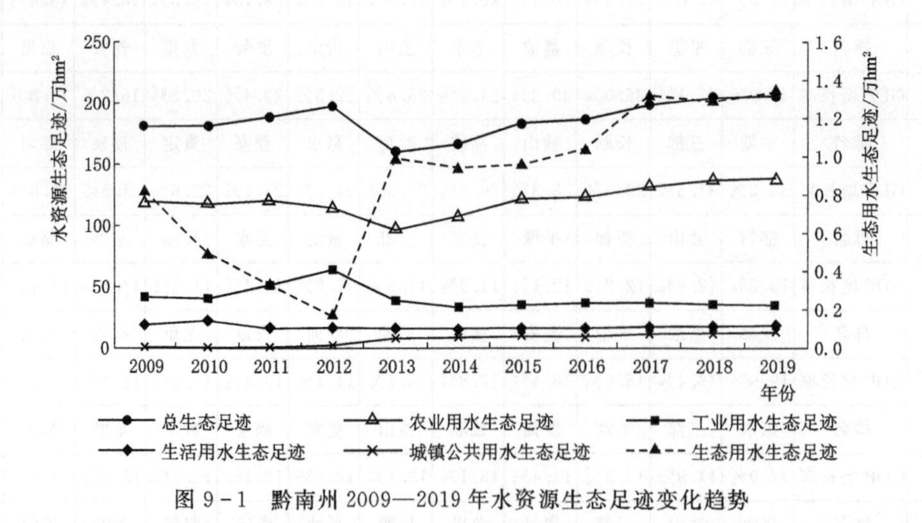

图 9-1 黔南州 2009—2019 年水资源生态足迹变化趋势

9.2.2 水资源生态承载力

水资源生态承载力为某区域在特定历史发展阶段，水资源的最大供给量可支持该区域资源、环境和社会（生产、生活和生态）可持续发展的能力，即水资源对生态系统和经济系统良性发展的支撑能力。

$$EC_w = 0.4\gamma\Phi(Q/P_w) \quad (9-2)$$

其中

$$\Phi = (Q/S) \div P_w \quad (9-3)$$

式中：EC_w 为水资源生态承载力，hm^2；Φ 为区域水资源产量因子；Q 为区域水资源总量；S 为区域总面积。

由图 9-2 可以看出黔南州的水资源生态承载力与该地区的降水量的变化趋势基本一样，它们总体呈现出波动起伏的趋势。从图 9-3 中的黔南州水资源生态承载力与降水量的线性关系中可以看出，它们呈现正相关，相关指数达到了 0.841。结合图 9-2 与图 9-3 可得出黔南州的降水量影响着该地区的水资源生态承载力，若降水量增加，则水资源生态承载力也会上升。反之，若该年度的降水量下降，则相应年度的水资源生态承载力也会下降。

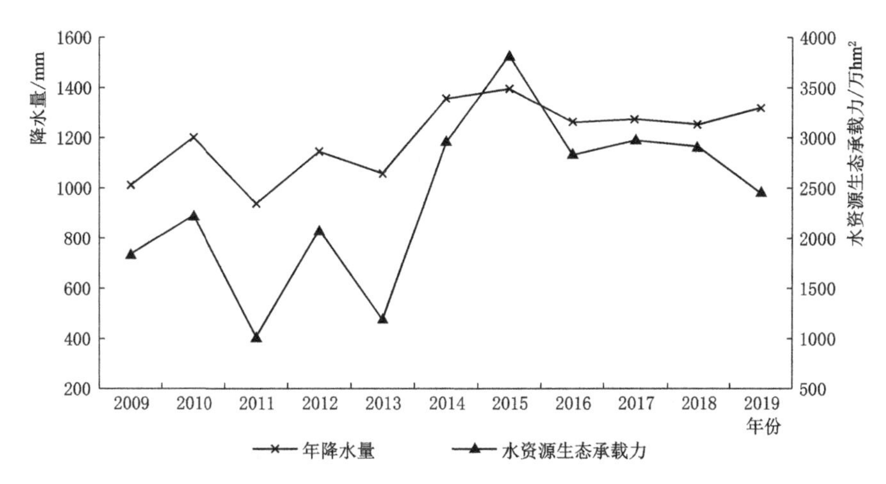

图 9-2　黔南州年降水量和水资源生态承载力变化趋势

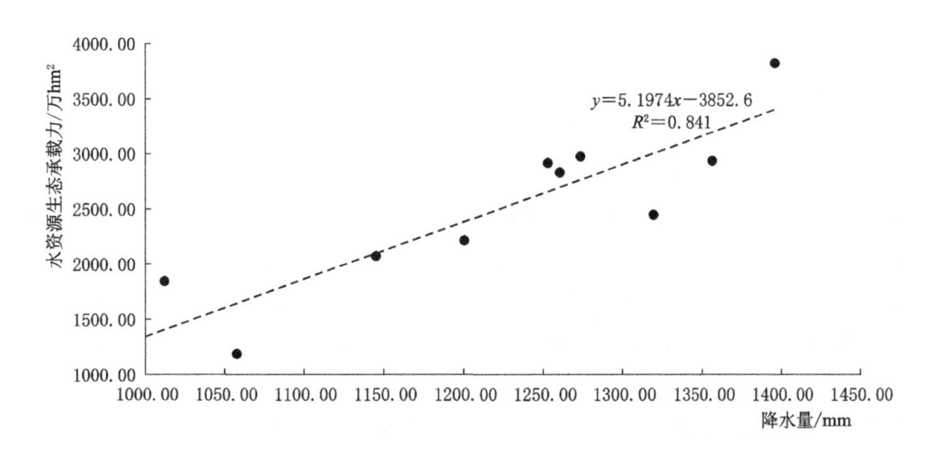

图 9-3　黔南州水资源生态承载力与降水量的关系

水资源承载力在研究年份 2011 年中是最低的，具体数值为 1186.31 万 hm^2。根据黔南州水资源公报记载，在 2011 年，黔南州 5—8 月遭遇了一场有气象记录以来主汛期前所未有的大旱灾，江河来水较常年同期偏少5～9成以上，水库有效储水较常年同期减少73%，比上年同期减少61%。该年份黔南州极其缺水，水资源承载力相对地也就低了。黔南州2015年降水量充沛，年均降水量1395.8mm，折合水量约为365.59亿m^3，高于上一年份2.9%，比多年的降水量均值高13.0%，所以该年份的水资源承载力是最大的，达到了3820.40万hm^2。

9.2.3 水资源可持续利用指标

9.2.3.1 万元GDP水资源生态足迹

万元GDP水资源生态足迹可反映水资源的利用情况，其计算公式为

$$万元GDP水资源生态足迹=EF_w/GDP \tag{9-4}$$

式中：万元GDP水资源生态足迹的值越大，则表示该区域用于发展经济的水资源用量就越多，水资源的利用率越低；反之，万元GDP水资源生态足迹的值越小，就表示该区域的水资源的利用率越高。

9.2.3.2 水资源生态压力

水资源生态压力EPI是水资源生态足迹EF_w与水资源生态承载力EC_w之比，即

$$EPI=EF_w/EC_w \tag{9-5}$$

式中：当$EPI>1$时，表明该区域水资源的供应量低于消耗量，水资源的可持续利用受到了威胁，且数值越大，水资源的压力就越大；当$EPI=1$时，表明该区域的水资源供应量与消耗量处于平衡状态；当$0<EPI<1$时，表明该区域的水资源供应量高于消耗量，水资源的开发利用处于安全状态。

9.2.3.3 水资源生态盈亏

水资源生态盈亏用区域水资源生态足迹EF_w与水资源生态承载力EC_w之差表示，计算公式如下：

$$ED_w=EC_w-EF_w \tag{9-6}$$

式中：$ED_w>0$时水资源生态盈余，表示该区域的水资源充裕；$ED_w<0$时水资源生态赤字，表示该区域水资源匮乏；$ED_w=0$则表示水资源利用处于临界状态。

如图9-4所示，万元GDP的下降一共有两个节点，可将其分为两个阶段：第一阶段：2009—2014年；第二阶段：2015—2019年。

黔南州经济发展比较落后，在农业用水方面，灌溉技术不够完善，农业灌溉时水资源在不断流失，导致水资源利用效率低。随着经济的发展，黔南州的农业灌溉技术在不断地进步，对于水资源的浪费也在逐步减少。2009年到2019年期间黔南州的万元GDP水资源生态足迹呈现出持续下降的趋势，2009年黔南州的万元GDP水资源生态足迹为0.60hm^2/万元，到了2019年下降到0.14hm^2/万元，这表明黔南州在这11年来的水资源利用效率在不断上升。对比其他地区的万元GDP水资源生态足迹，重庆市2015年为0.5hm^2/万元，云南省2018年为0.14hm^2/万元，与黔南州水资源利用率水平相当。但对比四川省成都市2016年为0.07hm^2/万元，吉林省长春市2020年为0.06hm^2/万元，黔南州水资源利用率水平较低。

黔南州2009年到2019年期间的水资源生态盈亏都是大于零的，这表明黔南州水资源

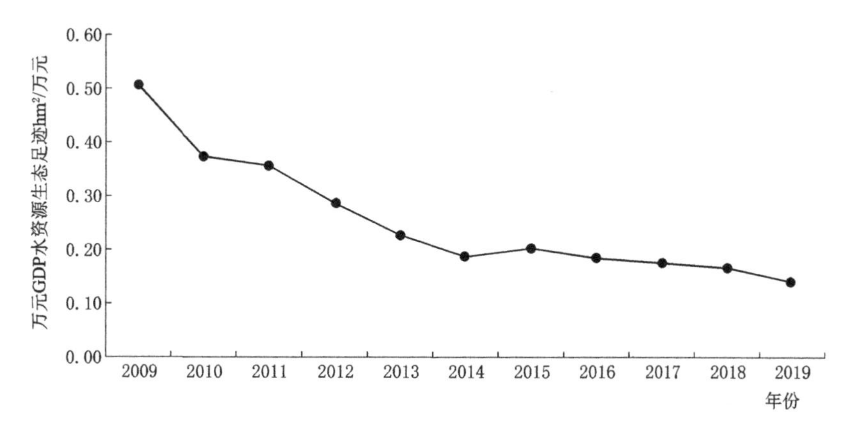

图 9-4 黔南州 2009—2019 年万元 GDP 水资源生态足迹变化趋势

量比较充足，处于水资源生态盈余的状态。

由图 9-5 可以看出，黔南州的水资源生态盈亏和水资源生态压力指数的变化趋势是相反的，再由图 9-6 可得它们呈现负相关的关系，相关指数为 0.8475。自 2013 年起黔南州水资源生态盈余水平在逐步提高，相对地，其水资源生态压力就降低了。在研究年份以内黔南州的水资源生态压力指数都是小于 1 的，且远远小于 1，这证明黔南州历年来的水资源供应量大于需求量，其水资源生态环境是安全的。

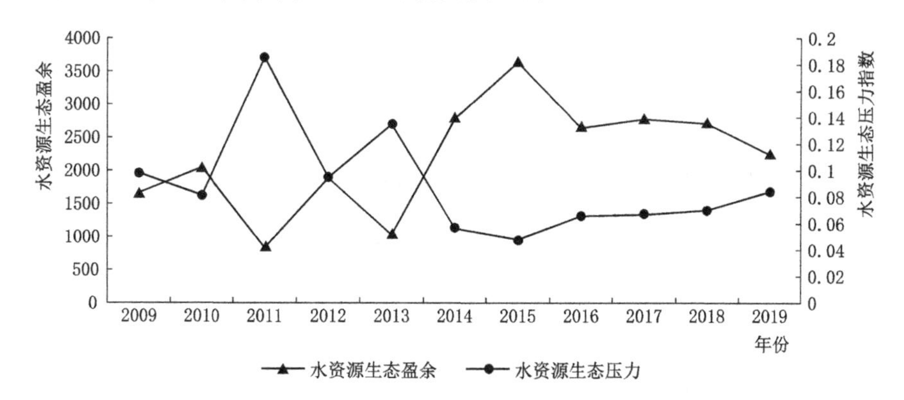

图 9-5 2009—2019 年黔南州水资源生态盈余、水资源生态压力指数变化趋势

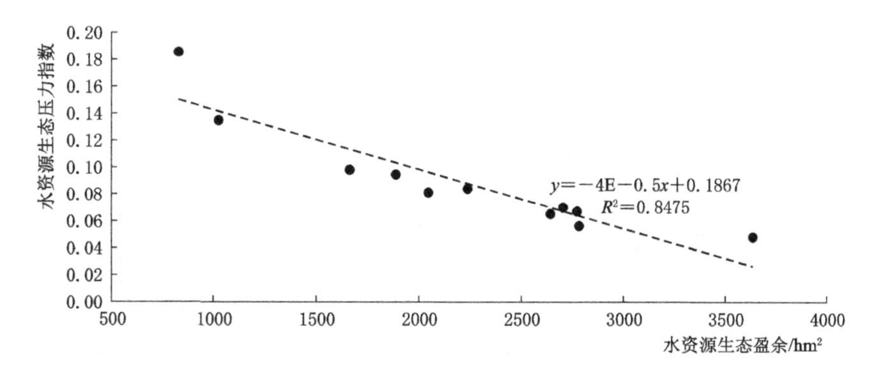

图 9-6 黔南州水资源生态盈余和水资源生态压力指数的关系

9.3 黔南州县域水资源生态足迹时空评价

9.3.1 县域水资源生态足迹

黔南州各个县（市）的水资源生态足迹如图 9-7 所示，从总体的水资源生态足迹的变化中可以看出，黔南州经济比较发达的县（市）的水资源生态足迹的数值高于发展的缓慢县（市）。都匀市作为黔南州的首府，经济发展情况是最好的，相对地，其水资源生态足迹数值也是历年来各县（市）中较高的，无论是农业用水生态足迹、工业用水生态足迹、生活用水生态足迹还是生态用水生态足迹，其数值都是比较高的。

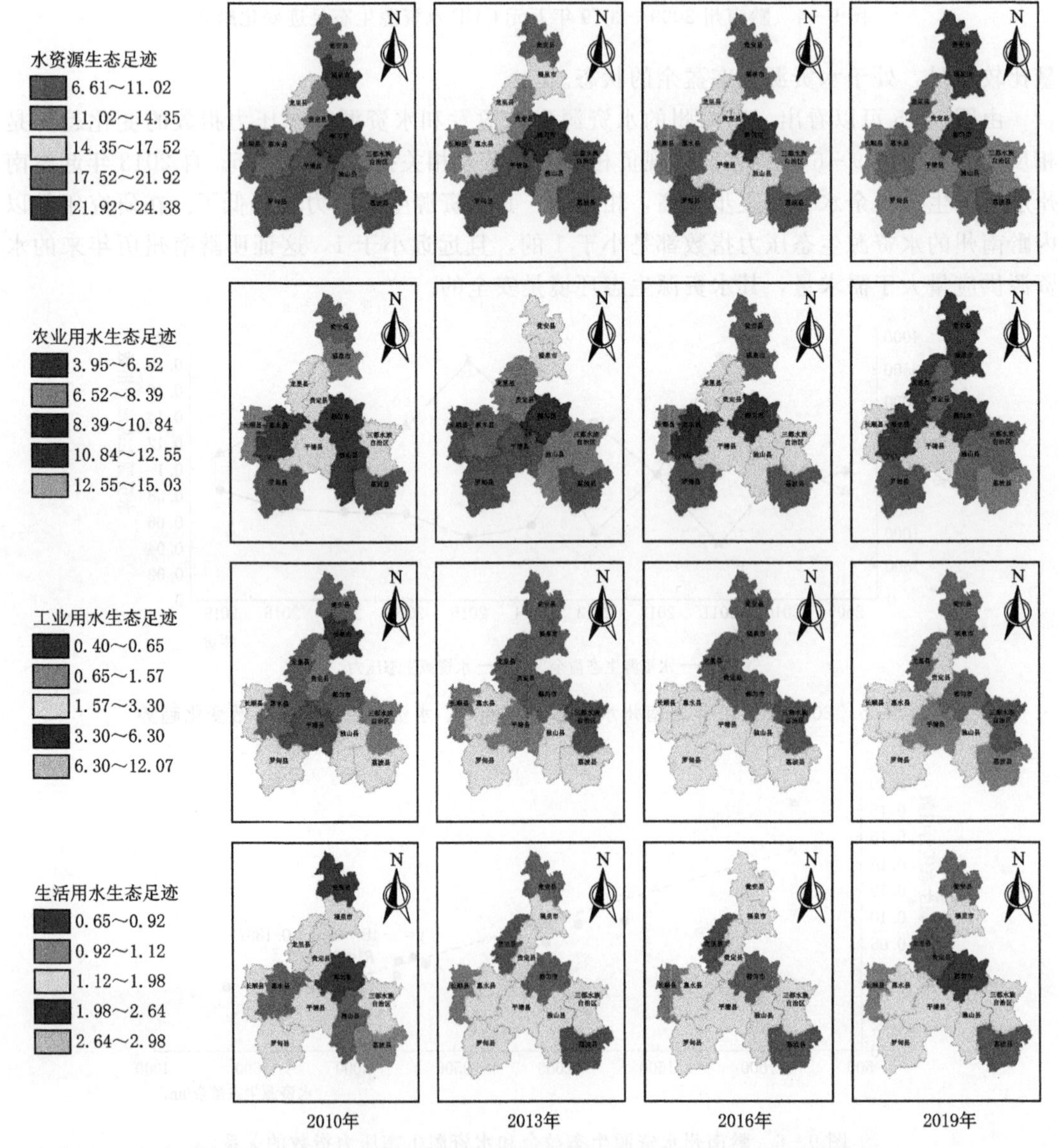

图 9-7（一） 黔南州县域水资源生态足迹（万 hm^2）时空分布特征

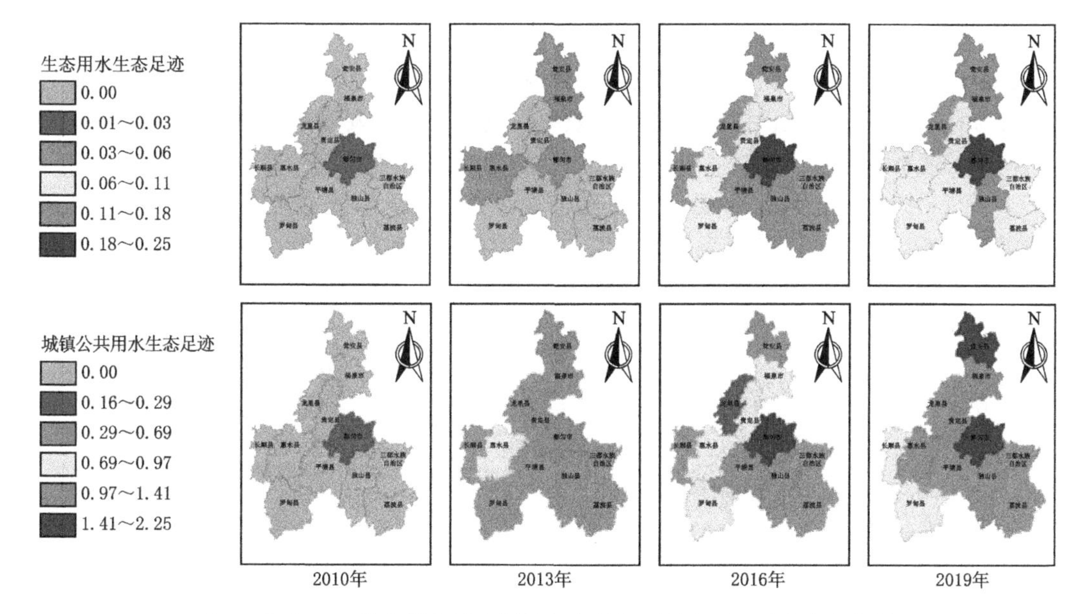

图 9-7（二） 黔南州县域水资源生态足迹（万 hm^2）时空分布特征

在农业用水方面，GDP 排名比较靠前的都匀市、福泉市、龙里县以及瓮安县的农业用水生态足迹数值相较于其他县（市）比较大，经济排名靠后的县（市）的水资源生态足迹是波动的，除了独山县和罗甸县之外，基本上都在增大。罗甸县的农业水资源生态足迹在研究年份间是保持平衡的，数值都比较小。而独山县随着经济发展，其灌溉技术得到了提高，所以农业用水比重在降低。

在工业用水方面，黔南州各县（市）的工业用水量变化基本持平，而三都水族自治县、荔波县、福泉市的工业用水生态足迹在下降。在研究年份内，各县（市）的常住人口一直在波动下降，经济条件较好的地区人口流失较少，经济较落后的地区人口流失严重，经济发展有一定的局限性，工业用水生态足迹不高。

在生活用水方面，人口较多的县（市）的用水量较多。除首府都匀市的生活用水量在波动以外，因各县（市）近年来外出务工人员增多，导致人口流失，所以各县（市）生活用水量在下降。对于城镇公共用水，在 2010 年只有都匀市有数据，都匀市、瓮安县的用水量高于总体水平，福泉市、独山县、惠水县的城镇公共用水也较高，生态足迹在 0.97 万～1.61 万 hm^2。其他县（市）的生态足迹在 0.29 万～0.97 万 hm^2。在生态用水方面，一开始只有首府都匀市在生态方面有数据，近年来，各个地区都逐渐提升了环境保护意识，陆续有县（市）产生生态用水。其中都匀市的生态用水量在历年中都是黔南州 12 个县（市）当中最高的，2019 年龙里县的生态用水量是最少的。

9.3.2 县域水资源可持续利用指标

9.3.2.1 万元 GDP 水资源生态足迹空间变化

黔南州各个地区的万元 GDP 水资源生态足迹如图 9-8 所示，从图 9-8 中可以看出黔南州各县（市）2010 年至 2019 年的万元 GDP 的数值呈现出下降的趋势，这表明黔南州各县（市）的水资源利用率在逐步提高。都匀市的万元 GDP 水资源生态足迹整体的变化不大，这是因为都匀市作为黔南州的首府，经济相比于其他县（市）较为发达，其产业结构发展较为完善，因而该地区的水资源利用效率较高。在经济发展较为落后的地区，以农业为主，由于灌溉技术较为落后，导致水资源得不到有效的利用，浪费较多，水资源的利用效率并不高。2010 年黔南州各县（市）经济发展不均衡，发展较好的县（市）对水资源的利用率较高，反之，发展较为缓慢的县（市）较低。到 2019 年，各县（市）经济发展水平进一步缩小，水资源利用率也较均衡。

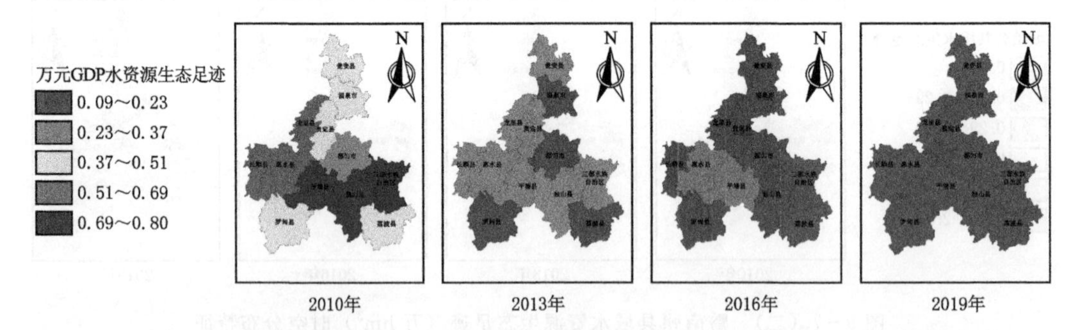

图 9-8　黔南州各县（市）万元 GDP 水资源生态足迹（hm^2/万元）时空变化

9.3.2.2　水资源生态压力

从图 9-9 中的黔南州各县（市）的水资源生态压力空间变化中可以看出，历年来黔南州经济较为发达的县（市）的水资源生态压力的数值是比较高的，随着经济的发展，水资源生态压力的指数也在相应地降低。在对比之下，经济发展比较落后的地区的水资源压力一直都是低于经济发展状况较好的地区的。但总体上，黔南州各个地区的水资源压力都是小于 1 的，各县（市）的水资源利用情况比较安全。

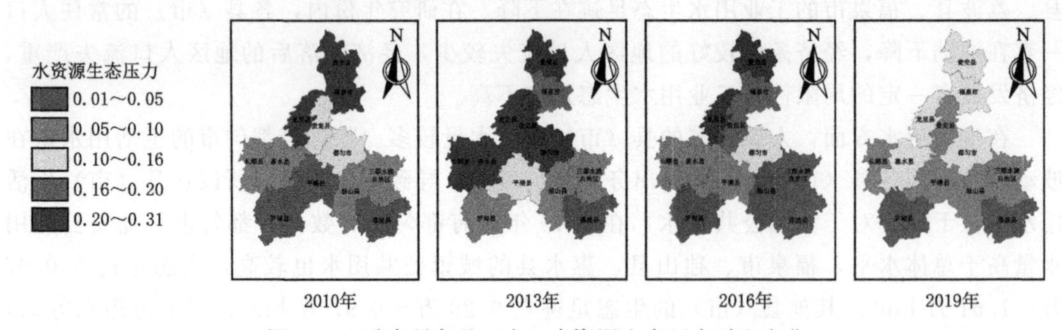

图 9-9　黔南州各县（市）水资源生态压力时空变化

罗甸县和荔波县的 GDP 在全州是比较低的，经济发展较为缓慢，对于水资源的需求低于其他经济发展迅速的地区，所以这两个地区的水资源压力是比较低的。而三都水族自治县和独山县的水资源生态压力变化也不是很大，水资源生态压力情况基本与罗甸县和荔波县差不多，都是经济发展不理想，工业发展不多，用水方面需求量并不大，以至于水资源生态压力较低。而经济发展情况较好的县（市），如都匀市、龙里县、瓮安县、惠水县、福泉市等地区的水资源生态压力指数高于其他县（市），特别是都匀市和龙里县，这两个地区一直是黔南州发展比较好的地区，对水资源的需求量略高于其他县（市），所以这两个地区的水资源生态压力指数较高。

9.4 黔南州水资源生态足迹与经济发展的脱钩时空评价

9.4.1 黔南州总体水资源生态足迹与经济发展的脱钩评价

2009—2019 年黔南州 GDP 由 302.63 亿元增加到了 1518.04 亿元，增长了 4.12 倍，其增长率 $r>0$，由水资源生态足迹与经济增长的脱钩模型的计算过程可知黔南州水资源生态足迹与经济增长的脱钩状态与水资源生态足迹有关。从黔南州总体来看，黔南州的水资源生态足迹年均增速为 1.60%，而其 GDP 年均增速为 4.68%，大于水资源生态足迹年均增速，由此可推断出黔南州的经济增长对水资源的消耗依赖不大。在研究年份中，除 2013 年总用水量水资源生态足迹脱钩指数小于零，属于强脱钩；除 2015 年的总用水量水资源生态足迹处于扩张性耦合状态外，其余年份均呈现弱脱钩状态。这表示黔南州主要处于弱脱钩状态，其水资源的利用与经济增长之间的关系较为良好，见表 9-4。

表 9-4 黔南州水资源生态足迹与经济增长的脱钩指数

年份	总用水量		农业用水		工业用水		生活用水		生态用水		城镇公共用水	
	指数	状态	指数	状态	指数	状态	指数	状态	指数	状态	指数	状态
2010	0.01	弱脱钩	−0.09	强脱钩	−0.16	强脱钩	0.97	扩张性耦合	−2.24	强脱钩	−2.24	强脱钩
2011	0.16	弱脱钩	0.09	弱脱钩	1.09	扩张性耦合	−1.19	强脱钩	−1.37	强脱钩	1.37	扩张性负脱钩
2012	0.23	弱脱钩	−0.23	强脱钩	1.21	扩张性负脱钩	0.26	弱脱钩	−2.47	强脱钩	12.36	扩张性负脱钩
2013	−0.90	强脱钩	−0.75	强脱钩	−1.87	强脱钩	−0.24	强脱钩	23.77	衰退性脱钩	11.54	扩张性负脱钩
2014	0.17	弱脱钩	0.48	弱脱钩	−0.58	强脱钩	0.00	强脱钩	−0.21	强脱钩	0.33	弱脱钩
2015	0.82	扩张性耦合	1.03	扩张性耦合	0.45	弱脱钩	0.18	弱脱钩	0.14	弱脱钩	0.93	扩张性耦合
2016	0.12	弱脱钩	0.08	弱脱钩	0.31	弱脱钩	0.02	弱脱钩	0.65	弱脱钩	−0.04	强脱钩
2017	0.49	弱脱钩	0.51	弱脱钩	0.06	弱脱钩	0.49	弱脱钩	2.01	扩张性负脱钩	1.61	扩张性负脱钩
2018	0.22	弱脱钩	0.32	弱脱钩	−0.21	强脱钩	0.24	弱脱钩	−0.19	强脱钩	0.42	弱脱钩
2019	0.05	弱脱钩	0.08	弱脱钩	−0.15	强脱钩	0.10	弱脱钩	0.25	弱脱钩	0.24	弱脱钩
均值	0.14	弱脱钩	0.15	弱脱钩	0.01	弱脱钩	0.08	弱脱钩	2.03	扩张性负脱钩	2.65	扩张性负脱钩

黔南州 2010—2019 年水量生态足迹脱钩、农业用水生态足迹脱钩、工业用水生态足迹脱钩以及生活用水生态足迹脱钩的均值均为弱脱钩，而生态用水生态足迹脱钩和城镇公共用水生态足迹脱钩这十年来的均值均为扩张性负脱钩。

在研究年份中，黔南州农业用水生态足迹主要有 3 种脱钩状态，分别为强脱钩、弱脱钩以及扩张性耦合，在此 11 年当中，脱钩年份达 90.91%，总体呈现弱脱钩状态，即经济增长不太依赖农业用水；工业用水与生活用水的脱钩状态也与农业用水的一致，都属于弱脱钩，这三类用水生态足迹均未达到完全脱钩的理想状态。

城镇公共用水与生态用水的脱钩状态为扩张性负脱钩，证明在经济发展的同时城镇公共用水量与生态用水量也在不断增加，随着黔南州经济效益的增长，生态用水与城镇公共用水量在增加，且在满足经济发展的基础上，未控制好生态用水与城镇公共用水量。

9.4.2 黔南州县域水资源生态足迹与经济发展的脱钩时空评价

如图 9－10 所示，黔南州总用水量的脱钩状态大部分县（市）呈现出强弱交替的状态。其中贵定县的脱钩状态则从扩张性耦合状态慢慢转变为了强弱交替状态，都匀市、瓮安县、福泉市、罗甸县的脱钩状态则越来越差，经济增长对水资源的依赖性越来越高。

（1）农业用水脱钩。贵定县和龙里县在 2010 年呈现弱负脱钩和扩张性负脱钩状态，但后面水资源利用效率越来越高，恢复了强脱钩状态，但 2013 年以后又稳定在弱脱钩状态了，农业用水量小于经济增长率，虽未达到理想脱钩状态，但农业用水量与经济增长处于比较协调的关系。而都匀市、瓮安县、福泉市、罗甸县的 GDP 增长值对农业用水量依

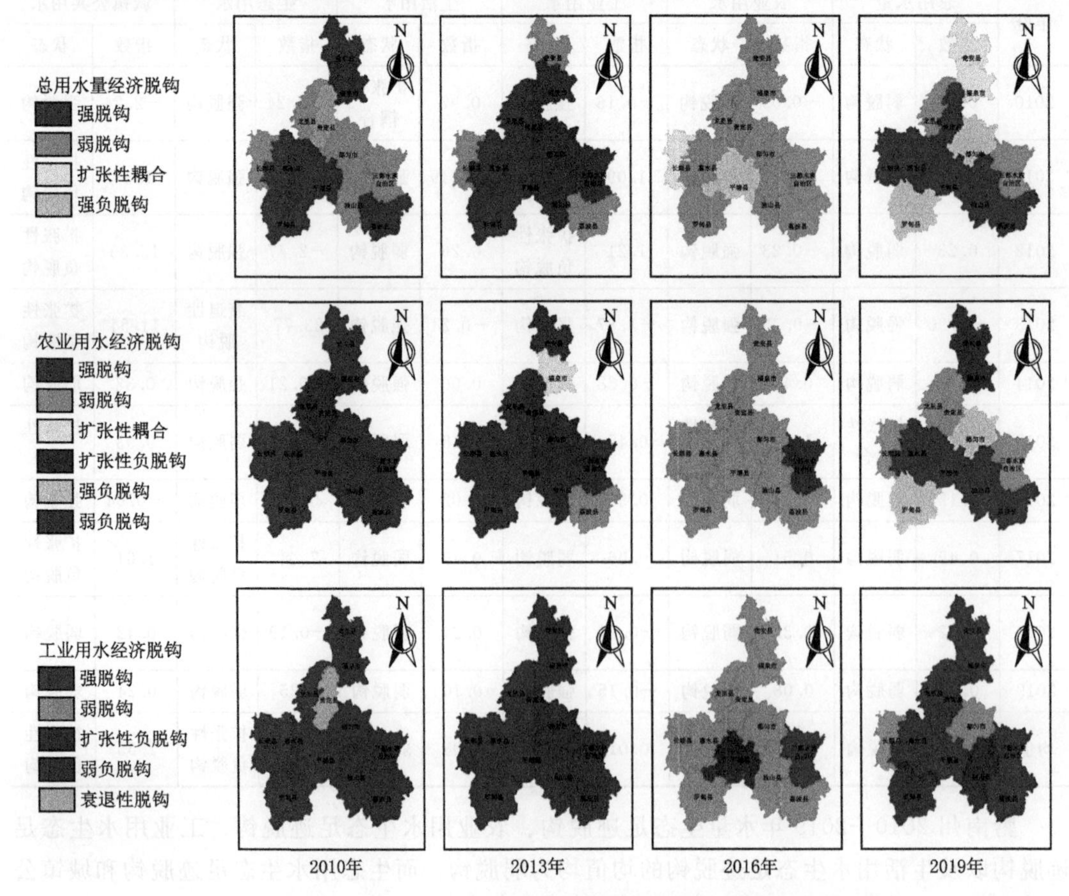

图 9－10（一） 黔南州县域水资源生态足迹与经济发展脱钩时空变化

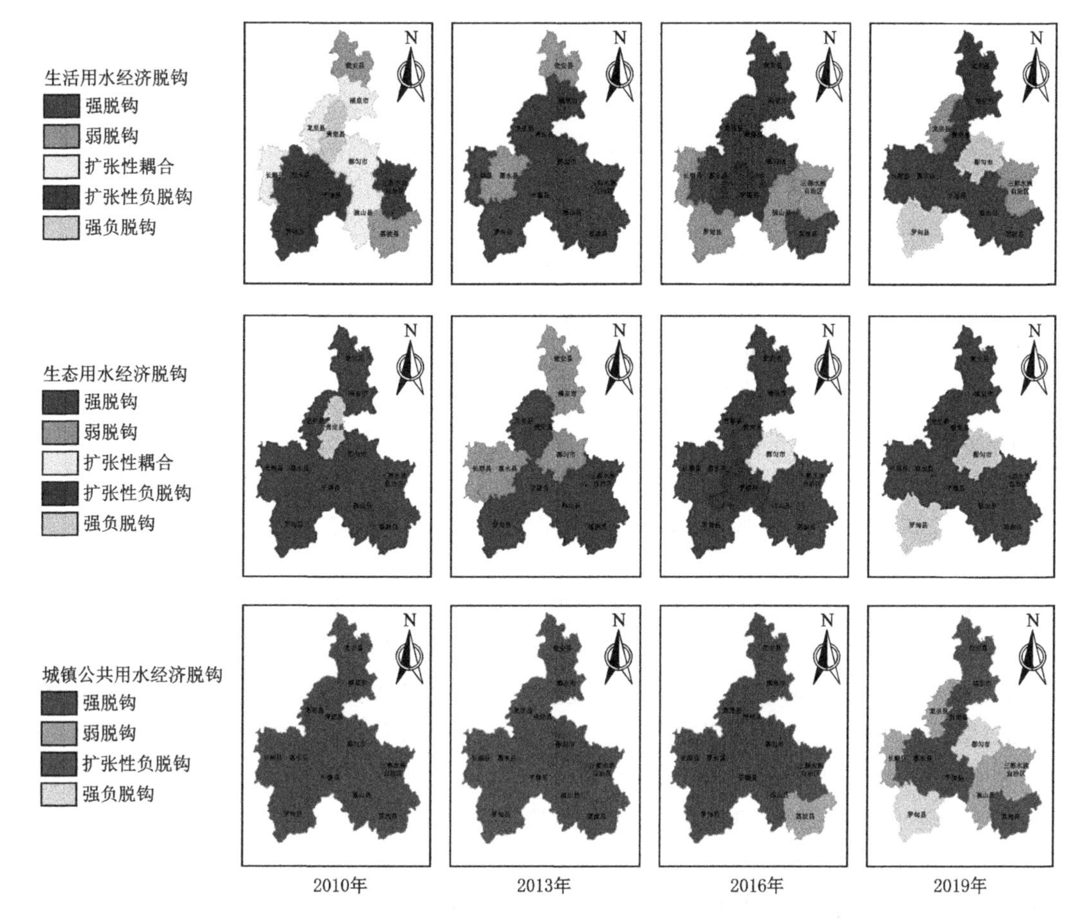

图 9-10（二） 黔南州县域水资源生态足迹与经济发展脱钩时空变化

赖越来越大，两者关系不协调，其他县（市）则基本处于理想脱钩状态。

（2）工业用水脱钩。黔南州 2010 年中除了贵定县，其他县（市）的脱钩状态都是强脱钩的理想状态，2013 年全州工业用水都处于强脱钩的理想状态，经济增长率大于工业用水消耗量，工业用水与经济增长关系协调。2016 年平糖县出现扩张性负脱钩，其他县（市）则处于强/弱脱钩状态。2019 年除了罗甸县和独山县工业用水量与经济增长关系不协调之外，其他县（市）都是强脱钩的理想状态。

（3）生活用水脱钩。2010 年除了瓮安县和荔波县之外，其他的 10 个县（市）生活用水量与经济增长关系都不协调，2013—2016 年整体脱钩状态较为理想，2019 年都匀市、瓮安县、福泉市、罗甸县的脱钩状态依然与农业、工业用水一样，不理想。

（4）生态用水脱钩。贵定县的脱钩状态越来越理想，都匀市和罗甸县则越来越脱离理想状态，生态用水量大于经济增长率，关系不协调，其他县（市）脱钩状态理想。

（5）城镇公共用水脱钩。2010 年全州都属于强脱钩的理想脱钩状态，随着经济的发展，2013 年除荔波县以外其他的 11 个县（市）生活用水量与经济增长关系都不协调，但 2016 年情况有所好转，2019 年依然是都匀市、瓮安县、福泉市、罗甸县的脱钩状态不理想，其他县（市）强脱钩的理想状态。

9.5 小结

本章结合水资源生态足迹模型和水资源利用与经济发展脱钩模型对黔南州的水资源利用、水安全以及水资源利用与经济增长的关系进行分析，得出如下结论。

（1）黔南州情况。

1）水资源利用情况。黔南州2009—2019年水资源生态足迹以农业用水为主；万元GDP水资源生态足迹递减，用水效率节节攀升。

2）水安全情况。黔南州水资源含量比较充足的，处于水资源生态盈余的状态。且水资源压力指数低过1，水资源供应量大于消耗量，处于安全状态。

3）水资源利用与经济增长的关系。黔南州生态用水和城镇公共用水为扩张性负脱钩，在满足经济发展的基础上，未控制好生态用水与城镇公共用水量。其余各个账户（农业、工业、生活）用水量均为弱脱钩，没有达到完全脱钩的理想状态。

（2）黔南州各县（市）情况。

1）水资源利用情况。2010年黔南州经济发展情况较好的县（市）对水资源利用的效率较高，反之，则较低。到了2019年各地的水资源利用效率较为均衡，对水资源的利用效率都是比较理想的。都匀市、福泉市、龙里县以及瓮安县农业用水生态足迹较大，其他县（市）处于波动状态，且除了独山县和罗甸县之外，基本上都是在增大，罗甸县数值基本平衡且较小。黔南州各县（市）工业用水生态足迹大部分的变化都是持平的，三都水族自治县、荔波县、福泉市的工业用水生态足迹在下降。生活用水生态足迹除都匀市波动外，各县（市）生活用水量在下降。都匀市、瓮安县的城镇公共用水量高于总体水平，都匀市的生态用水量在历年中都是黔南州12个县（市）当中最高的，其他县（市）相差不大。

2）水安全情况。黔南州各县（市）的水资源压力均小于1，水资源利用情况相对安全。其中罗甸县和荔波县水资源压力较低，都匀市和龙里县水资源生态压力指数较高。

3）水资源利用与经济发展的关系。黔南州各账户用水量的脱钩状态大部分县（市）呈现出强弱交替的状态。其中贵定县的脱钩状态慢慢转变成了理想状态，都匀市、瓮安县、福泉市、罗甸县农业用水、生活用水、城镇公共用水的脱钩状态则越来越差，水资源利用与经济增长之间的关系不够协调。

参考文献

Willam Ree. Revisiting carrying capacity：area - based indicators of sustainability [J]. Population and Environment，1996，17 (3)：195 - 215.

Wackernagel，Willam Ree. Perceptual and structural barriers to investing in natural capital：economics from an ecological footprint perspective [J]. Ecological Economics，1997，20 (1)：3 - 24.

Willam Ree. Ecological footprints and appropriated carrying capacity：what urban economics leaves out [J]. Environment and Urbanization，1992，4 (2)：121 - 130.

范晓秋. 水资源生态足迹研究与应用 [D]. 南京：河海大学，2005.

张羽，左其亭，曹宏斌，等. 沁蟒河流域水资源生态足迹时空变化特征及均衡性分析 [J]. 水资源与水工程学报，2022，33（3）：50－57.

李雨欣，薛东前，宋永永. 中国水资源承载力时空变化与趋势预警［J］. 长江流域资源与环境，2021，30（7）：1574－1584.

韩丽红，潘玉君，马佳伸，等. 云南省水资源生态足迹的时空演化特征分析［J］. 人民珠江，2021，42（4）：28－34.

Ersilia D'Ambrosio，Francesco Gentile，Anna Maria De Girolamo. Assessing the sustainability in water use at the basin scale through water footprint indicators［J］. Journal of Cleaner Production，2020，244（C）：118847－118847.

Elfetyany Mohamed，Farag Hanan，Abd El Ghany Samah H.. Assessment of national water footprint versus water availability－Case study for Egypt［J］. Alexandria Engineering Journal，2021，60（4）：3577－3585.

秦静静，刘波，张晴科. 基于脱钩指数的关中城市群经济增长与环境压力的时空变化分析［J］. 宝鸡文理学院学报（自然科学版），2021，41（2）：76－80.

Petri Tapio. Towards a theory of decoupling：degrees of decoupling in the EU and the case of road traffic in Finland between 1970 and 2001［J］. Transport Policy，2005，12（2）：137－151.

冯博，王雪青. 中国各省建筑业碳排放脱钩及影响因素研究［J］. 中国人口·资源与环境，2015，25（4）：28－34.

王凤婷，方恺，于畅. 京津冀产业能源碳排放与经济增长脱钩弹性及驱动因素——基于Tapio脱钩和LMDI模型的实证［J］. 工业技术经济，2019，38（8）：32－40.

张杏梅，翟琴琴. 基于水资源生态足迹的陕西省水资源利用与经济增长的脱钩分析［J］. 中国农村水利水电，2021（10）：21－26.

杨志远，杨建，杨秀春. 典型喀斯特城市水资源利用与经济发展关系分析——以铜仁市为例［J］. 经济地理，2018，38（9）：105－113.

杨振华，苏维词，李威. 岩溶地区典型城市水资源与经济发展脱钩分析［J］. 贵州科学，2016，34（5）：32－38.

杨天通，赵文晋，周杨，高淼. 水资源可持续利用及其与经济发展的脱钩分析——以长春市为例［J］. 人民长江，2019，50（4）：135－141.

杨裕恒，曹升乐，刘阳，程雨菲. 基于水生态足迹的山东省水资源利用与经济发展分析［J］. 排灌机械工程学报，2019，37（3）：256－262.

Simonis ue. Decoupling Natural Resource Use and Environmental Impacts from Economic Growth［J］. Indian Journal of Industrial Relations，2012，47（3/4）：385－386.

Le，Nguyen Truc，Thinh，Nguyen et al. Measuring water resource use efficiency of the Dong Nai River Basin（Vietnam）：an application of the two－stage data envelopment analysis（DEA）［J］. Environment，Development and Sustainability，2021（prepublish）.

朱光磊，赵春子，朱卫红，佟守正. 基于生态足迹模型的吉林省水资源可持续利用评价［J］. 中国农业大学学报，2020，25（9）：131－143.

范历娟. 甘肃省水生态足迹可持续发展评价及其与经济发展脱钩分析［D］. 宜昌：三峡大学，2022.

王文国，何明雄，潘科，等. 四川省水资源生态足迹与生态承载力的时空分析［J］. 自然资源学报，2011，26（9）：1555－1565.

张倩，谢世友. 基于水生态足迹模型的重庆市水资源可持续利用分析与评价［J］. 灌溉排水学报，2019，38（2）：93－100.

杨晓霖，潘玉君，李晓莉. 西南地区水资源生态足迹及承载力动态特征与预测分析［J］. 西南师范大学学报（自然科学版），2022，47（6）：58－67.

陈冬冬，刘伟，钱骏. 中国水资源生态足迹与生态承载力时空分析［J］. 成都信息工程学院学报，2014，

29 (2)：202 - 207.

徐珊，夏丽华，陈智斌，周锡振．基于生态足迹法的广东省水资源可持续利用分析 [J]．南水北调与水利科技，2013，11 (5)：11 - 15，98.

杜轶，张治国，张勇，等．基于水资源生态足迹模型的山西省水资源可持续研究 [C]//中国可持续发展研究会．中国人口・资源与环境 2014 年专刊——2014 中国可持续发展论.

谭秀娟，郑钦玉．我国水资源生态足迹分析与预测 [J]．生态学报，2009，29 (7)：3559 - 3568.

代稳，张美竹，秦趣，王金凤．基于生态足迹模型的水资源生态安全评价研究 [J]．环境科学与技术，2013，36 (12)：228 - 233.

李守洪．黔南地区水文特性分析 [J]．水文，2007 (2)：93 - 96.

谭飞，覃巧林．建四级河长助生态黔南 [J]．当代贵州，2019 (31)：62.

胡立刚．构建黔南州水安全保障体系的对策探讨 [J]．水资源开发与管理，2020 (10)：8 - 11.

张倩，谢世友．基于水生态足迹模型的重庆市水资源可持续利用分析与评价 [J]．灌溉排水学报，2019，38 (2)：93 - 100.

韩丽红，潘玉君，马佳伸，等．云南省水资源生态足迹的时空演化特征分析 [J]．人民珠江，2021，42 (4)：28 - 34.

刘玉邦，严雨男．成都市水生态足迹的时间分布特征及其影响因素 [J]．南水北调与水利科技（中英文），2020，18 (2)：93 - 98.